园林工程材料及其应用

YUANLIN GONGCHENG CAILIAO
JIQI YINGYONG

吴戈军 主编

化学工业出版社
·北京·

《园林工程材料及其应用》（第二版）根据国家最新规范及国内外最新材料编写，系统地归纳了园林材料的种类、性能及应用方法，便于读者查阅使用。内容分为园林工程基本建筑材料、园林假山与石景工程材料、园路工程材料、园林建筑工程材料、园林水景工程材料、园林给排水与喷灌工程材料、园林供电工程材料。

本书可供园林工程施工、设计及管理人员使用，也可供高等院校园林专业人员阅读和参考。

图书在版编目（CIP）数据

园林工程材料及其应用/吴戈军主编. —2版. —北京：化学工业出版社，2019.3（2022.8重印）
（园林工程管理丛书）
ISBN 978-7-122-33886-0

Ⅰ.①园… Ⅱ.①吴… Ⅲ.①园林建筑-建筑材料 Ⅳ.①TU986.3

中国版本图书馆CIP数据核字（2019）第026788号

责任编辑：袁海燕　　文字编辑：向　东
责任校对：张雨彤　　装帧设计：王晓宇

出版发行：化学工业出版社（北京市东城区青年湖南街13号　邮政编码100011）
印　　装：北京七彩京通数码快印有限公司
710mm×1000mm　1/16　印张13¾　字数263千字　2022年8月北京第2版第6次印刷

购书咨询：010-64518888　　售后服务：010-64518899
网　　址：http://www.cip.com.cn
凡购买本书，如有缺损质量问题，本社销售中心负责调换。

定　　价：49.80元

《园林工程材料及其应用》(第二版)
编写人员

主编 吴戈军

参编 邹原东 邵晶 齐丽丽 成育芳
李春娜 蒋传龙 王丽娟 邵亚凤
白雅君

前言 | FOREWORD

随着现代文明的进步、城市的发展，人们对工作和生活环境的改善有了更高的要求，呼唤绿色，亲近自然，在城市建设中更加重视园林绿地的发展。园林材料是园林设计的载体，优美的设计需要用园林材料表现出来，不然就只是一幅画。所以了解园林材料对园林景观设计与施工有着深刻的影响。

鉴于国家标准《天然大理石建筑板材》（GB/T 19766—2016）、《白色硅酸盐水泥》（GB/T 2015—2017）、《烧结普通砖》（GB/T 5101—2017）、《烧结空心砖和空心砌块》（GB/T 13545—2014）、《普通混凝土小型砌块》（GB/T 8239—2014）等规范进行了修改，本书第一版的相关内容已经不能适应发展的需要，故对本书进行修订。

本书可供园林工程施工、设计及管理人员使用，也可供高等院校园林专业人员阅读和参考。

本书在编写过程中参考了有关文献，并且得到了许多专家和相关单位的关心与大力支持，在此表示衷心感谢。随着科技的发展，建筑技术也在不断进步，本书难免出现疏漏及不妥，恳请广大读者给予指导指正。

编者

2018.11

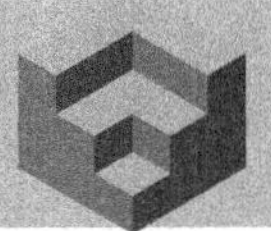
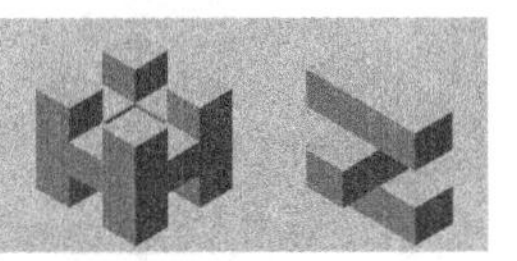

第一版前言Ⅰ

随着科技的进步和时代的发展，我国园林建设中园林材料种类不断更新和扩充，极大地丰富了园林的形式和内容，也促进了园林设计理念的发展。通过对园林材料的合理选择和应用，可以深化园林的设计概念，体现园林的地方特色，创造出真正体现人性化的园林环境空间。

由于园林材料的不断涌现，使得人们经常难以了解和掌握所需要的材料。因此，我们编写了这本《园林工程材料及其应用》。希望本书的面世，能够更好地服务于园林工程施工、设计及管理人员。

本书根据国家最新规范及国内外最新材料编写，系统地归纳了园林材料的种类、性能及应用方法，便于读者查阅使用。内容分为园林工程基本建筑材料、园林假山与石景工程材料、园路工程材料、园林建筑工程材料、园林水景工程材料、园林给排水与喷灌工程材料、园林供电工程材料。

本书可供园林工程施工、设计及管理人员使用，也可供高等院校园林专业人员阅读和参考。

本书在编写过程中参考了有关文献，并且得到了许多专家和相关单位的关心与大力支持，在此表示衷心感谢。随着科技的发展，建筑技术也在不断进步，本书难免出现疏漏及不妥，恳请广大读者给予批评指正。

编者

2013 年 11 月

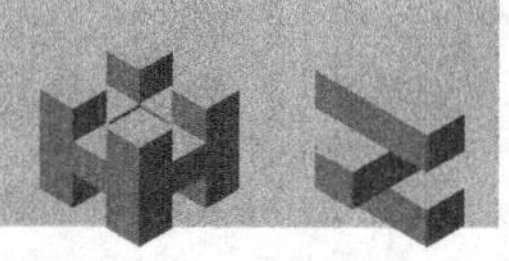

目录 CONTENTS

Chapter 1

园林工程基本建筑材料

1.1 园林工程基本建筑材料分类及基本性能

1.1.1 园林工程基本建筑材料分类

园林景观材料设施按装饰部位分为地面铺装材料、墙面装饰材料、水景装饰材料、小品设施、照明设施等；按材质分为石材、木材、塑料、金属、玻璃、陶瓷等。按市场上常见的园林建筑材料品种分类，见表1-1。

表1-1 常见的园林建筑材料品种分类

类别	材料产品
木材	防腐木、塑木、竹木等
石材	花岗岩、大理石、砂岩、卵石、板岩、文化石、人造石等
金属材料	铁艺大门、铁艺围墙、铁艺桌椅、铁艺雕塑等
油漆涂料	清油、清漆、防锈漆、真石漆等
胶凝材料	水泥、大理石胶、白乳胶、玻璃胶等
铺地砖	广场砖、荷兰砖、舒布洛克砖、建菱砖、劈裂砖、植草砖、青砖、花盆砖等

续表

类别	材料产品
其他铺地材料	塑胶地坪、人工草坪、塑胶地垫、压印混凝土、沥青、植草格等
健身、游乐设施	健身器材、游乐设施等
装饰性小品	艺术雕塑、塑石假山、花钵饰瓶等
服务性小品	护栏围墙、垃圾箱等
休憩性小品	亭台廊桥、休憩桌椅、遮阳伞罩等
展示性小品	指示牌、布告栏、警示标等
种植设施	园艺绿化箱、护树板箅子、温室覆膜、滴喷灌溉设施等
照明设施	庭院灯、道路灯、草坪灯、景观灯、墙头灯、地灯、壁灯等
防水材料	合成高分子防水卷材、防水涂料等
水景设施	抽水机泵、喷雾喷头、喷泉喷头、水下灯、控制器等

1.1.2 建筑材料的基本性能

1.1.2.1 物理性质

（1）密度

材料在绝对密实状态下，单位体积的质量称为密度。具体公式如下。

$$\rho=m/V \tag{1-1}$$

式中 ρ——材料的密度，g/cm^3；

m——材料在干燥状态下的质量，g；

V——干燥材料在绝对密实状态下的体积，cm^3。

材料在绝对密实状态下的体积是指不包括孔隙在内的固体物质部分的体积，也称实体积。在自然界中，绝大多数固体材料内部都存在孔隙，所以，固体材料的总体积（V_0）应由固体物质部分体积（V）和孔隙体积（V_P）两部分组成，而材料内部的孔隙又根据是否与外界相连通被分为开口孔隙（浸渍时能被液体填充，其体积用 V_k 表示）和封闭孔隙（与外界不相连通，其体积用 V_b 表示）。

测定固体材料的密度，须将材料磨成细粉（粒径小于0.2mm），经干燥后采用排开液体法测得固体物质部分体积。材料磨得越细，测得的密度值越精确。工程上所使用的材料绝大部分是固体材料，但需要测定其密度的并不多。大多数材料，如拌制混凝土的砂、石等，一般直接采用排开液体的方法测定其体积，即固体物质体积与封闭孔隙体积之和，此时测定的密度为材料的近似密度。

（2）表观密度

整体多孔材料在自然状态下，单位体积的质量称为表观密度，也称体积密度。用公式表示如下。

$$\rho_0 = m/V_0 \tag{1-2}$$

式中 ρ_0——材料的体积密度，kg/m³；

m——材料的质量，kg；

V_0——材料在自然状态下的体积，m³。

整体多孔材料在自然状态下的体积是指材料的固体物质部分体积与材料内部所含全部孔隙体积之和，即 $V_0 = V + V_P$。对于外形规则的材料，其体积密度的测定只需测定其外形尺寸；对于外形不规则的材料，要采用排开液体法测定，但在测定前，材料表面应用薄蜡密封，以防液体进入材料内部孔隙而影响测定值。

通常所指的体积密度，是指干燥状态下的体积密度。一定质量的材料，孔隙越多，则体积密度值越小；材料体积密度大小还与材料含水多少有关，含水越多，其值越大。

(3) 堆积密度

散粒状（粉状、粒状、纤维状）材料在自然堆积状态下，单位体积的质量称为堆积密度。具体公式如下。

$$\rho'_0 = m/V'_0 \tag{1-3}$$

式中 ρ'_0——材料的堆积密度，kg/m³；

m——散粒材料的质量，kg；

V'_0——散粒材料在自然堆积状态下的体积，又称堆积体积，m³。

在建筑工程中，计算材料的用量、构件的自重、确定材料堆放空间，以及材料运输车辆时，需要用到材料的密度。部分常用建筑材料的密度、表观密度、堆积密度和孔隙率见表 1-2。

表 1-2 部分常用建筑材料的密度、表观密度、堆积密度和孔隙率

材料	密度/(g/cm³)	表观密度/(kg/m³)	堆积密度/(kg/m³)	孔隙率/%
石灰岩	2.4～2.6	1800～2600	1400～1700(碎石)	—
花岗岩	2.7～3.2	2500～2900	—	0.5～3.0
砂	2.5～2.6	—	1500～1700	—
烧结普通砖	2.6～2.7	1600～1900	—	20～40
烧结空心砖	2.5～2.7	1000～1480	—	—

(4) 孔隙率

孔隙率是指材料内部孔隙体积占自然状态下总体积的百分率。具体公式如下：

$$P = \frac{V_0 - V}{V_0} \tag{1-4}$$

孔隙按构造可分为开口孔隙和封闭孔隙两种；按尺寸的大小又可分为微孔、细孔和大孔三种。材料孔隙率大小、孔隙特征会对材料的性质产生一定影响，如材料的孔隙率较大，且连通孔较少，则材料的吸水性较小，强度较高，抗冻性和抗渗性较好，导热性较差，保温隔热性较好。孔隙率一般是通过试验确定的材料密度和体积密度求得的。

(5) 空隙率

空隙率是指散粒材料（如砂、石等）颗粒之间的空隙体积占材料堆积体积的百分率。具体公式如下：

$$P'=\frac{V_a}{V'_0}\times 100\%=\frac{V'_0-V_0}{V'_0}\times 100\%=\left(1-\frac{\rho'_0}{\rho_0}\right)\times 100\% \tag{1-5}$$

式中　ρ_0——颗粒状材料的表观密度，kg/m^3；

ρ'_0——颗粒状材料的堆积密度，kg/m^3。

散粒材料的空隙率（P'）与填充率（D'）的关系：$P'+D'=1$。

空隙率与填充率也是相互关联的两个性质，空隙率的大小可直接反映散粒材料的颗粒之间相互填充的程度。散粒状材料，空隙率越大，则填充率越小。在配制混凝土时，砂、石的空隙率是作为控制集料级配与计算混凝土砂率的重要依据。

(6) 密实度

密实度是指材料内部固体物质填充的程度。具体公式如下：

$$D=V/V_0 \tag{1-6}$$

材料的密实度（D）与孔隙率（P）的关系：$P+D=1$

材料的密实度与孔隙率是相互关联的性质，材料孔隙率的大小可直接反映材料的密实程度，孔隙率越大，则密实度越小。

(7) 亲水性与憎水性

材料与水接触时，根据材料是否能被水润湿，可将其分为亲水性和憎水性两类。亲水性是指材料表面能被水润湿的性质；憎水性是指材料表面不能被水润湿的性质。

当材料与水在空气中接触时，将出现两种情况，如图 1-1 所示。在材料、水、空气三相交点处，沿水滴的表面作切线，切线与水和材料接触面所成的夹角称为润湿角（用 θ 表示）。θ 越小，表明材料越易被水润湿。一般认为，当 $\theta \leqslant 90°$时，材料表面吸附水分，能被水润湿，材料表现出亲水性；当 $\theta > 90°$时，则材料表面不易吸附水分，不能被水润湿，材料表现出憎水性。

(8) 吸水性

吸水性是指材料在水中吸收水分的性质。吸水性的大小用吸水率表示，吸水率有两种表示方法，为质量吸水率和体积吸水率。

① 质量吸水率　材料在吸水饱和时，所吸收水分的质量占材料干质量的百

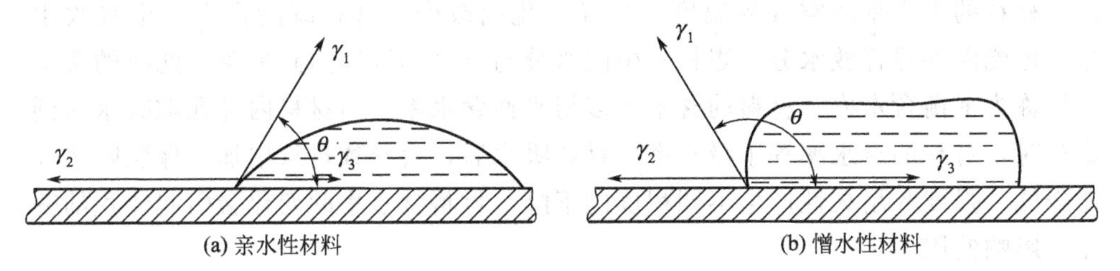

图 1-1　材料的润湿示意

θ—润湿角；γ_1，γ_2，γ_3—界面张力

分率。用公式表示如下：

$$W_m=\frac{m_{湿}-m_{干}}{m_{干}}\times 100 \tag{1-7}$$

式中　W_m——材料的质量吸水率，%；

$m_{湿}$——材料在饱和水状态下的质量，g；

$m_{干}$——材料在干燥状态下的质量，g。

② 体积吸水率　材料在吸水饱和时，所吸收水分的体积占干燥材料总体积的百分率。用公式表示如下：

$$W_V=\frac{(m_{湿}-m_{干})/\rho_{水}}{V_0}\times 100 \tag{1-8}$$

式中　W_V——材料的体积吸水率，%；

V_0——干燥材料的总体积，cm^3；

$\rho_{水}$——水的密度，g/cm^3。

材料吸水率的大小，不仅与材料的亲水性或憎水性有关，而且与材料的孔隙率和孔隙特征有关。材料所吸收的水分是通过开口孔隙吸入的。一般而言，孔隙率越大，开口孔隙越多，则材料的吸水率越大；但如果开口孔隙粗大，则不易存留水分，即使孔隙率较大，材料的吸水率也较小；另外，封闭孔隙水分不能进入，吸水率也较小。常用的建筑材料，其吸水率一般采用质量吸水率表示。对于某些轻质材料，如加气混凝土、木材等，由于其质量吸水率往往超过100%，一般采用体积吸水率表示。

(9) 吸湿性

吸湿性是指材料在潮湿空气中吸收水分的性质。吸湿性的大小用含水率表示，具体公式如下：

$$W_{含}=\frac{m_{含}-m_{干}}{m_{干}}\times 100 \tag{1-9}$$

式中　$W_{含}$——材料的含水率，%；

$m_{含}$——材料在吸湿状态下的质量，g；

$m_{干}$——材料在干燥状态下的质量，g。

材料的含水率随空气的温度、湿度变化而改变。材料既能在空气中吸收水分，也能向外界释放水分，当材料中的水分与空气的湿度达到平衡，此时的含水率就称为平衡含水率。材料的含水率多指平衡含水率。当材料内部孔隙吸水达到饱和时，材料的含水率等于吸水率。材料吸水后，会导致自重增加、保温隔热性能降低、强度和耐久性产生不同程度的下降。材料含水率的变化会引起体积的变化，影响使用。

（10）耐水性

材料长期在饱和水作用下不破坏，强度也不显著降低的性质称为耐水性。材料耐水性用软化系数表示，用公式表示如下：

$$K_{软}=f_{饱}/f_{干} \tag{1-10}$$

式中 $K_{软}$——材料的软化系数；

$f_{饱}$——材料在饱和水状态下的抗压强度，MPa；

$f_{干}$——材料在干燥状态下的抗压强度，MPa。

软化系数的大小反映材料在浸水饱和后强度降低的程度。材料被水浸湿后，强度一般会有所下降，因此软化系数在 0～1 之间。软化系数越小，说明材料吸水饱和后的强度降低越多，其耐水性越差。工程中将 $K_{软}>0.85$ 的材料称为耐水性材料。对于经常位于水中或潮湿环境中的重要结构的材料，必须选用 $K_{软}>0.85$ 的耐水性材料；对于用于受潮较轻或次要结构的材料，其软化系数不宜小于 0.75。

（11）抗渗性

抗渗性是指材料抵抗压力水渗透的性质。材料的抗渗性通常采用渗透系数表示。渗透系数是指一定厚度的材料，在单位压力水头作用下，单位时间内透过单位面积的水量，具体公式如下：

$$K=\frac{Wd}{hAt} \tag{1-11}$$

式中 K——材料的渗透系数，cm/h；

W——透过材料试件的水量，cm^3；

d——材料试件的厚度，cm；

A——透水面积，cm^2；

t——透水时间，h；

h——静水压力水头，cm。

渗透系数反映了材料抵抗压力水渗透的能力，渗透系数越大，则材料的抗渗性越差。

对于混凝土和砂浆，其抗渗性常采用抗渗等级表示。抗渗等级是以规定的试件，采用标准的试验方法测定试件所能承受的最大水压力来确定，以“P_n”表示，其中 n 为该材料所能承受的最大水压力（MPa）的 10 倍值。

材料抗渗性与其孔隙率和孔隙特征有关。材料中存在连通的孔隙，且孔隙率较大，水分容易渗入，所以，这种材料抗渗性较差。孔隙率小的材料具有较好的抗渗性。封闭孔隙水分不能渗入，所以，对于孔隙率虽然较大，但以封闭孔隙为主的材料，抗渗性也较好。对于地下建筑、压力管道、水工构筑物等工程部位，因为经常受到压力水的作用，所以要选择具有良好抗渗性的材料。作为防水材料，则要求其具有更高的抗渗性。

(12) 抗冻性

材料在饱和水状态下，能经受多次冻融循环作用而不破坏，且强度也不显著降低的性质，称为抗冻性。材料的抗冻性用抗冻等级表示。抗冻等级是以规定的试件，采用标准试验方法，测得其强度降低不超过规定值，并无明显损害和剥落时所能经受的最大冻融循环次数来确定，以“F_n”表示，其中 n 为最大冻融循环次数。

材料抗冻性的好坏，取决于材料的孔隙率、孔隙的特征、吸水饱和程度和自身的抗拉强度。材料的变形能力大，强度高，软化系数大，抗冻性就较高。一般认为，软化系数小于0.80的材料，其抗冻性较差。在寒冷地区及寒冷环境中的建筑物或构筑物，必须要考虑所选择材料的抗冻性。

(13) 导热性

当材料两侧存在温差时，热量将从温度高的一侧通过材料传递到温度低的一侧，材料这种传导热量的能力称为导热性。材料导热性的大小用热导率表示。热导率是指厚度为1m的材料，当两侧温差为1K时，在1s内通过1m^2面积的热量。具体公式如下：

$$\lambda=\frac{Qd}{(T_2-T_1)At} \tag{1-12}$$

式中 λ——材料的热导率，W/(m·K)；

Q——传递的热量，J；

d——材料的厚度，m；

A——材料的传热面积，m^2；

t——传热时间，s；

T_1，T_2——材料两侧的温度，K。

材料的导热性与孔隙率大小、孔隙特征等因素有关。孔隙率较大的材料，内部空气较多，由于密闭空气的热导率［λ=0.023W/(m·K)］很小，则其导热性较差。若孔隙粗大，空气会形成对流，材料的导热性反而会增大。材料受潮以后，水分进入孔隙，水的热导率［λ=0.58W/(m·K)］比空气的热导率高很多，从而使材料的导热性大大增加；材料若受冻，水结成冰，冰的热导率［λ=2.3W/(m·K)］是水热导率的4倍，材料的导热性将进一步增加。

建筑物要求具有良好的保温隔热性能。保温隔热性和导热性都是指材料传递热量的能力，在工程中常把 $1/\lambda$ 称为材料的热阻，用 R 表示。材料的热导率越小，其热阻越大，则材料的导热性能越差，其保温隔热性能越好。

1.1.2.2 力学性质

（1）强度

材料在荷载（外力）作用下抵抗破坏的能力称为材料的强度。

当材料受到外力作用时，其内部就产生应力，荷载增加，所产生的应力也相应增大，直至材料内部质点间结合力不足以抵抗所作用的外力时，材料即发生破坏。材料破坏时，达到应力极限，这个极限应力值就是材料的强度，又称极限强度。

强度的大小直接反映材料承受荷载能力的大小。由于荷载作用形式不同，材料的强度主要有抗压强度、抗拉强度、抗弯（抗折）强度及抗剪强度等。

试验测定的强度值除受材料本身的组成、结构、孔隙率大小等内在因素的影响外，还与试验条件有密切关系，如试件形状、尺寸、表面状态、含水率、环境温度及试验时的加荷速度等。为了使测定的强度值准确且具有可比性，必须按规定的标准试验方法测定材料的强度。

材料的强度等级是按照材料的主要强度指标划分的级别。

对不同材料要进行强度大小的比较可采用比强度。比强度是指材料的强度与其体积密度之比。它是衡量材料轻质高强的一个主要指标。钢材、木材和混凝土的强度比较，见表 1-3。

表 1-3 钢材、木材和混凝土的强度比较

材　料	体积密度 $\rho_0/(\mathrm{kg/m^3})$	抗压强度 f_c/MPa	比强度(f_c/ρ_0)
低碳钢	7860	415	0.053
松木	500	34.3(顺纹)	0.069
普通混凝土	2400	29.4	0.012

（2）弹性和塑性

弹性是指材料在外力作用下产生变形，当外力取消后，能够完全恢复原来形状的性质。这种变形称为弹性变形，其值的大小与外力成正比；不能自动恢复原来形状的性质称为塑性，这种不能恢复的变形称为塑性变形，塑性变形属永久性变形。

完全弹性材料是不存在的。一些材料在受力不大时只产生弹性变形，而当外力达到一定限度后，即产生塑性变形。很多材料在受力时，弹性变形和塑性变形同时产生。

（3）脆性和韧性

① 脆性　材料受外力作用，当外力达到一定限度时，材料发生突然破坏，

且破坏时无明显塑性变形，这种性质称为脆性，具有脆性的材料称为脆性材料。脆性材料的抗压强度远大于其抗拉强度，因此，其抵抗冲击荷载或震动作用的能力很差。建筑材料中大部分无机非金属材料均为脆性材料，如混凝土、天然岩石、玻璃、砖瓦、陶瓷等。

② 韧性　韧性是指材料在冲击荷载或震动荷载作用下，能吸收较大的能量，同时产生较大的变形而不破坏的性质。材料的韧性用冲击韧性指标表示。

在建筑工程中，对于要求承受冲击荷载和有抗震要求的结构，如吊车梁、桥梁、路面等所用材料，均应具有较高的韧性。

（4）硬度

材料表面抵抗其他物体压入或刻划的能力。

（5）耐磨性

材料表面抵抗磨损的能力为耐磨性，通常用磨损率表示。

1.1.2.3　耐久性

材料在使用过程中能长久保持其原有性质的能力为耐久性。

材料在使用过程中，除受到各种外力作用外，还长期受到周围环境因素和各种自然因素的破坏作用，主要有以下几个方面。

（1）物理作用

物理作用包括环境温度、湿度的交替变化，即冷热、干湿、冻融等循环作用。材料经受这些作用后，将发生膨胀、收缩或产生应力，长期的反复作用，将使材料逐渐被破坏。

（2）化学作用

化学作用包括大气和环境水中的酸、碱、盐等溶液或其他有害物质对材料的侵蚀作用，以及日光、紫外线等对材料的作用。

（3）生物作用

生物作用包括菌类、昆虫等的侵害作用，导致材料发生腐朽、虫蛀等而被破坏。

（4）机械作用

机械作用包括荷载的持续作用，交变荷载对材料引起的疲劳、冲击、磨损等。

耐久性是对材料综合性质的一种评述，它包括抗冻性、抗渗性、抗风化性、抗老化性、耐化学腐蚀性等内容。对材料耐久性进行可靠的判断，需要很长的时间。一般采用快速检验法，这种方法是模拟实际使用条件，将材料在实验室进行有关的快速试验，根据试验结果对材料的耐久性作出判定。在实验室进行快速试验的项目主要有：冻融循环、干湿循环、碳化等。

提高材料的耐久性，对节约建筑材料、保证建筑物长期正常使用、减少维修费用、延长建筑物使用寿命等，意义重大。

1.1.3 园林施工材料设施的发展

在我国古代园林中，多用掇山叠石来营造景观，同时建筑也多为木建筑，因而常用的材料多为石材、木材、砖、瓦、卵石等。

在这些材料中占最重要位置的是石材。从掇山叠石到园路铺砌以及园林建筑的建造都大量应用了石材。但同样是选景石，南方园林中常用太湖石、黄石，而北方园林则是选用北太湖石、青石。这主要是受地理、交通条件的限制。选材加工多是就地取材，也因此形成不同地域的不同园林特色。封建制度的等级性也限制了不同园林的选材、用材规格，如园林建筑的样式规格，假山水池的规模，选用砖、瓦的颜色等，这也是北方皇家园林与南方私家园林两种不同风格形成的原因之一。

随着社会的进步，在沿用传统园林材料的同时，越来越多的传统材料有了新的应用方式，越来越多的新型材料被开发、应用到园林中。例如，运用于地面铺装的传统灰砖，用于园林建筑饰面的石材，用于各种小品装饰的陶罐缸缶器具等，都是根据新的设计理念与方法具有不同的功能。

新的工艺与原料带来了不断涌现的园林新材料，例如：较少用于传统园林中的玻璃、金属等材料的广泛应用；在园林道路、景墙、水池等不同景观与使用需要中采用的马赛克砖、渗水砖、劈裂砖、陶瓷砖等不同铺装材料；在瀑布、喷泉、壁泉、雾泉等景观中的带来不同效果的各种水处理设备；为普通路面带来的特殊视觉效果与良好使用性能的彩色混凝土、压印混凝土，营造出丰富夜景的环保光纤灯、太阳能灯等。

现代园林的生态保护、生态修复方面的功能也要求更多地采用新技术、新工艺。如城市供水和中水利用、城市雨水的收集和使用、太阳能的利用、水环境生态净化等都需要并将促进新科技的园林应用。

1.2 石材

1.2.1 石材在园林工程中的应用项目

石材被广泛应用于园林建筑的室内、室外、道路、桥梁、广场、假山、水景等环境中，通常情况下，可按园林建筑物室内、室外、园林景点等划分。

室内石材装饰工程项目和部位主要有：园林建筑物室内的地面、墙面、柱面、踢脚、墙裙、勒脚、隔断、窗台、服务台、柜台、花饰格带、楼梯踏步、卫生间、水池、游泳池、花坛、假山、影壁、壁画等。

室外石材装饰工程项目和部位主要有：各种建筑的外墙面、柱基、柱头、柱面、广场、台阶、踏步、围墙、围栏、外廊、门楣、桥梁、园路路面、假山、水池、水体的驳岸和护坡、牌匾、石雕花格、勒脚、石雕、壁画等。

园林景点的石材装饰工程项目主要有：入口、门楣、桥栏、石桌、石凳、石灯、石砌小道、石像、石刻、石雕等。

1.2.2 园林工程常用石材

1.2.2.1 大理石

(1) 天然大理石

大理石属于硬石材，是指变质或沉积的碳酸盐类的岩石。

天然大理石品种广泛，多达400余种，资源亦遍布全国各地，除了早已闻名于世的我国台湾地区花莲大花绿、丹东绿、莱阳绿、房山汉白玉、曲阳汉白玉、杭灰、云灰及宜兴奶油外，山东、云南、四川、两河、两湖、江浙、两广及安徽等省市自治区均蕴藏丰富的资源和众多的品种；按颜色分有黑色、白色、红色、灰色、黄色、褐色等。

因为天然大理石品种甚多，同质不同名者有之，同名不同质者也有之，所以将大理石按其颜色加以分类，择名优品种简要介绍如下。

① 白色大理石　白色大理石品种：房山汉白玉；河北曲阳的曲阳玉、汉白玉；山东莱州雪花白、水晶玉；湖南的郴州白、湘白玉；广东的蕉岭白、圳白玉、汉白玉；四川的宝兴白、宝兴青花白、蜀金白、草科白；云南的河口雪花白、云南白海棠；江西的江西白、上白玉。

② 灰色大理石　灰色大理石品种：浙江的杭灰、衢灰；山东的齐灰；广东的云花；广西的贺县灰；云南的云灰、雅灰等。

③ 黑色大理石　黑色大理石品种：湖南的双锋黑、邵阳黑、郴州黑；广西的桂林黑；四川的武隆黑、天全黑、西阳黑；贵州的毕节晶墨玉等。

④ 黄色大理石　黄色大理石品种：云南的云南米黄；广西的木纹黄、桂林黄；贵州的木纹米黄、平花米黄、金丝米黄；河南石材松香黄；陕西的香蕉黄、芝麻黄；内蒙古的密黄、米黄。

⑤ 绿色大理石　绿色大理石品种：辽宁的丹东绿；山东的莱阳绿、翠绿、栖霞绿；湖南的沱江绿、荷花绿、碧绿；陕西的孔雀绿和新疆的天山翠绿。

⑥ 红色大理石　红色大理石品种：江苏宜兴的红奶油；江西的玫瑰红、奶油红、玛瑙红；河南的雪花红、万山红、芙蓉红、鸡血红；湖南的凤凰红、荷花红；广东的灵红、广州红；广西的龙胜红和四川的南江红；新疆的海底红、秋景红等等。

⑦ 褐色大理石　褐色大理石品种：北京的紫豆瓣、晚霞、螺丝转；安徽的红皖螺、灰皖螺等均为上好的品种。

天然大理石颜色绚丽、纹理多姿，硬度中等，耐磨性次于花岗岩。其耐酸性差，酸性介质会使大理石表面受到腐蚀，容易打磨抛光，耐久性次于花岗岩，质地较密实，抗压强度高。

（2）天然大理石荒料

天然大理石是石灰岩经过地壳内高温高压作用形成的变质岩，属中硬石材，主要由方解石和白云石组成，其主要成分以碳酸钙为主，约占50%以上，其他还有碳酸镁、氧化钙、氧化锰及二氧化硅等。凡从矿体中分离出来（开采出来）的具有规则形状的石材称为荒料，将采石场采出的荒料送往石材加工厂或车间，按照割石设计图进行机械锯切或用凿子分解、凿平、雕刻等手工操作加工成各种板、块形体，再经过研磨工序（即粗磨、细磨、半细磨、精磨、抛光等工序），即可生产出各式形态、花色图案的装饰石材。

① 分类

a. 按岩矿分为方解石大理石荒料（FL）、白云石大理石荒料（BL）、蛇纹石大理石荒料（SL）。

b. 按规格尺寸将荒料分为三类，见表1-4。

表1-4　荒料分类　　单位：cm^3

类别	大料	中料	小料
长度×宽度×高度	≥280×80×160	≥200×80×130	≥100×50×40

② 外观质量

a. 同一批荒料的色调应基本调和，花纹应基本一致。

b. 当出现明显裂纹时，应扣除裂纹造成的荒料体积损失，扣除体积损失后每块荒料的最小规格尺寸应满足表1-5的规定。

表1-5　荒料的最小规格尺寸　　单位：cm

项目	长度	宽度	高度
指标　≥	100	50	40

c. 色斑缺陷应符合表1-6的规定。

表1-6　荒料色斑缺陷质量要求

缺陷名称	规定内容	技术指标
色斑	面积小于$6cm^2$（面积小于$2cm^2$不计），每面允许个数	3个

③ 物理性能　荒料的物理性能应符合表1-7的规定。工程对石材料物理性能项目及指标有特殊要求的，按工程要求执行。

（3）天然大理石板材

① 物理性能

a. 镜面板材的镜向光泽度应不低于70光泽单位，圆弧板镜向光泽度以及光泽度有特殊需要时由供需双方协商确定。

表 1-7 荒料的物理性能

项目		技术指标		
		方解石大理石	白云石大理石	蛇纹石大理石
体积密度/(g/cm^3) ≥		2.60	2.80	2.56
吸水率/% ≤		0.50	0.50	0.60
抗压强度/MPa ≥	干燥	52.0	52.0	69.0
	水饱和			
弯曲强度/MPa ≥	干燥	7.0	7.0	6.9
	水饱和			

b. 板材的物理性能应符合表 1-8 的规定，工程对板材物理性能项目及指标有特殊要求的，按工程要求执行。

表 1-8 板材的物理性能要求

项目		技术指标		
		方解石大理石	白云石大理石	蛇纹石大理石
体积密度/(g/cm^3)		≥2.60	≥2.80	≥2.56
吸水率/%		≤0.50	≤0.50	≤0.60
抗压强度/MPa	干燥	≥52	≥52	≥70
	水饱和			
弯曲强度/MPa	干燥	≥7.0	≥7.0	≥7.0
	水饱和			
耐磨性①/($1/cm^3$)		≥10	≥10	≥10

① 仅适用于地面、楼梯踏步、台面等易磨损部位的大理石石材。

② 分类

a. 按矿物组成分为：方解石大理石（代号为 FL）、白云石大理石（代号为 BL）、蛇纹石大理石（代号为 SL）。

b. 按形状分为：毛光板（代号为 MG）、普型板（代号为 PX）、圆弧板（代号为 HM）、异型板（代号为 YX）。

c. 按表面加工分为：镜面板（代号为 JM）、粗面板（代号为 CM）。

③ 板材规格　按加工质量和外观质量分为 A、B、C 三级。

a. 板材的规格尺寸允许偏差　普型板规格尺寸允许偏差应符合表 1-9 的规定。

表 1-9　普型板规格尺寸允许偏差　　单位：mm

项目		技术指标		
		A	B	C
长度、宽度		0 －1.0		0 －1.5
厚度	≤12	±0.5	±0.8	±1.0
	＞12	±1.0	±1.5	±2.0

b. 板材的平面度允许公差　普型板平面度允许公差见表 1-10。

表 1-10　普型板平面度允许公差　　单位：mm

板材长度	技术指标					
	镜面板材			粗面板材		
	A′	B	C	A	B	C
≤400	0.2	0.3	0.5	0.5	0.8	1.0
＞400～≤800	0.5	0.6	0.8	0.8	1.0	1.4
＞800	0.7	0.8	1.0	1.0	1.5	1.8

c. 普型板角度允许公差见表 1-11。

表 1-11　普型板角度允许公差　　单位：mm

板材长度	技术指标		
	A	B	C
≤400	0.3	0.4	0.5
＞400	0.4	0.5	0.7

注：普型板拼缝板材正面与侧面的夹角不得大于 90°，圆弧板侧面角应不小于 90°。

④ 检验规则

a. 检验项目

毛光板：厚度偏差，平面度公差，镜向光泽度，外观质量。

普型板：规格尺寸偏差，平面度公差，角度公差，镜向光泽度，外观质量。

圆弧板：规格尺寸偏差，角度公差，直线度公差，线轮廓度公差，外观质量。

异型板：按供需双方协商确定的加工质量项目和外观质量。

b. 组批　同一品种、类别、等级、同一供货批的板材为一批，或按连续安装部位的板材为一批。

c. 判定　单块板材的所有检验结果均符合技术要求中相应等级时，则判定该块板材符合该等级。

根据样本检验结果，若样本中发现的等级不合格品数小于或等于合格判定数，则判定该批符合该等级；若样本中发现的等级不合格品数大于或等于不合格判定数，则判定该批不符合该等级。

（4）大理石的应用

天然大理石可制成高级装饰工程的饰面板，适用于纪念性建筑、大型公共建筑的室内墙面，如宾馆、展览馆、影剧院、商场、图书馆、机场、车站、柱面、地面、楼梯踏步等，有时也可作为楼梯栏杆、服务台、门脸、墙裙、窗台板、踢脚板等，是理想的高级室内装饰材料。此外，还可用于制作大理石壁画、大理石生活用品等。天然大理石板材的光泽易被酸雨侵蚀，故不宜用作室外装饰，只有少数质地纯正的汉白玉、艾叶青可用于外墙饰面。

1.2.2.2　花岗岩

（1）天然花岗岩

花岗岩为典型的深成岩，其矿物组成为长石、石英及少量暗色矿物和云母或角闪石、辉石等；花岗岩的化学成分主要是 SiO_2，其质量分数为 65%～70%，所以花岗岩为含硅较多的酸性深成岩。

花岗岩装饰性好，其花纹为均粒状斑纹及发光云母微粒；坚硬密实，耐磨性好，耐久性好。花岗岩孔隙率小，吸水率小；耐风化；具有高抗酸腐蚀性。其耐火性差，花岗岩中的石英在 573℃和 870℃会发生晶体转变，产生体积膨胀，火灾发生时引起花岗岩开裂破坏。

一般情况下，天然花岗岩的技术指标为：表观密度 2800～3000kg/m^3，抗压强度 100～280MPa，抗弯强度 1.3～1.9MPa，孔隙率及吸水率小于 1%，抗冻性能为 100～200 次冻融循环，耐酸性能良好，耐用年限 200 年左右。

（2）花岗岩板材

花岗岩板材按表面加工的方式分为：

① 粗磨板　即表面经过粗磨，光滑而无光泽。

② 磨光板　即经打磨后表面光亮、色泽鲜明、晶体裸露，再经刨光处理，即为镜面花岗岩板材。

③ 剁斧板　即表面粗糙，具有规则的条状斧纹。

④ 机刨板　即用刨石机刨成较为平整的表面，表面呈相互平行的刨纹。

天然花岗岩板材按照规格尺寸允许偏差、角度允许极限公差、外观质量分为优等品（A）、一等品（B）、合格品（C）三个等级。

天然花岗岩剁斧板和机刨板按图样要求加工。粗磨板和磨光板材常用尺寸为300mm×300mm、305mm×305mm、400mm×400mm、600mm×300mm、600mm×600mm、900mm×600mm、1070mm×750mm等，厚度为20mm。

（3）花岗岩的应用

花岗岩属于高档建筑结构材料和装饰材料，多用于室内外墙、地面、柱面、台阶、基座、铭牌、踏步、檐口等处，许多纪念性的建筑都选用了花岗岩，如人民英雄纪念碑。具体见表1-12。

表1-12 天然花岗岩的应用

石材名称	石材色相特征	性质	适用工程项目及部位	备注
花岗岩荒料	雪花白、爵士白、中华蓝、挪威红	硬	石塔、石桥、纪念碑、建筑小品、假山、庭院地面、园路、广场地面、石坝、蘑菇石勒脚、花坛、挡土墙	选软的进行雕刻
	啡钻磨石、峨眉雪、四川红、中国红等	硬	庭院地面、外墙挂板粗面、台阶	依色别选粗料石
花岗岩板材	贵妃红、四川红、中国红、岑溪红、天宝红、将定红、万山红、印度红		台阶、室内外地面、墙面、柱面、勒脚、台阶、吊顶	与周边环境协调选用
	峨眉雪、中华蓝、雪花白、爵士白		室内外柱面、墙面、地面、勒脚、台阶、踏步、围栏、台面、门楣、装饰、围墙、吊顶	适用面较广，与周边环境协调选用
	五彩石	硬	除上述全部内容外，用于壁画、壁饰、桌面、台面、画屏、花盆	珍贵品，保持整面为贵
	啡钻麻面、蓝钻、绿晶、中华绿	硬	室内外墙面、卫生间、套裙勒脚、耐酸槽、台阶、剁斧石、楼梯	色深应在暗亮处有所区别

续表

石材名称	石材色相特征	性质	适用工程项目及部位	备注
冰花辉绿岩板材	磨光面板		室内外柱面、墙面、地面，特别是耐酸碱地面、台阶、楼梯等	耐酸碱
青石板		软	园林墙面、勒脚、步石、台阶	易风化的应剔除

1.2.2.3 人造石材

(1) 定义

人造石材一般是指人造大理石和人造花岗岩，属于水泥混凝土或聚酯混凝土的范畴。人造石材是以大理石碎料、石英砂、石粉等骨料，拌和树脂、聚酯等聚合物或水泥黏结剂，经过真空强力拌和振动、加压成形、打磨抛光以及切割等工序制成的板材。

(2) 分类

① 按表面纹理及质感不同分类

a. 人造大理石　有类似于大理石的质感和花纹，具有更好的力学性能、良好的抗水解性能。

b. 人造花岗岩　有类似于花岗石的花色和质感，具有更好的力学性能、良好的抗水解性能。

c. 人造玛瑙石　有类似于玛瑙花纹的质感，具有半透明性，填料有很高的细度和纯度。

d. 人造玉石　有类似于玉石的色泽，呈半透明状，填料有很高的细度和纯度。

② 按所用原料不同分类

a. 树脂型人造石材　树脂型人造石材是以不饱和聚酯树脂为胶黏剂，与天然大理石碎石、石英砂、方解石、石粉或其他无机填料按一定的比例配合，再加入催化剂、固化剂、颜料等外加剂，经混合搅拌、同化成型、脱模烘干、表面抛光等工序加工而成。具有天然花岗岩和大理石的色泽花纹，颜色鲜艳丰富、光泽好、可加工性强、装饰效果好，抗污染性及抗老化性较强，且价格低廉。

b. 复合型人造石材　复合型人造石材采用的胶黏剂中，既有无机材料，又有有机高分子材料。复合型人造石材的制作工艺是先用水泥、石粉等制成水泥砂浆的坯体，然后将坯体浸于有机单体中，使其在一定条件下聚合而成。现以板材为例，底层用性能稳定而价廉的无机材料，面层用聚酯材料和大理石粉。无机胶结材料可用快硬水泥、普通硅酸盐水泥、粉煤灰水泥、铝酸盐水泥、矿渣水泥以及熟石膏等。有机单体可用苯乙烯、甲基丙烯酸甲酯、醋酸乙烯、丙烯腈、丁二烯等。这些单体可单独使用，也可组合使用。复合型人造石材制品的造价较低，在受温差影响后聚酯面易产生剥落或开裂。

c. 烧结型人造石材　烧结型人造石材的生产方法与陶瓷工艺相仿，将长石、石英、辉绿石、方解石等粉料和赤铁矿粉，以及一定量的高岭土共同混合，石粉占60%，黏土占40%，采用混浆法制备坯料，用半干压法成型，再在窑炉中以1000℃左右的高温焙烧而成。烧结型人造石材的装饰性好，性能稳定，由于需要高温焙烧，因而造价高。

d. 水泥型人造石材　水泥型人造石材是以各种水泥为胶结材料，砂、天然碑石粒为粗细骨料，经配制、搅拌、加压蒸养、磨光和抛光后制成的人造石材。在配制过程中混入色料，可制成彩色水泥石。水泥型石材的生产取材方便，价格低廉，但其装饰性较差。水磨石和各类花阶砖即属此类。

(3) 人造石材常用品种

① 聚酯型人造石材　聚酯型人造石材是以不饱和聚酯树脂为胶结料而生产的聚酯合成石，属于树脂型人造石材。聚酯合成石常可以制作成饰面用的人造大理石板材、人造花岗岩板材和人造玉石板材，人造玛瑙石卫生洁具（浴缸、洗脸盆、坐便器等）和墙地砖，还可用来制作人造大理石壁画等工艺品。

② 仿花岗岩水磨石砖　仿花岗岩水磨石砖属于水泥型人造石材，是使用颗粒较小的碎石米，加入各种颜色的色料，采用压制、粗磨、打蜡、磨光等生产工艺制成。砖面的颜色、纹理和天然花岗岩十分相似，光泽度较高，装饰效果好，多用于宾馆、饭店、办公楼等的内外墙和地面装饰。

③ 仿黑色大理石　仿黑色大理石属于烧结型人造石材，主要是以钢渣和废玻璃为原料，加入水玻璃、外加剂、水混合成形，烧结而成。具有利用废料、节电降耗、工艺简单的特点，多用于内外墙、地面、台面装饰铺贴。

④ 透光大理石　透光大理石属于复合型人造石材，是将加工成5mm以下具有透光性的薄型石材和玻璃相复合，芯层为聚乙烯醇缩丁醛膜，在140～150℃热压30min而成的。具有可以使光线变柔和的特点，多用于制作采光天棚，以及外墙装饰。

1.2.2.4 其他天然砌筑、装饰石料

(1) 毛石

毛石也称块石或片石，为直接采伐石块，毛石分为乱毛石和平毛石两类。

① 乱毛石　乱毛石的形状不规则，稍加修整，可有一两个较为平整的面，厚度不小于150mm，常用于砌筑毛石基础、勒脚、墙身、水体驳岸、挡土墙等。

② 平毛石　平毛石是略经挑选或由乱毛石略经加工而成，形状比乱毛石整

齐，一般有两个平行面，常用于砌筑基础、勒脚、墙身、园路桥墩等。

（2）料石

① 细料石　细料石经过细加工，外形规则，表面凹凸深度要求不大于2mm，厚度和宽度均不小于200mm，长度不大于厚度的3倍。

② 半细料石　半细料石规格尺寸与细料石相同，但表面凹凸深度要求不大于10mm。

③ 粗料石　粗料石规格尺寸与细料石相同，但表面凹凸深度要求不大于20mm。

④ 毛料石　毛料石为形状规则的六面体，一般不加工或仅稍加工修整，厚度不小于200mm，长度为厚度的1.5～3倍。

料石在园林中主要用于花坛、墙身、踏步、台阶、山路、地坪、纪念碑等工程部位。

（3）鹅卵石

鹅卵石是一种良好的天然建筑、装饰材料，在园林建筑中多用于墙体基础、围墙、挡土墙；在园林的室内外环境中，铺于室内地面、柱面、墙面等处，颇有自然情趣，在装饰环境中，创造出别具一格的格调。

（4）太湖石

天然太湖石是中国传统园林造园用石，主要产于苏州洞庭西山一带，所以名为太湖石。

（5）冰花辉绿岩饰面板

辉绿岩是属于天然花岗石的范畴，因其具有水花显见而著称。冰花辉绿岩饰面板是以辉绿岩石料磨制而成，该板美观大方，具有密度大、强度高、耐酸碱等性能，与雪花形大理石饰面板有同样效果，是饰面板中的优良材料。

（6）青石板

青石板是一种水成岩，材质软，易风化，由于它不属于高档材料，又便于用简单工具加工，因此常用于园林墙面、勒脚饰面。其规格通常为长宽300～500mm不等的矩形块，颜色有暗红、灰、绿、蓝、紫等。

1.2.3　石材防护剂

防护剂是一种专门用来保护石材的液体，主要由溶质、溶剂和少量添加剂组成。

1.2.3.1　按溶解性能分类

（1）油性防护剂

油性防护剂是指能够被油溶性溶剂溶解的防护剂。如油溶性溶剂防护剂等。这类防护剂一般渗透力强，但其相对毒性较大、易燃，有较强的气味，适合于石材正面和致密表面的防护处理。

(2) 水性防护剂

水性防护剂是指能够被水溶解的石材养护剂。如水基型防护剂、水溶性溶剂型防护剂、乳液型防护剂等。这类防护剂一般渗透力相对较弱一些（水溶性溶剂型防护剂除外），毒性和气味相对都要小一些，不燃，适用于疏松石材表面的防护处理。

1.2.3.2 按溶剂类型分类

(1) 水基型防护剂

水基型防护剂是指完全以水为稀释剂的防护剂。这种防护剂气味小、毒性低、不燃烧、安全性能高。

(2) 溶剂型防护剂

溶剂型防护剂是指用除水以外的其他溶剂为稀释剂的防护剂。溶剂型防护剂一般有强气味，毒性相对较大，易燃，相对密度一般小于1。可分为水溶性溶剂型防护剂和油溶性溶剂型防护剂。

① 水溶性溶剂是指和水具有完全相溶性的一类溶剂，如醇类；以水溶性溶剂为稀释剂的防护剂叫水溶性溶剂型防护剂。

② 油溶性溶剂是指和油性物质具有相溶性但不能和水相溶的一类溶剂，如苯类、酮类、酯类等。以油溶性溶剂为稀释剂的防护剂叫油溶性溶剂型防护剂。

(3) 乳液型防护剂

采用油溶性溶质并以水为稀释剂，加入乳化剂高速搅拌后乳化而成。其色为乳白色，气味小、不燃，毒性相对较小。

1.2.3.3 按作用机理分类

(1) 成膜型防护剂

成膜型防护剂是指施用后停留在石材表面并形成一种可见膜层的防护剂，如丙烯酸型防护剂、硅丙型防护剂、硅树脂型防护剂等。主要适用于非抛光面石材表面的防护处理。

(2) 渗透型防护剂

渗透型防护剂是指施用后其有效成分全部由毛细孔渗入石材内部进行作用，石材表面无可见膜层的防护剂，如有机硅型防护剂、氟硅型防护剂等。适用于所有石材表面的防护处理。

1.2.3.4 按界面作用力分类

(1) 憎水性石材防护剂

憎水性石材防护剂在使用后会扩大石材表面与水之间的张力（张力大于附着力），可以使水在石材表面呈现水珠滚动的效果，在毛面石材表面时更能体现。但这种效果的时效性短，会随着表面有效成分的流失而很快消退，最终起作用的还是防护剂的耐水性能和抗水压能力的大小。

憎水性石材防护剂不能用于石材的底面防护，其憎水性会在石材与水泥之间形成界面而影响粘接度，使石材出现空鼓现象。

（2）亲水性石材养护剂

亲水性石材养护剂在使用后不会扩大石材表面与水之间的张力（附着力大于张力），水在石材表面能够均匀吸附，没有水珠滚动的效果，但不会进入石材内部。这种防护剂的效果主要由它的耐水性和抗水压能力的大小来决定。亲水性防护剂主要为一些石材水性防护剂。

亲水性石材防护剂可以用于石材的六面防护，用于底面防护时不会形成界面，不影响粘接度。由于其渗透力不强，所以不能用于结构致密的石材防护处理。

1.2.3.5 按防护用途分类

（1）底面石材养护剂

这些防护剂主要包括一些亲水性的有机硅和成膜型防护剂。专门用于石材地面防护处理的防护剂，不会形成界面，不影响石材与水泥的粘接，有些防护剂配方中还加有粘接物质，可以增加其粘接强度。

（2）表面石材养护剂

不能用于石材底面防护处理的防护剂，一般都具有憎水效果。使用时需按不同饰面区别选用，主要为油性石材防护剂和部分水性石材防护剂等。

（3）特殊石材品种专用养护剂

特殊石材品种专用养护剂是指专门用于某些特定石材品种防护处理的防护剂。

（4）通用型石材防护剂

通用型石材防护剂是指适合于所有石材的任何表面做防护处理的防护剂。如亲水性的有机硅石材养护剂、氟硅型石材养护剂等。

1.2.3.6 按防护效果分类

（1）防水型防护剂

可以阻止水分渗透到石材内部，同时还具有防污（部分）、耐酸碱、抗老化、抗冻融、抗生物侵蚀等功能。如丙烯酸型、硅丙型等。

（2）防污型防护剂

防污型防护剂是专门为石材表面防污而设计的防护剂，其功能性主要注重防污性能，其他性能、效果一般。如玻化砖表面防污剂等。

（3）综合型防护剂

综合型防护剂除具有优异的防油、防污和抗老化性能外，同时还具有防水型石材防护剂的所有功能。

（4）专业型防护剂

专业型防护剂是特意为石材表面上光、增色等特殊功能要求而开发研制的防护剂。如增色型石材防护剂、增光型石材防护剂等。

1.3 水泥

水泥是重要的建筑材料之一。水泥呈粉末状，与一定比例的水混合后，经过物理化学作用由可塑性浆体变成坚硬的实体状，并能将散粒状材料黏结到一起，此外水泥浆体不但能在空气中硬化，还能在水中硬化，使其强度持续增长，所以水泥是一种水硬性胶凝材料。

目前，我国建筑工程中常用的水泥主要有硅酸盐水泥、普通硅酸盐水泥、矿渣硅酸盐水泥、火山灰质硅酸盐水泥以及粉煤灰硅酸盐水泥等，还有在一些特殊情况中应用的具有特殊性能的水泥，如高铝水泥、白色硅酸盐水泥与彩色硅酸盐水泥、膨胀水泥、低热水泥等。水泥在园林工程中应用广泛，常用来制造各种形式的混凝土、钢筋混凝土、预应力混凝土构件和建筑物，也常用于配制砂浆以及灌装材料等。

1.3.1 通用硅酸盐水泥

1.3.1.1 分类

目前，我国园林建筑工程中常用的是通用水泥，也称通用硅酸盐水泥，它是以通用硅酸盐水泥熟料和适量的石膏及规定的混合材料制成的水硬性胶凝材料。根据《通用硅酸盐水泥》（GB 175—2007/XG 1—2009）规定，通用硅酸盐水泥按其掺用混合料的品种和掺量不同，分为六大类，其分类、代号及强度等级见表1-13，强度等级中 R 表示早强型。

表 1-13 通用硅酸盐水泥的分类、代号及强度等级

水泥分类名称	简称	代号	强度等级
硅酸盐水泥	硅酸盐水泥	P·Ⅰ、P·Ⅱ	42.5、42.5R、52.5、52.5R、62.5、62.5R
普通硅酸盐水泥	普通水泥	P·O	42.5、42.5R、52.5、52.5R
矿渣硅酸盐水泥	矿渣水泥	P·S·A、P·S·B	32.5、32.5R、42.5、42.5R、52.5、52.5R
火山灰质硅酸盐水泥	火山灰水泥	P·P	
粉煤灰质硅酸盐水泥	粉煤灰水泥	P·F	
复合硅酸盐水泥	复合水泥	P·C	

（1）硅酸盐水泥

由硅酸盐水泥熟料、石灰石或粒化高炉矿渣（含量≤5%）、适量石膏磨细制成的水硬性凝胶材料，称为硅酸盐水泥。硅酸盐水泥又分为两类，未掺入混合材

料的称Ⅰ型硅酸盐水泥，代号为P·Ⅰ；掺入不超过水泥质量5%的混合材（粒化高炉矿渣或石灰石）的称为Ⅱ型硅酸盐水泥，代号为P·Ⅱ。

（2）普通硅酸盐水泥

普通硅酸盐水泥代号为P·O。与硅酸盐水泥特点差不多，只是其中加入了大于5%且不超过20%的活性混合材，其中允许用不超过水泥质量8%的非活性混合材或不超过水泥质量5%的窑灰代替部分活性混合材。所以成本比硅酸盐水泥低，强度和水化热有所减小。

（3）矿渣硅酸盐水泥

简称矿渣水泥，由硅酸盐水泥熟料、粒化高炉矿渣（大于20%且不超过70%）、适量石膏磨细制成。矿渣硅酸盐水泥分为两个类型，加入大于20%且不超过50%的粒化高炉矿渣的为A型，代号为P·S·A；加入大于50%且不超过70%的粒化高炉矿渣的为B型，代号为P·S·B。其中允许用不超过水泥质量8%的活性混合材、非活性混合材或窑灰中的任一种材料代替部分矿渣。

（4）火山灰质硅酸盐水泥

简称火山灰水泥，由硅酸盐水泥熟料和火山灰质混合材料、适量石膏磨细制成。水泥中火山灰质混合材料掺加量按质量分数应大于20%且不超过40%。火山灰质硅酸盐水泥代号为P·P。

（5）粉煤灰硅酸盐水泥

简称粉煤灰水泥，由硅酸盐水泥熟料和粉煤灰、适量石膏磨细制成。水泥中粉煤灰掺加量按质量分数应大于20%且不超过40%。粉煤灰硅酸盐水泥代号为P·F。

（6）复合硅酸盐水泥

简称复合水泥，由硅酸盐水泥熟料和粉煤灰混合材料、适量石膏磨细制成。水泥中混合材料总掺加量按质量分数应大于20%且不超过50%。其中允许用不超过水泥质量8%的窑灰代替部分混合材料；掺矿渣时混合材料掺量不得与矿渣硅酸盐水泥重复。复合硅酸盐水泥代号为P·C。

1.3.1.2 特性

因掺用混合料的种类、掺量不同，不同品种的通用硅酸盐水泥性能有较大差别，六大通用硅酸盐水泥的主要特性见表1-14。

1.3.2 装饰水泥

装饰水泥用于装饰建筑物表层，使用装饰水泥比使用天然石材更容易得到所需的色彩和装饰效果，它还具有施工简单、造型方便、维修容易、价格便宜等优点。

装饰水泥可分为两种，即白色硅酸盐水泥和彩色硅酸盐水泥。

（1）白色硅酸盐水泥

表 1-14　通用硅酸盐水泥的主要特性

名称	主要特性
硅酸盐水泥	凝结硬化快、早期强度高；水化热大；抗冻性好；耐热性差；耐腐蚀性差；干缩性较小
普通水泥	凝结硬化较快、早期强度较高；水化热较大；抗冻性较好；耐热性较差；耐腐蚀性较差；干缩性较小
矿渣水泥	凝结硬化慢、早期强度低、后期强度增长较快；水化热较小；抗冻性差；耐热性好；耐腐蚀性较好；干缩性较大；泌水性大、抗渗性差
火山灰水泥	凝结硬化慢、早期强度低、后期强度增长较快；水化热较小；抗冻性差；耐热性较差；耐腐蚀性较好；干缩性较大；抗渗性较好
粉煤灰水泥	凝结硬化慢、早期强度低、后期强度增长较快；水化热较小；抗冻性差；耐热性较差；耐腐蚀性较好；干缩性较小；抗裂性较高
复合水泥	凝结硬化慢、早期强度低、后期强度增长较快；水化热较小；抗冻性差；耐腐蚀性较好；其他性能与所掺入的两种或两种以上混合料的种类、掺量有关

白色硅酸盐水泥，简称白水泥，是指凡以适当成分的生料，烧至部分熔融，所得以硅酸钙为主要成分及含少量铁质的熟料，加入适量的石膏，磨成细粉，制成的白色水硬性胶结材料。按国家建筑材料标准《白色硅酸盐水泥》（GB/T 2015—2017）规定，白水泥的强度等级可分为三种，即 32.5、42.5 和 52.5。其技术标准见表 1-15。

（2）彩色硅酸盐水泥

彩色硅酸盐水泥，简称彩色水泥，是指凡以白色硅酸盐水泥熟料和优质白色石膏在粉磨过程中掺入颜料、外加剂（防水剂、保水剂、增塑剂、促硬剂等）共同粉磨而成的一种水硬性彩色胶结材料。

彩色水泥中常用的颜料有氧化铁（可制红、黄、褐、黑色）、二氧化锰（黑、褐色）、氧化铬（绿色）、钴蓝（蓝色）、群青蓝（蓝色）、炭黑（黑色）及孔雀蓝（蓝色）、天津绿（绿色）等。

装饰水泥性能同硅酸盐水泥相近，施工和养护方法也与硅酸水泥相同，但极易污染，使用时要注意防止其他物质污染，搅拌工具必须干净。

1.3.3 应用范围

常见硅酸盐水泥的特点及使用见表 1-16。

表 1-15 白色硅酸盐水泥的技术标准

<table>
<tr><th colspan="3">项　目</th><th colspan="4">技术标准</th></tr>
<tr><td rowspan="9">物理性能</td><td colspan="2">白度</td><td colspan="4">1 级白度不小于 89，2 级白度不小于 87</td></tr>
<tr><td colspan="2">细度</td><td colspan="4">45μm 方孔筛，筛余不大于 30%</td></tr>
<tr><td colspan="2">凝结时间</td><td colspan="4">初凝时间不小于 45min，终凝时间不大于 600min</td></tr>
<tr><td colspan="2">安定性</td><td colspan="4">用沸煮法试验，合格</td></tr>
<tr><td rowspan="5">强度/MPa</td><td rowspan="2">强度分类及龄期 / 强度等级</td><td colspan="2">抗压强度</td><td colspan="2">抗折强度</td></tr>
<tr><td>3d</td><td>28d</td><td>3d</td><td>28d</td></tr>
<tr><td>32. 5</td><td>≥12. 0</td><td>≥32. 5</td><td>≥3</td><td>≥6</td></tr>
<tr><td>42. 5</td><td>≥17. 0</td><td>≥42. 5</td><td>≥3. 5</td><td>≥6. 5</td></tr>
<tr><td>52. 5</td><td>≥22. 0</td><td>≥52. 5</td><td>≥4. 0</td><td>≥7. 0</td></tr>
<tr><td rowspan="3">化学成分</td><td colspan="2">氯离子</td><td colspan="4">氯离子不大于 0. 06%</td></tr>
<tr><td colspan="2">水泥中水溶性六价铬</td><td colspan="4">水泥中水溶性六价铬不大于 10mg/kg</td></tr>
<tr><td colspan="2">三氧化硫</td><td colspan="4">水泥中三氧化硫的含量不得超过 3. 5%</td></tr>
</table>

表 1-16 常见硅酸盐水泥的应用

混凝土工程的特点或所处的环境条件			优先选用	可以使用	不宜使用
普通混凝土	1	在普通气候环境中的混凝土	普通水泥	矿渣水泥、火山灰水泥、粉煤灰水泥、复合水泥	
	2	在干燥环境中的混凝土	普通水泥	矿渣水泥	火山灰水泥、粉煤灰水泥
	3	在高湿度环境中或长期处于水中的混凝土	矿渣水泥、火山灰水泥、粉煤灰水泥、复合水泥	普通水泥	
	4	厚大体积的混凝土	矿渣水泥、火山灰水泥、粉煤灰水泥、复合水泥		硅酸盐水泥

续表

混凝土工程的特点或所处的环境条件			优先选用	可以使用	不宜使用
有特殊要求的混凝土	1	要求快硬早强的混凝土	硅酸盐水泥	普通水泥	矿渣水泥、火山灰水泥、粉煤灰水泥、复合水泥
	2	高强（大于C50级）混凝土	硅酸盐水泥	普通水泥、矿渣水泥	火山灰水泥、粉煤灰水泥
	3	严寒地区的露天混凝土，寒冷地区的处在水位升降范围内的混凝土	普通水泥	矿渣水泥	火山灰水泥、粉煤灰水泥
	4	严寒地区处在水位升降范围内的混凝土	普通水泥（不低于42.5级）		矿渣水泥、火山灰水泥、粉煤灰水泥、复合水泥
	5	有抗渗要求的混凝土	普通水泥、火山灰水泥		矿渣水泥
	6	有耐磨性要求的混凝土	硅酸盐水泥、普通水泥	矿渣水泥	火山灰水泥、粉煤灰水泥
	7	受侵蚀介质作用的混凝土	矿渣水泥、火山灰水泥、粉煤灰水泥、复合水泥		硅酸盐水泥

白色和彩色硅酸盐水泥主要应用于园林建筑装饰工程中，常用于配制各类彩色水泥浆、水泥砂浆，用于饰面刷浆或陶瓷铺贴的勾缝，配制装饰混凝土、彩色水刷石、人造大理石及水磨石等制品，并以其特有的色彩装饰性，用于雕塑艺术和各种装饰部件。

彩色硅酸盐水泥可直接配制各种颜色的装饰工程材料，而白色水泥则需加入各种矿物颜料来配制各类彩色装饰工程材料。

1.4 气硬性胶凝材料

在园林建筑工程中，常常需要将散粒状材料（如砂和石子）或块状材料（如石块和砖块）黏结成一个整体的材料，这些材料统称为胶凝材料。胶凝材料是指能够通过自身的物理化学作用，从浆体变成坚硬的固体，并能把砂、石等散粒材料或砖、砌块等块状材料胶结为一个整体的材料。胶凝材料可以分为有机胶凝材料和无机胶凝材料，如沥青和橡胶属于有机胶凝材料；建筑石膏、石灰、水玻璃和各种水泥为无机胶凝材料。无机胶凝材料又分为气硬性胶凝材料和水硬性胶凝材料。建筑石膏、石灰、水玻璃等属于气硬性胶凝材料，水泥属于水硬性胶凝材料。气硬性胶凝材料只能在空气中硬化并保持和发展强度，只适用于地上或干燥环境。

1.4.1 石膏

（1）石膏的生产

石膏是单斜晶系矿物。生产石膏的原料主要是天然二水石膏（$CaSO_4 \cdot 2H_2O$），又称为生石膏，经加热、煅烧、磨细即得石膏胶凝材料。在常压下加热至107～170℃时，煅烧成β型半水石膏（$CaSO_4 \cdot \frac{1}{2}H_2O$），即建筑石膏；若温度升高至190℃，失去全部水分变成无水石膏，又称为熟石膏。如果将生石膏在125℃、0.13MPa压力的蒸压锅内蒸练得到的是α型半水石膏，其晶粒较粗，拌制石膏浆体时的需水量较少，所以硬化后强度较高，称为高强石膏。

（2）石膏的凝结硬化

半水石膏加水后首先进行的过程是溶解，然后产生水化反应，生成二水石膏（$CaSO_4 \cdot 2H_2O$），因为二水石膏常温下在水中的溶解度比β型半水石膏小得多。所以，二水石膏从过饱和溶液中以胶体微粒析出，这样，促进了半水石膏不断地溶解和水化，直至完全溶解。在这个过程中，浆体中的游离水分逐渐减少，二水石膏胶体微粒不断增加，浆体稠度增大，可塑性逐渐降低，这时称为“凝结”。随着浆体继续变稠，胶体微粒逐渐凝聚成晶体，晶体逐渐长大、共生并相互交错，使浆体产生强度，并不断增长，此过程称为“硬化”。

（3）建筑石膏的分类

建筑石膏的分类、组成、特性及用途，见表1-17。

（4）建筑石膏的应用

① 室内抹灰及粉刷　建筑石膏是洁白细腻的粉末，用作室内抹灰、粉刷等装修有良好的效果，比石灰洁白、美观。

② 建筑装饰制品　建筑石膏配以纤维增强材料、胶黏剂等可制成各种石膏装饰制品，也可掺入颜料制成彩色制品。如石膏线条，用于室内墙体构造角线、柱体的装饰。

③ 石膏板材　建筑石膏可与石棉、玻璃纤维、轻质填料等配制成各种石膏板材。目前我国使用较多的是纸面石膏板、石膏空心条板、纤维石膏板等，是一种良好的建筑功能材料。

表 1-17　建筑石膏的分类、组成、特性及用途

分类		组成	特性	用途
天然石膏(生石膏)		即二水石膏,分子式为 $CaSO_4 \cdot 2H_2O$	质软,略溶于水,呈白或灰、红青等色	通常白色者用于制作熟石膏,青色者制作水泥、农肥等
熟石膏	建筑石膏	生石膏经150～170℃煅烧而成,分子式为 $CaSO_4 \cdot \frac{1}{2}H_2O$	与水调和后凝固很快,并在空气中硬化,硬化时体积不收缩	制配石膏抹面灰浆,制作石膏板、建筑装饰及吸声、防火制品
	地板石膏	生石膏在400～500℃或高于800℃下煅烧而成,分子式为 $CaSO_4$	磨细及用水调和后,凝固及硬化缓慢,7d的抗压强度为10MPa,28d为15MPa	制作石膏地面,配制石膏灰浆,用于抹灰及砌墙,配制石膏混凝土
	模型石膏	生石膏在190℃下煅烧而成	凝结较快,调制成浆后于数分钟至10余分钟内即可凝固	供模型塑像、美术雕塑、室内装饰及粉刷用
	高强度石膏	生石膏在750～800℃下煅烧并与硫酸钾或明矾共同磨细而成	凝固很慢,但硬化后强度高(25～30MPa),色白,能磨光,质地坚硬且不透水	制作人造大理石、石膏板、人造石,用于湿度较高的室内抹灰及地面等

(5) 石膏建筑制品

① 纸面石膏板　在建筑石膏中加入少量胶黏剂、纤维、泡沫剂等与水拌和后连续浇注在两层护面纸之间，再经辊压、凝固、切割、干燥而成。板厚9～25mm，干容重750～850kg/m^3，板材韧性好，不燃，尺寸稳定，表面平整，可以锯割，便于施工。主要用于内隔墙、内墙贴面、天花板、吸声板等，但耐水性差，不宜用于潮湿环境中，在潮湿环境下使用容易生霉。

② 纤维石膏板　将掺有纤维和其他外加剂的建筑石膏料浆，用缠绕、压滤或辊压等方法成型后，经切割、凝固、干燥而成。厚度通常为8～12mm，与纸面石膏板比，其抗弯强度较高，不用护面纸和胶黏剂，但容重较大，用途与纸面石膏板相同。

③ 装饰石膏板　将配制的建筑石膏料浆，浇注在底模带有花纹的模框中，经抹平、凝固、脱模、干燥而成，板厚为10mm左右。为了提高其吸声效果，还可制成带穿孔和盲孔的板材，常用作天花板和装饰墙面。

④ 石膏空心条板和石膏砌块　将建筑石膏料浆浇注入模，经振动成型和凝

固后脱模、干燥而成。空心条板的厚度通常为60～100mm，孔隙率为30%～40%；砌块尺寸通常为600mm×600mm，厚度60～100mm，周边有企口，有时也可做成带圆孔的空心砌块。空心条板和砌块均用专用的石膏砌筑，施工方便，常用作非承重内隔墙。

⑤ 建筑石膏粉系列产品　主要粉刷石膏、满批石膏、嵌缝石膏、黏结石膏等。

（6）建筑石膏的特征

① 凝结硬化快。

② 硬化时体积微膨胀。石灰和水泥等胶凝材料硬化时通常会产生收缩，而建筑石膏却略有膨胀（膨胀率为0.05%～0.15%），这能使石膏制品表面光滑饱满、棱角清晰，干燥时不开裂。

③ 硬化后孔隙率较大，表观密度和强度较低。

④ 隔热吸声性能良好。

⑤ 防火性能良好。遇火时，石膏硬化后的主要成分二水石膏中的结晶水蒸发并吸收热量，制品表面形成蒸汽幕，能有效阻止火的蔓延。

⑥ 具有一定的调温调湿性。

⑦ 耐水性和抗冻性差。

⑧ 加工性能好。石膏制品可锯，可刨，可钉，可打眼。

1.4.2 石灰

（1）生石灰的生产

石灰最主要的原材料是含碳酸钙的石灰石、白云石和白垩等。石灰石原料在适当温度下煅烧，碳酸钙将分解，释放出CO_2，得到以CaO为主要成分的生石灰。生石灰是一种白色或灰色的块状物质，由于石灰原料中常含有一些碳酸镁成分，煅烧后生成的生石灰中常含有MgO成分，通常把MgO的含量≤5%的生石灰称为钙质生石灰，把MgO的含量＞5%的生石灰称为镁质生石灰。同等级的钙质生石灰质量优于镁质生石灰。

（2）石灰的特点

① 干燥收缩大　氢氧化钙颗粒吸附大量的水分，在凝结硬化过程中不断蒸发，并产生很大的毛细管压力，使石灰浆体产生很大的收缩而开裂，所以石灰除粉刷外不宜单独使用。

② 保水性、可塑性好　熟化生成的氢氧化钙颗粒极其细小，比表面积（材料的总表面积与其质量的比值）很大，使得氢氧化钙颗粒表面吸附有一层较厚水膜，即石灰的保水性好。由于颗粒间的水膜较厚，颗粒间的滑移较宜进行，即可塑性好。这一性质常被用来改善砂浆的保水性，以克服水泥砂浆保水性差的缺点。

③ 凝结硬化慢、强度低　石灰的凝结硬化很慢，且硬化后的强度很低。

④ 耐水性差　潮湿环境中石灰浆体不会产生凝结硬化。硬化后的石灰浆体的主要成分为氢氧化钙，仅有少量的碳酸钙。氢氧化钙可微溶于水，所以石灰的耐水性很差，软化系数接近于零。

（3）石灰的品种、组成、特性及用途

石灰的品种、组成、特性及用途，见表1-18。

表1-18　石灰的品种、组成、特性及用途

品种	组成	特性	用途
石灰膏	将块灰加入足量的水，经过淋制熟化而成的厚膏状物质[$Ca(OH)_2$]	淋浆时应用6mm的网格过滤，应在沉淀池内储存两周后使用，保水性能好	用于配制石灰砌筑砂浆和抹灰砂浆
熟石灰（消石灰）	将生石灰淋以适当的水（约为石灰质量的60%～80%），经熟化作用所得的粉末状材料[$Ca(OH)_2$]	需经孔径3～6mm的筛子过筛	用于拌制石灰土（石灰、黏土）和三合土（石灰、粉土、砂或矿渣）
块灰（生石灰）	以含碳酸钙（$CaCO_3$）为主的石灰石经过（800～1000℃）高温煅烧而成，其主要成分为氧化钙（CaO）	块灰中的灰分含量越少，质量越高，通常所说的三七灰，即指三成灰粉七成块灰	用于配制磨细生石灰、熟石灰、石灰膏等
磨细生石灰（生石灰粉）	由火候适宜的块灰经磨细而成粉末状的物料	与熟石灰相比，具有快干、高强等特点，便于施工，成品需经4900孔/cm²的筛子过筛	用作硅酸盐建筑制品的原料，并可制作碳化石灰板、砖等制品，还可配制熟石灰、石灰膏等
石灰乳（石灰水）	将石灰膏用水冲淡所成的浆液状物质		用于简易房屋的室内粉刷

（4）石灰的应用

① 配制石灰乳涂料　将消石灰粉或熟化后的石灰膏加入适量的水搅拌稀释后，成为石灰乳。石灰乳是一种廉价易得的涂料，施工简便且颜色洁白，主要用于内墙和顶棚的刷白，增加室内美观度和亮度。

② 配制石灰砂浆或水泥混合砂浆　由于石灰膏和消石灰粉中的氢氧化钙颗粒非常小，调水后石灰具有良好的可塑性和黏结性，常将其配制成砂浆，用于墙体的砌筑和抹面。在石灰膏或消石灰粉中，掺入砂和水拌和后，可制成石灰砂浆；在水泥砂浆中掺入石灰膏后，可制成水泥混合砂浆，在园林建筑工程中用量

都很大。

③ 拌制石灰土和三合土　熟石灰粉可用来拌制石灰土（熟石灰＋黏土）和三合土（熟石灰＋黏土＋砂、石或炉渣等填料）。常用的三七灰土和四六灰土，分别表示熟石灰和砂土体积比例为3∶7和4∶6。由于黏土中含有的活性氧化硅和活性氧化铝与氢氧化钙反应可生成水硬性产物，使黏土的密实程度、强度和耐水性得到改善，因此灰土和三合土广泛用于建筑的基础和道路的垫层。

④ 生产硅酸盐制品　以石灰（消石灰粉或生石灰粉）与硅质材料（砂、粉煤灰、火山灰、矿渣等）为主要原料，经过配料、拌和、成型和养护后可制得砖、砌块等各种制品。因内部的胶凝物质主要是水化硅酸钙，所以称为硅酸盐制品，常用的有蒸压灰砂砖、粉煤灰砖、加气混凝土等，主要用做墙体材料。

⑤ 生产灰砂砖　灰砂砖是磨细生石灰或消石灰粉与天然砂配合均匀，搅拌加水，再经陈伏、加压成型和经压蒸处理而成，灰砂砖是一种技术成熟、性能优良、节能的新型建筑材料，适用于各类民用建筑、公用建筑和工业厂房的内、外墙及房屋的基础，是替代烧结黏土砖的产品。

⑥ 碳化石灰板　碳化石灰板是将磨细生石灰、纤维状填料（如玻璃纤维）或轻质骨料（如矿渣）搅拌成型，然后用二氧化碳进行人工碳化（12～14h）而成的一种轻质板材，为了减轻表观密度和提高碳化效果，多制成空心板，这种板适于做非承重隔墙板、顶棚等。

⑦ 制作无熟料水泥　石灰还可以用来配制无熟料水泥，如石灰矿渣水泥、石灰粉煤灰水泥、石灰火山灰水泥等。这类水泥的水硬性、强度等性能取决于原料的性质和配合比，其强度等级一般都较低，早期强度不高，但后期强度较高，抗水性、耐蚀性和耐热性较好，而抗冻性、大气稳定性较差，易风化，不宜长期贮存。适用于地下、水中和潮湿环境中的建筑工程，也可用于制作地坪、路面以及一般建筑；不适用于冻融交替频繁、要求早期强度较高、长期处于干燥地区的建筑工程。

⑧ 加固软土地基　生石灰块可直接用来加固含水的软土地基，称为石灰桩。它是在桩孔内灌入生石灰块，利用生石灰吸水熟化时体积膨胀的性能产生膨胀压力，从而使地基加固。

⑨ 制造静态破碎剂和膨胀剂　利用过烧石灰水化慢且同时伴随体积膨胀的特性，可用它来配制静态破碎剂和膨胀剂。这种破碎剂可用于混凝土和钢筋混凝土构筑物的拆除，以及对岩石的破碎和切割。

1.5 混凝土

混凝土是以胶凝材料、水、细骨料、粗骨料，必要时掺入外加剂和矿物质混合材料，按适当比例配合，经过均匀拌制、密实成型及养护硬化而成的人工石材。混凝土在园林建筑工程、给排水工程、园路工程、水景工程及假山工程中，是最重要的一种土建工程材料。

1.5.1 混凝土的分类

混凝土是指用胶凝材料将粗、细骨料胶结成整体的复合固体材料的总称。混凝土的种类很多，分类方法也很多。

（1）按表观密度分类

① 重混凝土　重混凝土是表观密度大于 2600kg/m^3 的混凝土，常由重晶石和铁矿石配制而成。

② 普通混凝土　普通混凝土是表观密度为 1950～2500kg/m^3 的水泥混凝土，主要以砂、石子和水泥配制而成，是土木工程中最常用的混凝土品种。

③ 轻混凝土　轻混凝土是表观密度小于 1950kg/m^3 的混凝土，包括轻骨料混凝土、多孔混凝土和大孔混凝土等。

（2）按胶凝材料的品种分类

通常根据主要胶凝材料的品种，并以其名称命名，如水泥混凝土、石膏混凝土、水玻璃混凝土、硅酸盐混凝土、沥青混凝土、聚合物混凝土等。有时也以加入的特种改性材料命名，如水泥混凝土中掺入钢纤维时，称为钢纤维混凝土；水泥混凝土中掺大量粉煤灰时则称为粉煤灰混凝土等。

（3）按使用功能和特性分类

按使用部位、功能和特性通常可分为：结构混凝土、道路混凝土、水工混凝土、耐热混凝土、耐酸混凝土、防辐射混凝土、补偿收缩混凝土、防水混凝土、泵送混凝土、自密实混凝土、纤维混凝土、聚合物混凝土、高强混凝土、高性能混凝土等。

1.5.2 普通混凝土

普通混凝土是指以水泥为胶凝材料，砂子和石子为骨料，经加水搅拌、浇筑成型、凝结固化成具有一定强度的“人工石材”。骨料中有害杂质（有机质、硫化物、云母等）含量不得超过规定标准，最大粒径和颗粒级配都要满足工程要求。

1.5.2.1 组成材料

在混凝土组成材料中，砂、石是骨料，对混凝土起骨架作用，骨料约占混凝土体积的 70%，其余是水泥和水组成的水泥浆，它包裹在所有粗、细骨料的表面并填充在骨料空隙中。水泥浆在未凝固的混凝土拌合物中起润滑作用，赋予其流动性，便于施工；在混凝土硬化后起胶结作用，把砂、石骨料胶结成整体，使混凝土产生强度，成为坚硬的人造石材。普通混凝土的结构示意图如图 1-2 所示，其余是水泥和水组成的水泥浆及少量的残留空气。

1.5.2.2 对组成材料的技术要求

原材料的性质及其相对含量决定了混凝土的质量和技术性质，此外混凝土施

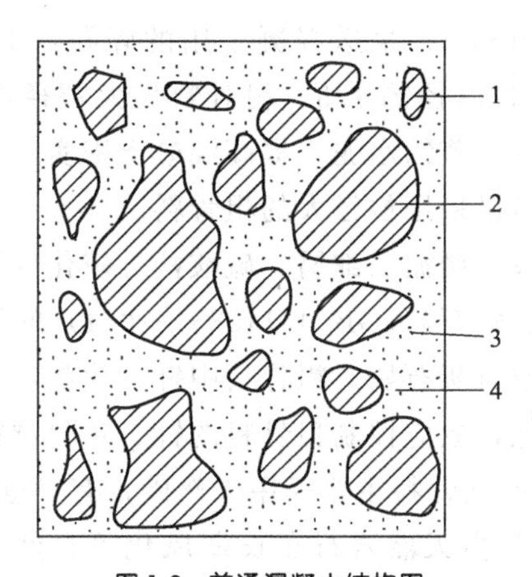

图 1-2 普通混凝土结构图

1—砂子；2—石子；3—气孔；4—水泥浆

工工艺（配料、搅拌、捣实成型、养护）对混凝土也有一定影响。因此，了解混凝土原材料的性质、作用及质量要求，合理选择原材料，才能保证混凝土的质量，并降低成本。

（1）水泥

水泥是混凝土中最重要的组成部分，水泥的合理选用主要考虑水泥品种和水泥强度等级两个方面内容。

① 水泥品种的选择 配制混凝土用的水泥品种，应根据混凝土工程性质与特点、工程所处环境与施工条件，按各种水泥特性进行合理选择。配制普通混凝土一般采用硅酸盐水泥、普通水泥、矿渣水泥、火山灰水泥和粉煤灰水泥。如配制有特殊要求，可采用特种水泥。

② 水泥强度等级的选择 水泥强度等级的选择要与混凝土的设计强度相适应，要充分利用水泥活性，根据施工生产经验合理选用。原则上是配制高强度等级的混凝土选用强度较高的水泥，低强度等级的混凝土选用强度较低的水泥。一般来说，普通混凝土以水泥强度为混凝土强度的 1.5 倍左右为宜，对于高强度的混凝土水泥强度可取混凝土强度的一倍左右。

（2）骨料

混凝土中的骨料按其粒径大小分为粗骨料和细骨料两种，粗骨料粒径要大于 5mm，细骨料粒径为 0.16～5mm。混凝土中，粗、细骨料的总体积要占混凝土体积的 70％～80％，骨料质量的优劣，会对混凝土各项性质造成很大影响。

① 粗骨料 粗骨料常用碎石和卵石。碎石与卵石相比，表面比较粗糙、多棱角，空隙率大、表面积大，易于与水泥的黏结，强度较高。粗骨料的颗粒级配按供应情况分为连续粒级和单粒级，可用筛分法判定级配情况。粗骨料的粗细程度通常用最大粒径的大小表示。粗骨料的最大粒径不得大于结构截面最小尺寸的 1/4，并不得大于钢筋最小净距的 3/4；对混凝土实心板，最大粒径不得大于板

厚的1/2，并不得超过50mm；泵送混凝土用的碎石，不应大于输送管内径的1/3，卵石不应大于输送管内径的1/3。粗骨料最大粒径增大时，骨料总表面积减少，可减少水泥浆用量，节约水泥，提高混凝土密实度，因此，在配制中等强度以下的混凝土时，应尽量采用粒径大的粗骨料。

粗骨料中所含的泥块、淤泥、细屑、硫酸盐、硫化物等有害杂质含量应符合国家标准《建设用卵石、碎石》(GB/T 14685—2011）的规定。另外粗骨料中严禁混入煅烧过的白云石或石灰石块。粗骨料中针、片状颗粒过多，会导致混凝土的和易性变差，强度降低，故应控制粗骨料的针、片状颗粒含量。

② 细骨料　混凝土的细骨料主要采用天然砂，有时也可用人工砂。

a. 天然砂　天然砂是由天然岩石在长期风化等自然条件的作用下形成的，按其产源不同可分为河砂、湖砂、海砂及山砂等几种。河砂、湖砂和海砂颗粒表面比较圆滑而清洁，分布广，但海砂中常含有碎贝壳及盐类等杂质。山砂是岩体风化后在山间适当地形中堆积下来的岩石碎屑，其颗粒多具棱角，表面粗糙，砂中含泥及有机杂质较多。相比较河砂较为适合作为细骨料用于建筑工程中。

b. 人工砂　人工砂是将天然岩石或卵石轧碎后筛分而成，其颗粒有棱角，比较洁净，但砂中片状颗粒及细粉含量较多，且成本较高，一般只有在缺少天然砂源时，才采用人工砂作细骨料。

混凝土用砂要求其砂粒质地坚实、清洁，有害杂质含量要少，不宜混有草根、树叶、树枝、塑料、煤渣等杂物，不能含有活性二氧化硅等有害物质，以免产生碱-骨料反应破坏混凝土性能。合格品砂中含泥量（粒径小于0.08mm的黏土、淤泥与岩屑）不大于5.0%，黏土块含量（水浸后粒径大于0.63mm的块状黏土）不大于1.0%。

在配制混凝土时，要考虑砂的粗细程度和颗粒级配。

a. 砂的粗细程度是指不同粒径的砂粒混合后的平均粗细程度。砂子通常分为粗砂、中砂、细砂和特细砂等。在配制混凝土时，相同用砂量条件下，采用细砂则其总表面积较大，而用粗砂则其总表面积较小。砂的总表面积越大，则在混凝土中需包裹砂粒表面的水泥浆越多，当混凝土拌合物和易性要求一定时，用较粗的砂拌制混凝土比用较细的砂所需的水泥浆量要少。但若砂子过粗会使混凝土拌合物产生离析、泌水等现象，影响混凝土的性能。因此，用作配制混凝土的砂，粗细要适宜。

评定砂的粗细，通常用筛分法。用一套孔径为5.00mm、2.50mm、1.25mm、0.630mm、0.315mm、0.160mm的标准筛，将预先通过孔径为10.0mm筛的干砂试样500g由粗到细依次过筛，然后称量各筛上余留砂样的质量，计算出各筛上的“分计筛余百分率”和“累计筛余百分率”，见表1-19。

表 1-19 累计筛余百分率与分计筛余百分率计算关系

筛孔尺寸/mm	分计筛余/g	分计筛余百分率/%	累计筛余百分率/%
5.00	m_1	$a_1=m_1/m$	$\beta_1=a_1$
2.50	m_2	$a_2=m_2/m$	$\beta_2=a_1+a_2$
1.25	m_3	$a_3=m_3/m$	$\beta_3=a_1+a_2+a_3$
0.063	m_4	$a_4=m_4/m$	$\beta_4=a_1+a_2+a_3+a_4$
0.315	m_5	$a_5=m_5/m$	$\beta_5=a_1+a_2+a_3+a_4+a_5$
0.160	m_6	$a_6=m_6/m$	$\beta_6=a_1+a_2+a_3+a_4+a_5+a_6$

注：m_1～m_6—对应各筛的筛余量。

砂的粗细程度，工程上常用细度模数 μf 表示，其计算公式为：

$$\mu f=\frac{(\beta_2+\beta_3+\beta_4+\beta_5+\beta_6)-5\beta_1}{100-\beta_1} \tag{1-13}$$

细度模数越大，表示砂越粗。细度模数在 2.2～1.6 为细砂，在 3.0～2.3 为中砂，在 3.7～3.1 为粗砂。普通混凝土用砂的细度模数范围在 3.7～1.6，以中砂为宜。

b. 砂的颗粒级配是指砂中不同粒径的颗粒级配情况。若砂的粒径相同，则其空隙很大，如图 1-3(a) 所示，在混凝土中填充砂子空隙的水泥浆用量就多；当用两种粒径的砂级配，空隙相应减少，如图 1-3(b) 所示；如果用三种粒径的砂级配，空隙最少，如图 1-3(c) 所示。由此可以得出结论，当砂中含有较多的粗颗粒，并以适量的中颗粒及少量的细颗粒填充空隙，即颗粒级配良好，可达到使砂的空隙率和总表面积均较小，这种砂比较理想，不仅所需要的水泥浆量少，经济适用，而且还能提高混凝土的和易性、密度和强度。

对细度模数为 3.7～1.6 之间的普通混凝土用砂，根据 0.6mm 筛的累计筛余百分率分成三个级配区，见表 1-20。混凝土用砂的颗粒级配应处于三个级配区之间。一般处于Ⅰ区的砂较粗，属于粗砂；Ⅱ区砂粗细适中，级配良好，拌制混凝土时应当优先选用；Ⅲ区砂细颗粒多。

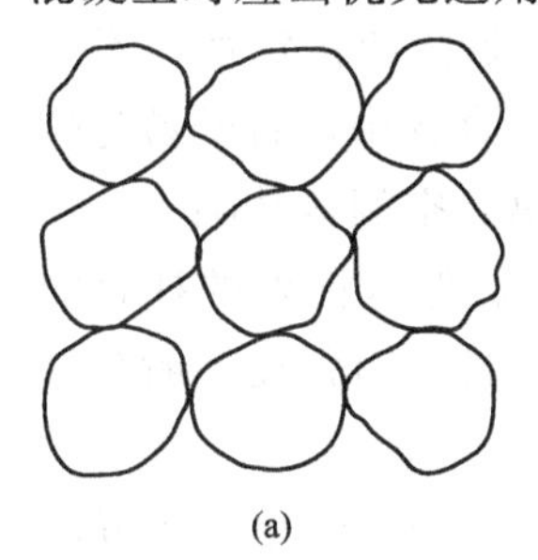
(a)

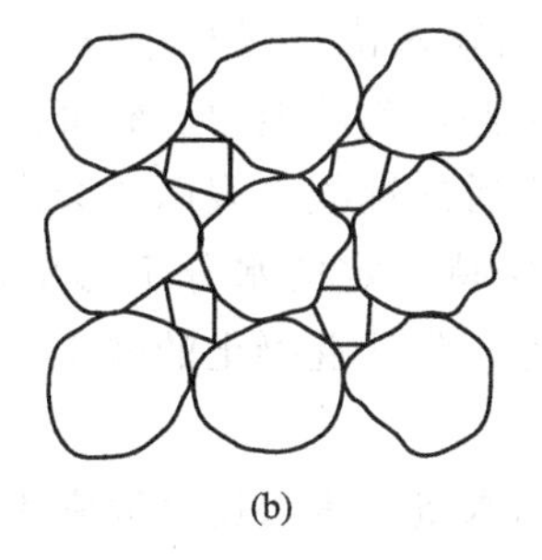
(b)

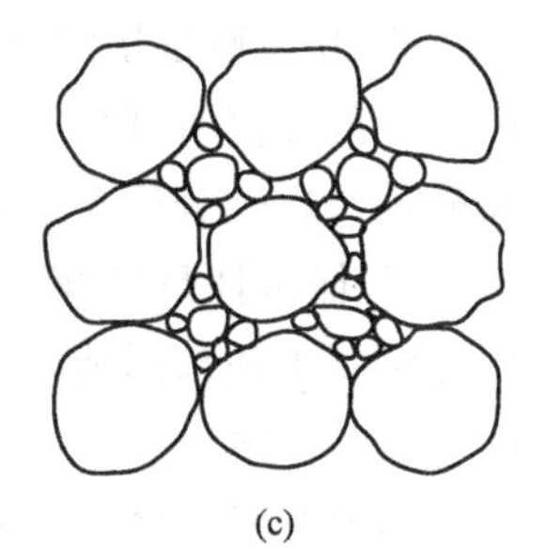
(c)

图 1-3 骨料的颗粒级配

表 1-20　砂的颗粒级配　　单位：%

筛孔直径/mm	Ⅰ区	Ⅱ区	Ⅲ区
9.5	0	0	0
4.75	10～0	10～0	10～0
2.36	35～5	25～0	15～0
1.18	65～35	50～10	25～0
0.6	85～71	70～41	40～16
0.3	95～80	92～70	85～55
0.15	100～90	100～90	100～90

（3）混凝土拌和及养护用水

凡能饮用的自来水及清洁的天然水都能用来养护和拌制混凝土。不能使用污水、酸性水、含有油脂或糖分的水以及含硫酸盐超过1%的水。在钢筋混凝土和预应力钢筋混凝土中不可用海水来拌制。对饰面有要求的混凝土，因海水有可能引起混凝土表面泛盐霜而影响美观，因此也不能用海水拌制。

1.5.2.3　混凝土的主要技术性质

混凝土是由各组成材料按一定比例拌和成的，混凝土拌合物是指尚未凝结硬化的材料，硬化混凝土指硬化后的人造石材。混凝土拌合物的主要性质是和易性，硬化混凝土的主要性质有强度和耐久性。

（1）和易性

和易性是指混凝土拌合物在施工操作中的综合性能。包括流动性、黏聚性和保水性三方面。

① 流动性是指拌合物在自身质量或外力作用下发生流动，能够均匀密实地填满模型的性能。

② 黏聚性是指拌合物在运输及浇注过程中具有一定的黏性和稳定性，不会产生分离和离析现象，整体保持均匀的能力。黏聚性差的拌合物中，石子易与砂浆分离，出现分层现象，振实后的混凝土表面还会出现蜂窝、空洞等缺陷。

③ 保水性是指拌合物有保持一定的水分不泌出的能力。保水性差的拌合物易在混凝土内部形成泌水通道，降低混凝土的密实性和抗渗性，对强度和耐久性产生不利影响。

影响和易性的因素有：用水量、水灰比（通常为0.5～0.8）、砂率（指混凝土中砂的用量占砂、石总量百分率）、水泥品种、粗细骨料性质、时间、温度及外加剂等。

（2）混凝土强度

① 混凝土的抗压强度和强度等级　混凝土强度包括抗压、抗拉、抗弯和抗剪强度等，其中抗压强度是混凝土的重要力学指标，与水泥强度等级、水胶比、配合比、龄期、施工方法及养护条件等因素有关。试验方法及试件形状、尺寸也会影响所测得的强度数值。实验表明，相同承压面积（150mm×150mm），但外形尺寸不同的混凝土轴心受压试件，其抗压强度并不相同。

我国以150mm×150mm×150mm的立方体试件，在（20±3)℃的温度和相对湿度90％以上的潮湿空气中养护28d，按标准制作和试验方法（以每秒0.2～0.3N/mm^2的加荷速度）测得的具有95％保证率的抗压强度［计量单位N/mm^2（MPa）］作为混凝土的强度等级，也称为标准立方体强度，用$f_{cu,k}$表示。其中，混凝土强度等级的保证率为95％：按混凝土强度总体分布的平均值减去1.645倍标准差的原则确定，见表1-21。

表1-21　混凝土强度标准值　　单位：MPa

强度	混凝土强度等级													
	C15	C20	C25	C30	C35	C40	C45	C50	C55	C60	C65	C70	C75	C80
f_{ck}	10.0	13.4	16.7	20.1	23.4	26.8	29.6	32.4	35.5	38.5	41.5	44.5	47.4	50.2
f_{tk}	1.27	1.54	1.78	2.01	2.20	2.39	2.51	2.64	2.74	2.85	2.93	2.99	3.05	3.11

注：f_{ck}—混凝土轴心抗压强度；f_{tk}—混凝土轴心抗拉强度。

② 影响混凝土强度的因素

a. 水泥强度和水灰比　混凝土强度主要取决于水泥石与粗骨料界面的黏结力强度，黏结力强度主要由水泥的强度确定，前文所述影响水泥强度的主要因素即水灰比。在水泥强度相同的情况下，混凝土强度则随水灰比的增大而降低。并不是说水灰比越小越好，水灰比过小会导致水泥浆过于干稠，混凝土不易振捣密实，反而会降低混凝土强度。

b. 龄期　在正常情况下，混凝土强度随着龄期的增长而增大，最初的7～14d内增长较快，而后增长逐渐缓慢，达到28d后强度仍保持缓慢增长，持续时间久。

c. 养护温度和湿度　混凝土浇捣后，必须保持适当的温度和足够的湿度，使水泥充分水化，保证混凝土强度持续发展。一般规定，在自然养护时，对硅酸盐水泥、普通水泥、矿渣水泥配制的混凝土，浇水保湿养护要大于7d；而对火山灰水泥、粉煤灰水泥、掺有缓凝型外加剂或有抗渗性要求的混凝土，则不得少于14d。

③ 提高混凝土强度的措施

a. 采用高标号水泥或早强型水泥。

b. 采用低水灰比的干硬性混凝土拌合物。

c. 采用湿热处理养护混凝土，包括蒸汽养护和蒸压养护。蒸汽养护是在温度低于100℃的常压蒸汽中进行，一般混凝土经16～20h的蒸汽养护后，强度可达正常养护条件下28d强度的70%～80%；蒸压养护是在175℃、8atm（$1atm=1.01\times10^5Pa$）的蒸压釜内进行，在高温高压条件下提高混凝土强度。

d. 改进施工工艺。采用机械搅拌和振捣，采用混凝土拌和用水磁化、混凝土裹石搅拌法等新技术均可提高混凝土强度。

e. 加入外加剂和掺合料。如加入减水剂和早强剂等，可提高混凝土强度。

（3）混凝土的耐久性

混凝土的耐久性是指混凝土在实际使用情况下抵抗各种破坏因素作用，长期保持强度和外观完整性的能力，包括抗渗性、抗冻性、抗侵蚀性、抗风化性及防止碱-骨料反应等。

提高耐久性的主要措施包括：

① 选用质量上乘的砂、石，严格控制骨料中的污泥及有害杂质的含量。

② 选用合适品种和等级的水泥。

③ 严格控制水灰比并保证水泥用量。

④ 采用级配好的骨料。

⑤ 适当掺用高效减水剂和引气剂。

1.5.2.4　配合比设计

普通混凝土配合比是指混凝土中水泥、细骨料、粗骨料和水这四种组成材料之间用量的比例关系。通常用两种表示方法：一种是以每立方米混凝土中各材料的用量来表示，如水泥500kg、砂子750kg、石子1560kg、水380kg；另一种是以各种材料相互间质量比来表示（以水泥质量为1），如水泥：砂子：石子：水=1：2.1：4.2：0.6。

在混凝土配合比中，水灰比、单位用水量、砂率是配合比的三个重要参数，直接影响混凝土的技术性质和经济效益。混凝土配合比设计就是要确定这三个参数。

（1）混凝土配合比设计要求

混凝土配合比设计要满足混凝土拌合物和易性要求、确保混凝土强度能达到结构设计和施工要求、达到与环境相适应的耐久性要求、经济上节约材料和成本四个方面。

（2）混凝土配合比设计的步骤

① 根据选定的原材料及配合比设计的基本要求，通过经验公式、经验表格进行“初步配合比”，即确定配制强度→确定水灰比→确定单位用水量→计算混

凝土的单位水泥用量→确定合理砂率→确定 $1m^3$ 混凝土的砂石用量。

② 在初步配合比的基础上，经试拌、检验、调整到和易性满足要求时，得出“基准配合比”；在实验室进行混凝土强度检验、复核，得出“设计配合比”。

③ 以现场原材料情况（如砂、石含水率等）修正设计配合比，得出“施工配合比”。

1.5.2.5 主要优缺点

（1）普通混凝土的主要优点

① 原材料丰富　混凝土中约70%以上的材料是砂石料，可就地取材，节约运输成本。

② 施工方便　混凝土拌合物具有良好的和易性，可根据工程需要浇筑成各种形状尺寸的构件及构筑物。既可现场浇筑成型，也可预制。

③ 性能可根据需要设计调整　通过调整各组成材料的品种和用量，特别是掺入不同外加剂和掺合料，可获得不同施工和易性、强度、耐久性或有特殊性能要求的混凝土，满足工程要求。

④ 抗压强度高　混凝土的抗压强度一般在7.5～60MPa之间。当掺入高效减水剂和掺合料时，强度可达100MPa以上，混凝土与钢筋具有良好的匹配性，浇筑成钢筋混凝土后，可以有效地改善局部抗拉强度低的缺陷，使混凝土能够应用于各种结构部位。

⑤ 耐久性好　原材料选择正确、配比合理、养护良好的混凝土具有优良的抗渗性、抗冻性和耐腐蚀性能，且对钢筋有保护作用，可保持混凝土结构长期稳定。

（2）普通混凝土存在的主要缺点

① 自重大，$1m^3$ 混凝土重约2400kg，结构物自重较大，导致地基处理费用增加。

② 抗拉强度低，抗裂性差。混凝土的抗拉强度一般只有抗压强度的1/20～1/10，易开裂。

③ 收缩变形大。水泥水化凝结硬化引起的自身收缩和干燥收缩大，易产生混凝土收缩裂缝。

1.5.3 防水混凝土

普通混凝土密实程度低，在压力水作用下会发生透水现象，而水的浸透将会加剧其溶出性的侵蚀，因此，经常受水压力作用的工程和构筑物，表面必须制作防水层，如使用水泥砂浆防水层、沥青防水层或金属防水层等。但这些防水层施工工艺复杂，成本高，若能够提高混凝土本身的抗渗性能，达到防水要求，就可省去防水层。

防水混凝土是指提高混凝土抗渗性能，以达到防水要求的一种混凝土，一般是通过改进混凝土组成材料质量、合理选取混凝土配合比和骨料级配以及掺加适量高效外加剂的方法，保证混凝土内部密实或堵塞混凝土内部毛细管通路，使混凝土具有较高的抗渗性能。防水混凝土多适用于园林给排水工程、水景工程、水中假山基础等防水工程及地下水位较高的各种建筑基础工程。

（1）普通防水混凝土

普通防水混凝土原理是依据提高砂浆密实性和增加混凝土的有效阻水截面，常采用较小的水灰比（不大于0.6）、较高的水泥用量（不小于320kg/m^3）和砂率（不小于0.35），改善砂浆质量，减少混凝土孔隙率，改变孔隙特征，使混凝土具有足够的防水性。

（2）骨料级配法防水混凝土

是指将三种或三种以上不同级配的砂、石骨料按照一定比例混合配制，使砂、石混合级配满足混凝土的最大密实度要求，即提高抗渗性，达到防水目的。

（3）外加剂防水混凝土

掺入适量外加剂来改善混凝土结构，来提高抗渗性，常用的外加剂有以下几种。

① 加气剂　多用松香热聚物或由松香皂和氯化钙组成的复合加气剂。

② 密实剂　一般用氢氧化铁或氢氧化铝的溶液。

1.5.4　装饰混凝土

装饰混凝土指表面具有线形、纹理、质感、色彩等装饰效果的混凝土。通过混凝土表面处理来满足建筑立面装饰设计的要求，广泛用于预制外墙板、现浇墙体、地面及各种混凝土砌块的饰面。但一般也将直接采用现浇混凝土的自然表面作为饰面的清水混凝土归为装饰混凝土。常见的装饰混凝土有清水混凝土、彩色混凝土、印花混凝土、混凝土装饰涂层等。装饰混凝土具有较高的强度和较好的耐久性和耐候性，与自然石材制品相比，具有节约自然资源和价格低廉等优点；另外，装饰混凝土具有设计的灵活性特点，可按设计要求，制作成任意形体和表面变化，并易于制作各种孔洞和凹凸的变化。园林中装饰混凝土主要应用于地面、路面、墙面、露台等表面装饰。

（1）清水混凝土

清水混凝土属于一次浇筑成型的混凝土，不做任何外装饰，直接采用现浇混凝土的自然表面作为饰面。表面平整光滑、色泽均匀、棱角分明、无碰损和污染，只是在表面涂一层或两层透明的保护剂，显得十分自然、庄重，表现出一种最本质的美感，具有朴实无华、自然沉稳的外观韵味，其与生俱来的厚重与清雅是一些现代建筑材料无法效仿和媲美的。

通过特别设计的模板可使清水混凝土表面形成特殊的纹理和质感，达到特别的装饰效果。清水混凝土不仅具有特殊的装饰效果，而且具备优越的结构性能和显著的经济特性。因此，在国内外大型建筑工程，特别是国内桥梁工程中已得到广泛应用，但在国内的一般房屋建筑工程中，由于施工技术要求较高，还没有得到推广使用。

（2）彩色混凝土

彩色混凝土可以通过成品染色和在拌制过程中添加颜料这两种方式实现。

染色是将彩色液体通过渗入混凝土表层而使其着色。混凝土材料的碱性、多孔性及其浅色基调使其表面易于着色。化学溶液不仅能在混凝土表面染色，而且能渗入混凝土中，在深层着色。目前流行的水基渗透性染色剂和水基及溶剂基颜料可以实现很多色调。彩色混凝土还可通过掺加无机颜料以获得不同色彩，或拌制时加入带颜色的骨料并通过水磨、水洗等工艺使彩色骨料露出而呈现不同色彩。

染色剂和颜料的单独或结合使用，几乎能够使混凝土表面产生所有期望的色调，从清淡柔和的色彩直至明快的红黄橙紫等。用灰色水泥可以得到色彩厚重的混凝土，如果为了得到明快鲜艳的色调，水泥一般宜采用白色硅酸盐水泥。

（3）印花混凝土

印花混凝土是对普通混凝土表面进行处理，创造出图案、色彩与大理石、花岗石、砖、木材等自然材料极为相似的一种装饰材料，具有图形美观自然、色彩真实持久、质地坚固耐用等特点。印花混凝土是在普通的混凝土表面进行着色强化处理，并利用模具压制成各种图案，随后在表面喷涂保护剂，故其构造由混凝土基层、彩色面层、保护层三个基本层面组成。

印花混凝土主要用于地面，故也称彩色混凝土地坪，其本身坚固耐用，从根本上克服了传统砖、石铺设地面常见的容易松动、凹凸不平、路面整体性差、施工周期长以及需要经常维护、维修等缺点，是替代砖、石铺设路面的一种理想新型材料。同时，它施工方便，彩色也较为鲜艳，并可形成各种图案，装饰性、灵活性和表现力强。适用于住宅、社区、商业、市政及文娱康乐等各种场合所需的人行道，以及公园、广场、游乐场、高档小区道路、停车场，庭院、地铁站台、游泳池等处的景观创造，具有极高的安全性和耐用性。

1.6 砂浆

砂浆是指由无机胶凝材料、细骨料、掺加料和水，按一定比例配制而成的。一般包括砌筑砂浆、抹面砂浆和特种砂浆，在园林工程中应用广泛。

1.6.1 砌筑砂浆

砌筑砂浆是用砖、石、砌块等黏结成为砌体的砂浆。砌筑砂浆主要起黏结、传递应力的作用，是砌体的重要组成部分。

1.6.1.1 组成材料

（1）水泥

水泥是砂浆的主要胶凝材料，常用的水泥品种有普通水泥、矿渣水泥、火山灰水泥、粉煤灰水泥和砌筑水泥等。胶凝材料的选用应当根据砂浆的用途和具体的使用环境决定。在干燥环境中使用的砂浆，宜选用气硬性胶凝材料，在潮湿环境或水中使用的砂浆，则必须用水硬性胶凝材料。

配制砌筑砂浆时的水泥标号通常为砂浆强度等级的 4～5 倍。鉴于砂浆的强度要求不高，一般采用 32.5 级水泥即可。

（2）砂

配制砌筑砂浆中的细骨料主要为天然砂，过筛后不得含有杂质。砌筑毛石砌体用的砂浆中的最大用砂量一般不小于砂浆层厚度的 1/5～1/4。砖砌体用砂的最大粒径不得大于 2.5mm。水泥砂浆、混合砂浆的强度等级≥M5 时，含泥量不超过 5%；强度等级＜M5 时，其含泥量应不超过 10%。

（3）水

凡可饮用、不含无害杂质的洁净水，均可用来拌制砂浆。不能使用未经试验测定的污水。

（4）外掺料及外加剂

为了改善砂浆和易性，节约水泥用量，可在砂浆中掺入部分外掺料或外加剂。具体要在水泥中掺入石灰膏、黏土膏、磨细生石灰粉、粉煤灰等无机塑化剂或皂化松香、微沫剂、纸浆废液等有机塑化剂制成水泥混合砂浆。

微沫剂是一种憎水性的有机表面活性物质，是用松香和工业纯碱熬制而成的。微沫剂掺入浆中会吸附在水泥颗粒表面，形成一层皂膜，降低水的表面张力，经强力搅拌后，形成许多微小的气泡，增加水泥的分散性，使水泥颗粒和砂粒之间摩擦阻力变小，且气泡本身易于变形，使砂浆流动性增大和易性变好。水泥石灰砂浆中掺微沫剂，石灰用量可减少一半。微沫剂的用量可通过试验确定，一般为水泥用量的 0.005%～0.01%（按 100%纯度计）。皂化松香、纸浆废液等掺量一般为水泥质量的 0.1%～0.3%。

1.6.1.2 技术性质

（1）和易性

新拌砂浆应具有良好的和易性，和易性良好的砂浆不易产生分层、析水现象，在粗糙的砌筑面上能铺成均匀的薄层，很好地与底层黏结，施工操作方便且保证质量。

砂浆的和易性包括流动性和保水性两方面的含义。

① 流动性，即稠度，是指砂浆在自重或外力作用下产生流动的性质，用“沉入度”表示。沉入度用砂浆稠度仪测定的沉入度值越大，砂浆流动性越大，但流动性过大会导致硬化后的砂浆强度降低，流动性太小又不方便施工，所以新

拌砂浆要具有一定的流动性。

② 保水性是指新拌砂浆保持其内部水分不泌出流失的能力，用“分层度”表示。分层度用砂浆分层度测定仪测定。砂浆分层度在 1～2cm 时保水性好；分层度大于 2cm，砂浆容易离析，不便于施工；分层度接近于零的砂浆，易产生裂缝，不宜作为抹面砂浆。

（2）强度和强度等级

砂浆硬化后因在砌体中的主要作用是传递压力，所以要具有一定的抗压强度。砌筑砂浆强度用尺寸为 70.7mm×70.7mm×70.7mm 的试件，标准养护 28d 后测定其极限抗压强度平均值（MPa）确定。

（3）黏结力

为保证砌体的强度、耐久性及抗震性等，要求砌体砂浆要有足够的黏结力。黏结力的大小会影响砌体的强度、耐久性、稳定性和抗震性能。一般情况下，砂浆抗压强度越高，它与基层的黏结力也越强。在粗糙、洁净、湿润的基面上，砂浆黏结力较强。

1.6.1.3 配合比设计

（1）现场配制水泥混合砂浆的试配

① 砂浆的试配强度按下式确定：

$$f_{m,0}=kf_2 \tag{1-14}$$

式中 $f_{m,0}$——砂浆的试配强度，MPa，应精确至 0.1MPa；

f_2——砂浆强度等级值，MPa，应精确至 0.1MPa；

k——系数，按表 1-22 取值。

表 1-22 砂浆强度标准差 σ 及 k 值

强度等级 / 施工水平	强度标准差 σ/MPa							k
	M5	M7.5	M10	M15	M20	M25	M30	
优良	1.00	1.50	2.00	3.00	4.00	5.00	6.00	1.15
一般	1.25	1.88	2.50	3.75	5.00	6.25	7.50	1.20
较差	1.50	2.25	3.00	4.50	6.00	7.50	9.00	1.25

② 砂浆强度标准差的确定应符合下列规定。

当有统计资料时，砂浆强度标准差应按下式计算：

$$\sigma=\sqrt{\frac{\sum_{i=1}^{n} f_{m,i}^2-n\mu_{f_m}^2}{n-1}} \tag{1-15}$$

式中　$f_{m,i}$——统计周期内同一品种砂浆第 i 组试件的强度，MPa；

μ_{f_m}——统计周期内同一品种砂浆 n 组试件强度的平均值，MPa；

n——统计周期内同一品种砂浆试件的总组数，$n \geqslant 25$。

当无统计资料时，砂浆强度标准差 σ 按表 1-22 取值。

③ 计算水泥用量

a. 每立方米砂浆中的水泥用量，应按下式计算：

$$Q_c = \frac{1000(f_{m,0} - \beta)}{\alpha f_{ce}} \tag{1-16}$$

式中　Q_c——每立方米砂浆的水泥用量，kg，应精确至 1kg；

$f_{m,0}$——砂浆的试配强度，MPa，应精确至 0.1MPa；

f_{ce}——水泥的实测强度，MPa，应精确至 0.1MPa；

α，β——砂浆的特征系数，其中 $\alpha = 3.03$，$\beta = -15.09$。

注：各地区也可用本地区试验资料确定 α、β 值，统计用的试验组数不得少于 30 组。

b. 在无法取得水泥的实测强度值时，可按下式计算 f_{ce}：

$$f_{ce} = \gamma_c f_{ce,k} \tag{1-17}$$

式中　$f_{ce,k}$——水泥强度等级值，MPa；

γ_c——水泥强度等级值的富余系数，宜按实际统计资料确定，无统计资料时可取 1.0。

④ 石灰膏用量　石灰膏用量应按下式计算：

$$Q_D = Q_A - Q_c \tag{1-18}$$

式中　Q_D——每立方米砂浆的石灰膏用量，kg，应精确至 1kg，石灰膏使用时的稠度宜为 120mm±5mm；

Q_c——每立方米砂浆的水泥用量，kg，应精确至 1kg；

Q_A——每立方米砂浆中水泥和石灰膏总量，kg，应精确至 1kg，可为 350kg。

⑤ 确定砂子用量　每立方米砂浆中的砂用量，应按干燥状态（含水率小于 0.5%）的堆积密度值作为计算值，kg。

⑥ 用水量　每立方米砂浆中的用水量，可根据砂浆稠度等要求选用 210～310kg。

混合砂浆中的用水量，不包括石灰膏中的水；当采用细砂或粗砂时，用水量分别取上限或下限；稠度小于 70mm 时，用水量可小于下限；施工现场气候炎热或干燥季节，可酌量增加用水量。

（2）现场配制水泥砂浆的试配

① 水泥砂浆的材料用量可按表 1-23 选用。

表1-23 水泥砂浆的材料用量 单位：kg/m³

强度等级	水泥	砂	用水量
M5	200～230	砂的堆积密度值	270～330
M7.5	230～260		
M10	260～290		
M15	290～330		
M20	340～400		
M25	360～410		
M30	430～480		

注：1. M15及M15以下强度等级水泥砂浆，水泥强度等级为32.5级；M15以上强度等级水泥砂浆，水泥强度等级为42.5级。

2. 当采用细砂或粗砂时，用水量分别取上限或下限。

3. 稠度小于70mm时，用水量可小于下限。

4. 施工现场气候炎热或干燥季节，可酌量增加用水量。

5. 试配强度应按式(1-14)计算。

② 水泥粉煤灰砂浆材料用量可按表1-24选用。

表1-24 水泥粉煤灰砂浆材料用量 单位：kg/m³

强度等级	水泥和粉煤灰总量	粉煤灰	砂	用水量
M5	210～240	粉煤灰掺量可占胶凝材料总量的15%～25%	砂的堆积密度值	270～330
M7.5	240～270			
M10	270～300			
M15	300～330			

注：1. 表中水泥强度等级为32.5级。

2. 当采用细砂或粗砂时，用水量分别取上限或下限。

3. 稠度小于70mm时，用水量可小于下限。

4. 施工现场气候炎热或干燥季节，可酌量增加用水量。

5. 试配强度应按式(1-14)计算。

(3) 配合比的试配、调整与确定

① 砌筑砂浆试配时应考虑工程实际要求，搅拌应采用机械搅拌，搅拌时间应自开始加水算起，对水泥砂浆和水泥混合砂浆，搅拌时间不得少于120s；对预拌砌筑砂浆和掺有粉煤灰、外加剂、保水增稠材料等的砂浆，搅拌时间不得少于180s。

② 按计算或查表所得配合比进行试拌时，应按现行行业标准《建筑砂浆基

本性能试验方法标准》（JGJ/T 70—2009）测定砌筑砂浆拌合物的稠度和保水率。当稠度和保水率不能满足要求时，应调整材料用量，直到符合要求为止，然后确定为试配时的砂浆基准配合比。

③ 试配时至少应采用三个不同的配合比，其中一个配合比应为基准配合比，其余两个配合比的水泥用量应按基准配合比分别增加及减少10%，在保证稠度、保水率合格的条件下，可将用水量、石灰膏、保水增稠材料或粉煤灰等活性掺合料用量作相应调整。

④ 砌筑砂浆试配时稠度应满足施工要求，并应按现行行业标准《建筑砂浆基本性能试验方法标准》（JGJ/T 70—2009）分别测定不同配合比砂浆的表观密度及强度；并应选定符合试配强度及和易性要求、水泥用量最低的配合比作为砂浆的试配配合比。

⑤ 砌筑砂浆试配配合比应按下列步骤进行校正。

a. 应根据④确定的砂浆配合比材料用量，按下式计算砂浆的理论表观密度值：

$$\rho_t = Q_c + Q_D + Q_s + Q_w \tag{1-19}$$

式中　ρ_t——砂浆的理论表观密度值，kg/m^3，应精确至$10kg/m^3$。

b. 应按下式计算砂浆配合比校正系数δ：

$$\delta = \frac{\rho_c}{\rho_t} \tag{1-20}$$

式中　ρ_c——砂浆的实测表观密度值，kg/m^3，应精确至$10kg/m^3$。

c. 当砂浆的实测表观密度值与理论表观密度值之差的绝对值不超过理论值的2%时，可将④得出的试配配合比确定为砂浆设计配合比；当超过2%时，应将试配配合比中每项材料用量均乘以校正系数（δ）后，确定为砂浆设计配合比。

1.6.2 抹面砂浆

抹面砂浆又称为抹灰砂浆，抹在建筑物的表面的薄层，可保护建筑物、增加建筑物的耐久性，同时又使其表面平整、光洁美观。为施工方便，保证抹灰的质量，要求抹灰砂浆要比砌筑砂浆和易性好，并且抹灰砂浆要与底面能很好地黏结。所以抹面砂浆的胶凝材料（也包括掺和料）的用量一般要比砌筑砂浆多，用来提高抹面砂浆的黏合力。为保证抹灰表面的平整，避免裂缝和脱落，施工应分两层或三层进行，根据各层抹灰要求不同，用的砂浆也不同。

底层砂浆主要起与基层黏结作用。一般砖墙抹灰多用石灰砂浆；有防水、防潮要求时用水泥砂浆；板条或板条顶棚的底层抹灰多用混合砂浆或石灰砂浆；混凝土墙、梁、柱顶板等底层抹灰多用混合砂浆。中层砂浆主要起找平作用，多用混合砂浆或石灰砂浆。面层主要起装饰作用，多采用细砂配制的混合砂浆、麻刀石灰浆或纸筋石灰浆；在容易碰撞或潮湿的地方应采用水泥砂浆。一般园林给排水工程中的水井等处常用1∶2.5水泥砂浆。

抹面砂浆的流动性和骨料的最大粒径参考见表1-25。

表1-25 抹面砂浆流动性及骨料最大粒径

抹面层名称	沉入度(人工抹面)/mm	砂的最大粒径/mm
底层	10～12	2.6
中层	7～9	2.6
面层	7～8	1.2

1.6.3 特种砂浆

特种砂浆是为适用某种特殊功能要求而配制的砂浆，特种砂浆有很多种，下面主要介绍防水砂浆和装饰砂浆。

(1) 防水砂浆

防水砂浆是指专门用作防水层的特种砂浆，是在普通水泥砂浆中掺入防水剂配制成的。防水砂浆主要用于刚性防水层，这种刚性防水层仅用于不受震动和具有一定刚度的混凝土和砖石砌体工程，不适用于变形较大或可能发生不均匀沉陷的建筑物。

为满足高抗渗的要求，对防水砂浆的材料组成有以下几点说明。

① 应使用32.5级以上的普通水泥或微膨胀水泥，适当增加水泥用量。

② 应选用颗粒级配良好的洁净中砂，灰砂比应控制在(1∶2.5)～(1∶3.0)范围之间。

③ 水灰比应保持在0.5～0.55之间。

④ 掺入防水剂，一般是氯化物金属盐类或金属皂类防水剂，为使砂浆密实不透水。

a. 氯化物金属盐类防水剂　氯化物金属盐类防水剂主要是用氯化钙、氯化铝和水按一定比例配成的有色液体。配合比大致为氯化铝∶氯化钙∶水＝1∶10∶11。防水剂掺入水泥砂浆中，在凝结硬化过程中能生成不透水的复盐，起促进结构密实作用，从而提高砂浆抗渗性能，其掺加量一般为水泥质量的3%～5%。一般应用于园林刚性水池或地下构筑物的抗渗防水。

b. 金属皂类防水剂　金属皂类防水剂是指由硬脂酸、氨水、氢氧化钾(或碳酸钠)和水按一定比例混合加热皂化成的。这种防水剂能起到填充微细孔隙和堵塞毛细管的作用，掺加量为水泥质量的3%左右。

防水砂浆在施工时技术要求严格，配制防水砂浆是先将水泥和砂拌和均匀后，将事先称好的防水剂溶于拌合水中并与水泥、砂搅拌均匀。抹面时，每层抹面厚度在5mm左右，共抹4～5层，总厚度在20～30mm。涂抹时先在湿润清洁的地面抹上一层纯水泥浆，第一层抹防水砂浆，在初凝前压实一遍，第二层到第四层均是同样的方法操作，最后一层要进行压光并加强保护。

（2）装饰砂浆

装饰砂浆是指专门用于建筑物室内外装饰，以增加建筑物的美观为目的。具有特殊的表现形式以及不同的色彩和质感。常以白水泥、彩色水泥、石膏、普通水泥、石灰等为胶凝材料，以白色、浅色或彩色的天然砂、大理石或花岗岩的石屑或特制的塑料色粒为骨料，还可利用矿物颜料调制多种色彩，再通过喷涂、滚涂、弹涂等表面处理工艺来达到不同要求的艺术效果。

装饰砂浆饰面可分为灰浆类饰面和石渣类饰面两类。

① 灰浆类砂浆饰面是通过水泥砂浆的着色或表面形态的艺术加工来获得一定色彩、线条、纹理质感达到装饰目的一种方法，常用方法有拉毛灰、搓毛灰、甩毛灰、扫毛灰、弹涂、拉条、喷涂、滚涂、假面砖、假大理石等。

② 石渣类砂浆饰面是在水泥浆中掺入各种彩色石渣作骨料，制出水泥石渣浆抹于墙体基层表面，常用方法有水刷石、拉假石、斩假石、干贴石、水磨石等。

1.7 砖及砌块

在建筑中用于砌筑墙体的砖统称为砌墙砖，是以黏土、工业废渣和地方性材料为主要原料，以不同的生产工艺制成的。砌墙砖按照生产工艺可以分为烧结砖和非烧结砖。

1.7.1 砌墙砖

1.7.1.1 烧结普通砖

烧结普通砖是指以黏土、页岩、煤矸石或粉煤灰等为主要原料，经成型、焙烧而成的实心或孔洞率不大于15%的砖。根据原料不同，可以分为烧结黏土砖、烧结页岩砖、烧结煤矸石砖、烧结粉煤灰砖。烧结普通砖为矩形，标准尺寸为240mm×115mm×53mm。

为节约燃料，常将炉渣等可燃物的工业废渣掺入黏土中，这样烧制而成的砖称为内燃砖。按砖坯在窑内焙烧气氛及黏土中铁的氧化物的变化情况，可将砖分为红砖和青砖。

（1）烧结普通砖的技术要求

根据《烧结普通砖》（GB/T 5101—2017）的规定，烧结普通砖的技术要求包括尺寸偏差、外观质量、强度等级、抗风化性、泛霜和石灰爆裂等。

① 尺寸偏差　烧结普通砖为矩形块体材料，其标准尺寸为240mm×115mm×53mm。在砌筑时加上砌筑灰缝宽度10mm，则1m^{3}砖砌体需用512块砖。每块砖的240mm×115mm的面称为大面，240mm×53mm的面称为条面，115mm×

53mm 的面称为顶面。具体如图 1-4 所示。

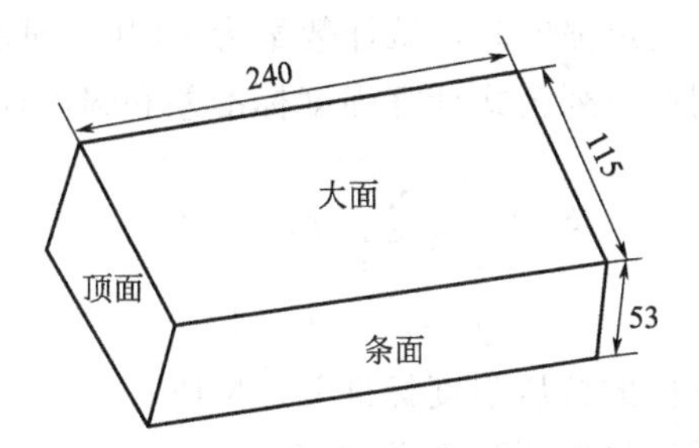

图 1-4 砖的尺寸及平面名称（单位：mm）

为保证砌筑质量，要求烧结普通砖的尺寸偏差必须符合国家标准《烧结普通砖》(GB/T 5101—2017) 的规定，见表 1-26。

表 1-26 烧结普通砖尺寸允许偏差 单位：mm

公称尺寸	样本平均偏差	样本极差≤
240	±2.0	6
115	±1.5	5
53	±1.5	4

② 外观质量　砖的外观质量包括两条面高度差、弯曲、杂质凸出高度、缺棱掉角、裂纹、完整面等内容，各项内容均应符合表 1-27 的规定。

表 1-27 烧结普通砖的外观质量 单位：mm

<table>
<tr><th colspan="2">项　目</th><th>指标</th></tr>
<tr><td colspan="2">两条面高度差 ≤</td><td>2</td></tr>
<tr><td colspan="2">弯曲 ≤</td><td>2</td></tr>
<tr><td colspan="2">杂质凸出高度 ≤</td><td>2</td></tr>
<tr><td colspan="2">缺棱掉角的三个破坏尺寸不得同时大于</td><td>5</td></tr>
<tr><td rowspan="2">裂纹长度 ≤</td><td>a. 大面上宽度方向及其延伸至条面的长度</td><td>30</td></tr>
<tr><td>b. 大面上长度方向及其延伸至顶面的长度或条顶面上水平裂纹的长度</td><td>50</td></tr>
<tr><td colspan="2">完整面不得少于</td><td>一条面和一顶面</td></tr>
</table>

注：1. 为砌筑挂浆面施加的凹凸纹、槽、压花等不算作缺陷。

2. 凡有下列缺陷者，不得称为完整面：

(1) 缺损在条面或顶面上造成的破坏面尺寸同时大于 10mm×10mm。

(2) 条面或顶面上裂纹宽度大于 1mm，其长度超过 30mm。

(3) 压陷、粘底、焦花在条面或顶面上的凹陷或凸出超过 2mm，区域尺寸同时大于 10mm×10mm。

③ 强度等级　烧结普通砖按抗压强度分为 MU30、MU25、MU20、MU15、MU10 五个强度等级。测定强度时，试样数量为 10 块，试验后计算 10 块砖的抗压强度平均值，并分别按下列公式计算强度标准差和强度标准值。

$$S=\sqrt{\frac{1}{9}\sum_{i=1}^{10}(f_i-\overline{f})^2} \tag{1-21}$$

$$f_k=\overline{f}-1.8S \tag{1-22}$$

式中　S——10 块砖试样的抗压强度标准差，MPa；

$\overline{f}$——10 块砖试样的抗压强度平均值，MPa；

f_i——单块砖试样的抗压强度测定值，MPa；

f_k——抗压强度标准值，MPa。

各强度等级砖的强度值应符合表 1-28 的规定。

表 1-28　烧结普通砖强度等级　　单位：MPa

强度等级	抗压强度平均值 $\overline{f}\geqslant$	强度标准值 $f_k\geqslant$
MU30	30.0	22.0
MU25	25.0	18.0
MU20	20.0	14.0
MU15	15.0	10.0
MU10	10.0	6.5

④ 石灰爆裂　如果烧结砖原料中夹杂有石灰石成分，在烧砖时可被烧成生石灰，砖吸水后生石灰熟化产生体积膨胀，导致砖发生胀裂破坏，此现象称为石灰爆裂。石灰爆裂会严重影响烧结砖质量，降低砌体强度。国家标准《烧结普通砖》（GB/T 5101—2017）规定：破坏尺寸大于 2mm 且小于或等于 15mm 的爆裂区域，每组砖不得多于 15 处，其中大于 10mm 的不得多于 7 处。不准许出现最大破坏尺寸大于 15mm 的爆裂区域，试验后抗压强度损失不得大于 5MPa。

⑤ 泛霜　泛霜是指黏土原料中含有硫、镁等可溶性盐类时，随着砖内水分蒸发会在砖表面产生的盐析现象，析出的盐一般为白色粉末，常在砖表面形成絮团状斑点。轻微泛霜会对清水砖墙建筑外观产生影响；中等程度泛霜的砖若用于建筑中的潮湿部位，7～8 年后会因盐析结晶膨胀使砖砌体表面产生粉化剥落，在干燥环境使用大约 10 年后也会开始剥落；严重泛霜对建筑结构的破坏性很大。因此，要求优等品无泛霜现象，一等品不允许出现中等泛霜，合格品不允许出现严重泛霜。

⑥ 抗风化性能　抗风化性能是在干湿变化、温度变化、冻融变化等物理因素作用下，材料不被破坏并长期保持原有性质的能力。抗风化性能是烧结普通砖

的重要耐久性能之一，对砖的抗风化性要求应根据各地区风化程度的不同而定。烧结普通砖的抗风化性一般以其抗冻性、吸水率及饱和系数等指标判别。国家标准《烧结普通砖》（GB/T 5101—2017）规定：风化指数大于等于12700时为严重风化区；风化指数小于12700时为非严重风化区，部分属于严重风化区的砖必须进行冻融试验，某些地区的砖的抗风化性能符合规定时可不做冻融试验，见表1-29。

表1-29 抗风化性能

<table>
<tr><th rowspan="3">砖种类</th><th colspan="4">严重风化区</th><th colspan="4">非严重风化区</th></tr>
<tr><th colspan="2">5h沸煮吸水率/%≤</th><th colspan="2">饱和系数≤</th><th colspan="2">5h沸煮吸水率/%≤</th><th colspan="2">饱和系数≤</th></tr>
<tr><th>平均值</th><th>单块最大值</th><th>平均值</th><th>单块最大值</th><th>平均值</th><th>单块最大值</th><th>平均值</th><th>单块最大值</th></tr>
<tr><td>黏土砖、建筑渣土砖</td><td>18</td><td>20</td><td rowspan="2">0.85</td><td rowspan="2">0.87</td><td>19</td><td>20</td><td rowspan="2">0.88</td><td rowspan="2">0.90</td></tr>
<tr><td>粉煤灰砖</td><td>21</td><td>23</td><td>23</td><td>25</td></tr>
<tr><td>页岩砖</td><td rowspan="2">16</td><td rowspan="2">18</td><td rowspan="2">0.74</td><td rowspan="2">0.77</td><td rowspan="2">18</td><td rowspan="2">20</td><td rowspan="2">0.78</td><td rowspan="2">0.80</td></tr>
<tr><td>煤矸石砖</td></tr>
</table>

注：粉煤灰掺入量（体积分数）小于30%时，按黏土砖规定判定。

（2）烧结普通砖的性质与应用

烧结普通砖具有较高的强度，又因多孔结构而具有良好的绝热性、透气性和稳定性，还具有较好的耐久性及隔热、保温等性能，加上原料广泛，工艺简单，因此广泛应用于砌筑建筑物的墙体、柱、拱、烟囱、窑身、沟道及基础等。

由于烧结黏土砖主要以毁田取土烧制，加上其自重大、施工效率低及抗震性能差等缺点，已不能适应建筑发展的需要。建设部已作出禁止使用烧结黏土砖的相关规定。随着墙体材料的发展和推广，烧结黏土砖必将被其他墙体材料所取代。

1.7.1.2 烧结多孔砖和烧结空心砖

烧结普通砖的缺点有自重大、体积小、生产能耗高、施工效率低等，用烧结多孔砖和烧结空心砖代替烧结普通砖，可减轻建筑物自重30%左右，节约黏土20%～30%，节省燃料10%～20%，提高施工效率40%，且能改善砖的隔热、隔声性能。

烧结多孔砖和烧结空心砖的生产工艺与烧结普通砖相同，但是，由于坯体有孔洞，因而增加了成型的难度，对原料的可塑性提出更高要求。

（1）烧结多孔砖

烧结多孔砖是以黏土、页岩或煤矸石为主要原料烧制的主要用于结构承重的多孔砖。其主要技术要求如下。

① 规格要求　烧结多孔砖有190mm×190mm×90mm（M型）和240mm×115mm×90mm（P型）两种规格，如图1-5所示。多孔砖大面有孔，孔多而小，孔洞率在15%以上。

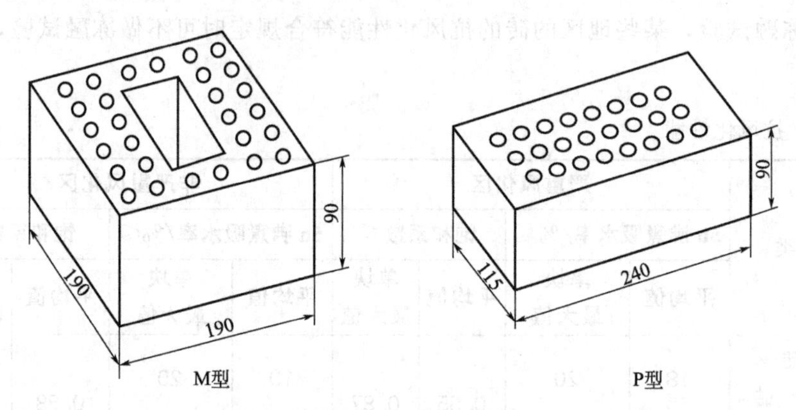

图1-5　烧结多孔砖（单位：mm）

② 强度等级　根据砖的抗压强度将烧结多孔砖分为MU30、MU25、MU20、MU15、MU10五个强度等级，各强度等级的强度值应符合国家标准《烧结多孔砖和多孔砌块》（GB 13544—2011）的规定，见表1-30。

表1-30　烧结多孔砖强度等级　单位：MPa

强度等级	抗压强度平均值$\bar{f}$≥	强度标准值f_k≥
MU30	30.0	22.0
MU25	25.0	18.0
MU20	20.0	14.0
MU15	15.0	10.0
MU10	10.0	6.5

③ 其他技术要求　烧结多孔砖的技术要求还包括冻融、泛霜、石灰爆裂和抗风化性能等。各质量等级的烧结多孔砖的泛霜、石灰爆裂性能要求与烧结普通砖相同。

④ 应用　烧结多孔砖强度较高，主要用于多层建筑物的承重墙体和高层框架建筑的填充墙和分隔墙。

（2）烧结空心砖

烧结空心砖是以黏土、粉煤灰或页岩为主要原料烧制成的主要用于非承重部位的空心砖，烧结空心砖自重较轻、强度较低，多用作非承重墙，如多层建筑内隔墙、框架结构的填充墙等。其主要技术要求如下。

① 规格要求　烧结空心砖的外形为直角六面体，有 290mm×190mm×90mm 和 240mm×180mm×115mm 两种规格。砖的壁厚应大于 10mm，肋厚应大于 7mm。空心砖顶面有孔，孔大而少，孔洞为矩形条孔或其他孔形，孔洞平行于大面和条面，孔洞率一般在 35％以上。空心砖形状如图 1-6 所示。

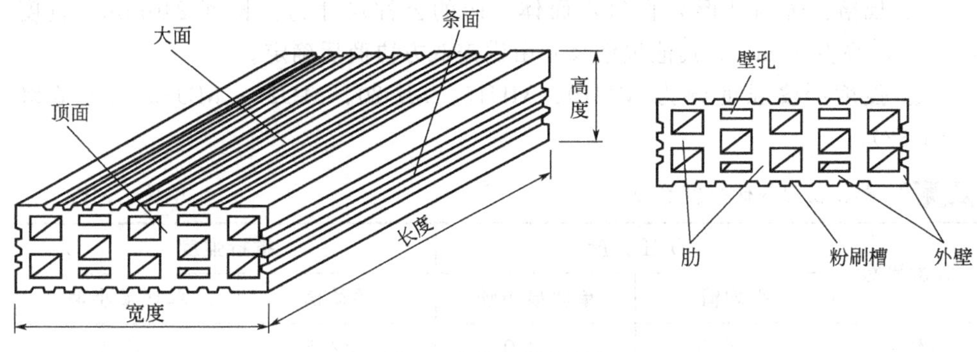

图 1-6　烧结空心砖外形

② 强度等级　根据空心砖大面的抗压强度，将烧结空心砖分为四个强度等级，分别为 MU10.0、MU7.5、MU5.0、MU3.5，各产品等级的强度应符合国家标准《烧结空心砖和空心砌块》（GB/T 13545—2014）的规定，见表 1-31。

表 1-31　烧结空心砖强度等级

强度等级	抗压强度/MPa		
	抗压强度	变异系数 $\delta \leqslant 0.21$	变异系数 $\delta > 0.21$
	平均值 $\bar{f} \geqslant$	强度标准值 $f_k \geqslant$	单块最小抗压强度值 $f_{min} \geqslant$
MU10.0	10.0	7.0	8.0
MU7.5	7.5	5.0	5.8
MU5.0	5.0	3.5	4.0
MU3.5	3.5	2.5	2.8

③ 密度等级　按砖的体积密度不同，把空心砖分成 800kg/m³、900kg/m³、1000kg/m³ 及 1100kg/m³ 四个密度等级。

④ 其他技术要求　烧结空心砖的技术要求还包括冻融、泛霜、石灰爆裂、吸水率等。产品的外观质量、物理性能均应符合标准规定。各质量等级的烧结空心砖的泛霜、石灰爆裂性能要求与烧结普通砖相同。

1.7.1.3　蒸压砖

蒸压砖属硅酸盐制品，是以石灰和含硅材料（砂子、粉煤灰、煤矸石、炉渣和页岩等）加水拌和、成型、蒸养或蒸压而制成的。目前使用的主要有粉煤灰砖、灰砂砖和煤渣砖，其规格尺寸与烧结普通砖相同。

（1）蒸压粉煤灰砖

蒸压粉煤灰砖是以粉煤灰、生石灰为主要原料，可掺加适量石膏等外加剂和其他骨料，经坯料制备、压制成型、高压蒸汽养护而制成的砖，产品代号为 AFB。

① 规格：砖的外形为直角六面体。砖的公称尺寸为：长度 240mm、宽度 115mm、高度 53mm。其他规格尺寸由供需双方协商后确定。

② 强度：按强度分为 MU10、MU15、MU20、MU25、MU30 五个等级（表 1-32）。

表 1-32　蒸压粉煤灰砖强度等级　单位：MPa

强度等级	抗压强度		抗折强度	
	平均值	单块最小值	平均值	单块最小值
MU10	≥10.0	≥8.0	≥2.5	≥2.0
MU15	≥15.0	≥12.0	≥3.7	≥3.0
MU20	≥20.0	≥16.0	≥4.0	≥3.2
MU25	≥25.0	≥20.0	≥4.5	≥3.6
MU30	≥30.0	≥24.0	≥4.8	≥3.8

③ 抗冻性：蒸压粉煤灰砖抗冻性应符合表 1-33 的规定。

表 1-33　蒸压粉煤灰砖抗冻性

使用地区	抗冻指标	质量损失率	抗压强度损失率
夏热冬暖地区	D15	≤5%	≤25%
夏热冬冷地区	D25		
寒冷地区	D35		
严寒地区	D50		

④ 线性干燥收缩值应不大于 0.50mm/m。

⑤ 用途：蒸压粉煤灰砖可用于工业与民用建筑的墙体和基础，但用于基础或用于易受冻融和干湿交替作用的建筑部位必须使用 MU15 及以上强度等级的砖；不得用于长期受热（200℃以上）、受急冷急热和有酸性介质侵蚀的建筑部位。

（2）蒸压灰砂砖

蒸压灰砂砖是以石灰和砂为主要原料，允许掺入颜料和外加剂，经坯料制备、压制成型、蒸压养护而成的实心灰砂砖。

① 规格：砖的外形为直角六面体。砖的公称尺寸：长度 240mm、宽度 115mm、高度 53mm。生产其他规格尺寸产品，由用户与生产厂协商确定。

② 颜色：根据灰砂砖的颜色分为彩色的（Co）、本色的（N）。

③ 强度级别：根据抗压强度和抗折强度分为 MU25、MU20、MU15、MU10 四级（表 1-34）。

表 1-34 蒸压灰砂砖力学性能 单位：MPa

强度等级	抗压强度		抗折强度	
	平均值不小于	单块值不小于	平均值不小于	单块值不小于
MU25	25.0	20.0	5.0	4.0
MU20	20.0	16.0	4.0	3.2
MU15	15.0	12.0	3.3	2.6
MU10	10.0	8.0	2.5	2.0

④ 抗冻性：抗冻性应符合表 1-35 的规定。

表 1-35 蒸压灰砂砖抗冻性

强度级别	冻后抗压强度/MPa 平均值不小于	单块砖的干质量损失/% 不大于
MU25	20.0	2.0
MU20	16.0	2.0
MU15	12.0	2.0
MU10	8.0	2.0

注：优等品的强度级别不得小于 MU15。

⑤ 用途：MU15、MU20、MU25 的砖可用于基础及其他建筑；MU10 的砖仅可用于防潮层以上的建筑。灰砂砖不得用于长期受热（200℃以上）、受急冷急热和有酸性介质侵蚀的建筑部位。

1.7.2 砌块

1.7.2.1 定义及分类

砌块是用于砌筑的、形体大于砌墙砖的人造块材，一般为直角六面体，按产品主规格的尺寸可以分为大型砌块（高度大于 980mm）、中型砌块（高度为 380～980mm）和小型砌块（高度大于 115mm，小于 380mm）。砌块高度一般不大于长度或宽度的6倍，长度不超过高度的3倍，也可根据需要生产各种异形砌块。

砌块是可以充分利用地方资源和工业废料，且可节省资源和改善环境。具有生产工艺简单、原料来源广、适应性强、制作及使用方便灵活的特点，还可改善墙体功能，因此发展较快。

砌块的分类方法很多，若按用途可分承重砌块和非承重砌块；按材质又可分为硅酸盐砌块、轻骨料混凝土砌块、混凝土砌块；按有无孔洞可分为实心砌块（无孔洞或空心串小于25%）和空心砌块（空心率＞25%）。

1.7.2.2 蒸压加气混凝土砌块

蒸压加气混凝土砌块是以钙质材料（水泥、石灰等）、硅质材料（砂、矿渣、粉煤灰等）以及加气剂（铝粉等），经配料、搅拌、浇注、发气、切割和蒸压养护而成的多孔轻质块体材料。

(1) 主要技术性质

① 规格尺寸　砌块的尺寸规格见表1-36。

表1-36 蒸压加气混凝土砌块的尺寸规格

长度 L/mm	宽度 B/mm	高度 H/mm
600	100 120 125 150 180 200 240 250 300	200 240 250 300

注：如需要其他规格，可由供求双方协商解决。

② 砌块的强度等级与密度等级　根据国家标准《蒸压加气混凝土砌块》(GB 11968—2006)，砌块按抗压强度分为A1.0、A2.0、A2.5、A3.5、A5.0、A7.5、A10七个强度等级，见表1-37。干密度级别有B03、B04、B05、B06、B07、B08六个级别，见表1-38。按尺寸偏差、外观质量、体积密度、抗压强度分为优等品（A）、合格品（B）。

(2) 应用

加气混凝土砌块质量轻，具有保温、隔热、隔声性能好、抗震性强、热导率低、传热速率慢、耐火性好、易于加工、施工方便等特点，是应用较多的轻质墙体材料之一。适用于低层建筑的承重墙、多层建筑的间隔墙和高层框架结构的填充墙，作为保温隔热材料也可用于复合墙板和屋面结构中。在无可靠的防护措施时，该类砌块不得用于水中、高湿度、有碱化学物质侵蚀等环境，也不得用于建筑物的基础和温度长期高于80℃的建筑部位。

1.7.2.3 混凝土空心砌块

混凝土空心砌块主要是以普通混凝土拌合物为原料，经成型、养护而成的空心块体墙材。其有承重砌块和非承重砌块两类。为减轻自重，非承重砌块可用炉

表 1-37 蒸压加气混凝土砌块的强度等级

强度级别	立方体抗压强度/MPa	
	平均值不小于	单组最小值不小于
A1. 0	1. 0	0. 8
A2. 0	2. 0	1. 6
A2. 5	2. 5	2. 0
A3. 5	3. 5	2. 8
A5. 0	5. 0	4. 0
A7. 5	7. 5	6. 0
A10. 0	10. 0	8. 0

表 1-38 蒸压加气混凝土砌块的干密度

体积密度级别		B03	B04	B05	B06	B07	B08
干密度/(kg/m³)	优等品≤	300	400	500	600	700	800
	合格品≤	325	425	525	625	725	825

渣或其他轻质骨料配制。常用混凝土砌块外形如图 1-7 所示。

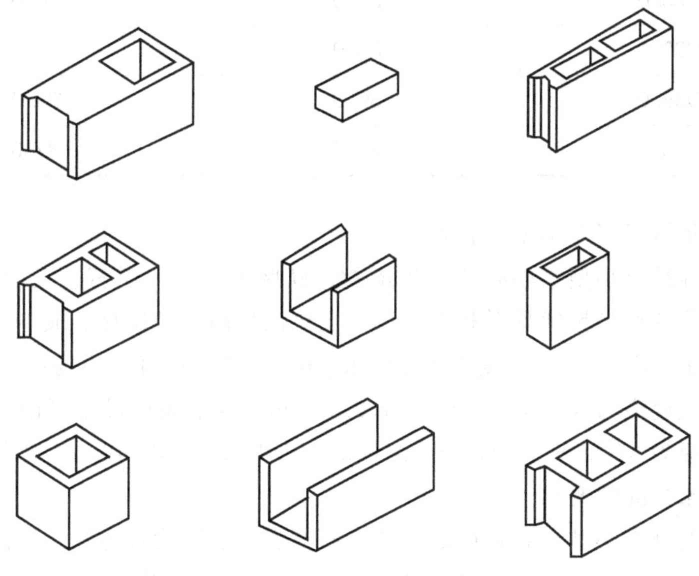

图 1-7 几种混凝土空心砌块外形示意

（1）混凝土小型砌块

① 尺寸规格　根据国家标准《普通混凝土小型砌块》（GB/T 8239—2014），混凝土小型砌块主规格尺寸为390mm×190mm×190mm，一般为单排孔，也有双排孔，其空心率为25%～50%。其他规格尺寸可由供需双方协商。

② 强度等级　按砌块抗压强度分为MU5.0、MU7.5、MU10.0、MU15.0、MU20.0、MU25.0、MU30.0、MU35.0、MU40.0九个强度等级，具体指标见表1-39。

③ 应用　该类小型砌块适用于地震设计烈度为8°及8°以下地区的一般民用与工业建筑物的墙体。出厂时的相对含水率必须满足标准要求；施工现场堆放时，必须采取防雨措施；砌筑前不允许浇水预湿。

表1-39　混凝土小型砌块的抗压强度

强度等级	抗压强度/MPa	
	平均值≥	单块最小值≥
MU5.0	5.0	4.0
MU7.5	7.5	6.0
MU10.0	10.0	8.0
MU15.0	15.0	12.0
MU20.0	20.0	16.0
MU25.0	25.0	20.0
MU30.0	30.0	24.0
MU35.0	35.0	28.0
MU40.0	40.0	32.0

（2）轻骨料混凝土小型空心砌块

轻骨料混凝土小型空心砌块是以陶粒、膨胀珍珠岩、浮石、火山渣、煤渣、自燃煤矸石等各种轻粗细骨料和水泥按一定比例配制，经搅拌、成型、养护而成的空心率大于25%、体积密度小于1400kg/m³的轻质混凝土小砌块。

砌块的主规格为390mm×190mm×190mm，其他规格尺寸可由供需双方协商。强度等级为MU2.5、MU3.5、MU5.0、MU7.5、MU10.0，其各项性能指标应符合国家标准的要求。

轻骨料混凝土小型空心砌块是一种轻质高强、能取代普通黏土砖的很有发展前景的一种墙体材料，既可用于承重墙，也可用于承重兼保温或专门保温的墙体，更适合于高层建筑的填充墙和内隔墙。

1.7.3 砖及砌块的贮运

① 砖和砌块均应按不同品种、规格、强度等级分别堆放，堆放场地要坚实、平坦、便于排水。垛与垛之间应留有走道，以利搬运。

② 搬运过程中应注意轻拿轻放，严禁上下抛掷，不得用翻斗车运卸。

③ 装车时应侧放，并尽量减少砖堆或砌块间的空隙。空心砖、空心砌块更不得有空隙，如有空隙，应用稻草、草帘等柔软物填实，以免损坏。

④ 砖和砌块在施工现场的堆垛点应合理选择，垛位要便于施工，并与车辆频繁的道路保持一定距离。中型砌块的堆放地点，宜布置在起重设备的回转半径范围内，堆垛量应经常保持半个楼层的配套砌块量。

⑤ 空心砌块堆放时孔洞口应朝下。砌块应上下皮交叉、垂直堆放，顶面两皮叠成阶梯形，堆高一般不超过3m。

⑥ 砖垛要求稳固，并便于计数。垛法以交错重叠为宜，在使用小砖夹装卸时，须将砖侧放，每4块顶顺交叉，16块为一层。垛高有两种：一种是15层，垛顶平放或侧放10块砖，每垛250块；另一种是12层，垛顶平放8块砖，每垛200块。另还可根据现场情况将小垛进行组合，密堆成大垛。堆垛后，可用白灰在砖垛上做好标记，注明数量，以利保管、使用。

1.8 金属材料

金属材料种类繁多，习惯分成两大类，即黑色金属材料和有色金属材料，黑色金属材料包括生铁、铁合金、铸铁和钢。生铁、铁合金属于炉料，即冶炼用原料。铸铁是用生铁（主要是铸造生铁）冶炼后的产品。有色金属指除铁合金、铬、锰以外的金属，如铝、铜、锌及其合金。

1.8.1 生铁

生铁是含碳量大于2.1%的铁碳合金，工业生铁含碳量一般在2.5%～4%，并含Si、Mn、S、P等元素，是用铁矿石经高炉冶炼的产品。

（1）炼钢生铁

炼钢生铁含硅量不大于1.7%。硬而脆，断口呈白色。主要用作炼钢原料和可锻铸铁原料，炼钢生铁按含硅（Si）量划分铁号，按含锰（Mn）量分组，按含磷（P）量分级，按含硫（S）量分类。

（2）铸造用生铁

铸造生铁硅含量为1.25%～3.6%。碳多以石墨状态存在，断口呈灰色，质软、易切削加工，主要用来生产各种铸铁件原料如床身、箱体等。

（3）球墨铸造用生铁

球墨铸造用生铁也是一种铸造生铁，只是低硫低磷。低硫使碳充分在铁中石墨化。低磷提高生铁的力学性能。主要用于生产性能（力学性能）较好的球墨铸铁件。

1.8.2 铁合金

铁合金是由铁元素（不小于4%）和一种以上（含一种）其他金属或非金属元素组成的合金。

(1) 硅铁

硅铁是以焦炭、钢屑、石英（或硅石）为原料，用电炉冶炼制成的。硅和氧很容易化合成二氧化硅。所以硅铁常用于炼钢作脱氧剂。

(2) 锰铁

锰铁是以锰矿石为原料。在高炉或电炉中熔炼而成的。锰铁也是钢中常用的脱氧剂，锰还有脱硫和减少硫的有害影响的作用。因而在各种钢和铸铁中，几乎都含有一定数量的锰。锰铁还作为重要的合金剂，广泛地用于结构钢、工具钢、不锈耐热钢、耐磨钢等合金钢中。

(3) 其他铁合金

除硅铁、锰铁外，还有其他多种铁合金，如铬铁、钨铁、钼铁、钛铁、钒铁、硼铁、硅钙合金等。这些铁合金大多是在电炉中冶炼的，它们有的元素比较稀贵、有的生产工艺比较复杂，所以使用过程中虽然脱氧能力较强，但并不用作脱氧剂，而主要用作合金剂。

1.8.3 铸铁

铸铁是含碳大于2.1%的铁碳合金，它是将铸造生铁（部分炼钢生铁）在炉中重新熔化，并加进铁合金、废钢、回炉铁调整成分得到。与生铁的区别是，铸铁是二次加工，大都加工成铸铁件。铸铁件具有优良的铸造性，可制成复杂零件，一般有良好的切削加工性。另外具有耐磨性和消震性良好、价格低廉等特点。

(1) 白口铸铁

白口铸铁中的碳全部以渗碳体形式存在，因断口呈亮白色，故称白口铸铁。白口铸铁硬度高、脆性大、很难加工。因此，在工业应用方面很少直接使用，只用于少数要求耐磨而不受冲击的制件，如拔丝模、球磨机铁球等。大多用作炼钢和可锻铸铁的坯料。

(2) 灰口铸铁

铸铁中的碳大部或全部以自由状态片状石墨存在。铸铁断口呈灰色。它具有良好的铸造性能，切削加工性好，减摩性、耐磨性好，加上它熔化配料简单、成本低，因此，广泛用于制造结构复杂铸件和耐磨件。

(3) 可锻铸铁

可锻铸铁是用碳、硅含量较低的铁碳合金铸成白口铸铁坯件，再经过长时间高温退火处理，使渗碳体分解出团絮状石墨而成，可以说，可锻铸铁是一种经过石墨化处理的白口铸铁。

(4) 球墨铸铁

在铁水（球墨生铁）浇注前加一定量的球化剂（常用的有硅铁、镁等）使铸铁中石墨球化。由于碳（石墨）以球状存在于铸铁基体中，改善其对基体的割裂作用，球墨铸铁的抗拉强度、屈服强度、塑性、冲击韧性大大提高。并具有耐磨、减震、工艺性能好、成本低等优点，现已广泛替代可锻铸铁及部分铸钢、锻钢件。

1.8.4 钢材

1.8.4.1 钢结构用钢

常用的有碳素结构钢、普通低合金结构钢和优质碳素结构钢三种。

(1) 碳素结构钢

碳素结构钢可加工成各种型钢、钢筋和钢丝，适用于一般结构和工程。构件可进行焊接、铆接和螺栓连接。

(2) 普通低合金结构钢

普通低合金结构钢是在碳素结构钢的基础上加入约5%的合金而成的。合金的加入可提高钢的强度和硬度，改善塑性和韧性。

(3) 优质碳素结构钢

该钢种严格控制有害杂质，性能优良，有31个钢种。园林建筑上用得不多，一般用于高强螺栓。

1.8.4.2 钢筋混凝土用钢

钢筋混凝土用钢主要是钢筋和钢丝，这是目前园林工程中最为重要和用量最大的钢材之一。工程上一般将直径6～10mm者称为钢筋，将直径2.5～5mm者称为钢丝。根据生产工艺，可将其分为热轧钢筋、冷拉钢筋、冷拔钢筋、热处理钢筋、碳素钢丝、钢绞线、刻痕钢丝等，后四种用于预应力混凝土结构。

1.8.4.3 常用园林建筑钢材

(1) 碳素结构钢

碳素结构钢是普通碳素结构钢的简称。其在各类钢中产量最大，用途最广，多轧制成钢板、钢带、型钢等。普通碳素结构钢的牌号由代表屈服点的字母Q、屈服点数值（有195MPa、215MPa、235MPa、255MPa和275MPa五种）、质量等级符号（有A、B、C、D四个等级）、脱氧方法（F表示沸腾钢、Z表示镇静钢、TZ表示特殊镇静钢）四部分组成。

钢材屈服点数值越大，含碳越高，强度、硬度也越高，但塑性、韧性越低。Q195、Q215钢的塑性高，容易冷弯和焊接，但强度较低，多用于受荷载较小的焊接结构中，及制作铆钉、地脚螺栓等。Q235钢既有较高的强度，又有良好的塑性和韧性，易于焊接，焊接力学性能稳定，由于有良好的综合性能，有利于冷弯加工，所以被广泛应用于建筑结构中，作为钢结构屋架、闸门、管道、桥梁及钢筋混凝土结构中的钢筋等。Q255、Q275 钢屈服强度较高，但塑性、韧性和可焊性较差，可用于钢筋混凝土结构中配筋和钢结构构件，以及制作螺栓等。

（2）低合金结构钢

低合金结构钢在满足钢的塑性、韧性和工艺性能要求的条件下，使钢具有更高的强度和耐腐蚀、耐磨损等优良性质。低合金结构钢有五个牌号，其牌号表示方法由屈服点字母、屈服点数值（有 295MPa、345MPa、390MPa、420MPa 和 460MPa 五种）、质量等级符号（有 A、B、C、D、E 五个等级）三部分组成。低合金结构钢广泛应用于高荷载、大跨度的预应力钢筋混凝土结构中。

（3）热轧钢筋

热轧钢筋是指经热轧成形并自然冷却的钢筋，主要有光圆钢筋和带肋钢筋两类。规定热轧直条光圆钢筋的牌号为 HPB300；热轧带肋钢筋的牌号由 HRB 和屈服点最小值表示。热轧带肋钢筋有 HRB335、HRB400、HRB500 三个牌号。带肋钢筋通常表面有两条纵肋和沿长度方向均匀分布的横肋。按横肋的纵截面形状分为月牙肋钢筋和等高肋钢筋，如图 1-8 所示。

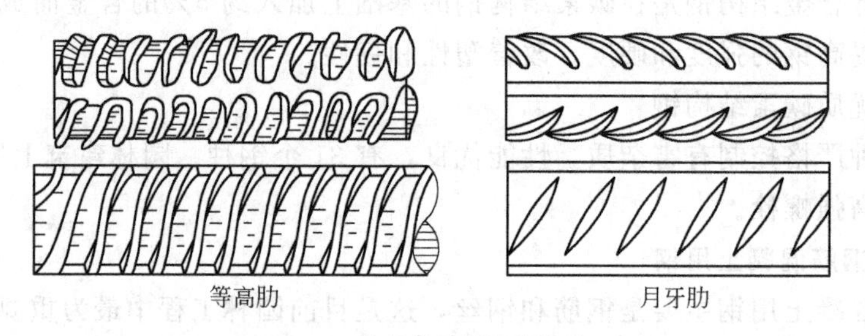

图 1-8　热轧带肋钢筋的外形

HRB335、HRB400 广泛用作大、中型钢筋混凝土结构的受力钢筋。热轧钢筋按力学性质可分为Ⅰ级、Ⅱ级、Ⅲ级、Ⅳ级，见表 1-40。Ⅰ级是用 Q235 钢轧制而成，为低强度钢筋，塑性好、焊接性好；Ⅱ级、Ⅲ级钢筋是用普通低合金镇

表 1-40　热轧钢筋类型

表面形状	钢筋级别		强度等级代号	公称直径/mm
光圆	Ⅰ级		R235	8～20
月牙肋	Ⅱ级		RL335	8～25/28～40
	Ⅲ级	热轧	RL400	8～25/28～40
		余热处理	KL400	8～25/28～41
等高肋	Ⅳ级		RL540	10～25/28～32

注：K 表示余热处理带肋钢筋（热轧后立即穿水进行表面控制冷却）。

静钢或半镇静钢轧制而成；Ⅳ级钢筋是用中碳低合金镇静钢轧制而成，强度高，综合性能好。

（4）冷拉钢筋

钢筋在经冷拉并产生一定的塑性变形后，其屈服强度、硬度提高，而塑性、韧性有所降低，称为冷加工强化。在常温下对热轧钢筋进行强力拉伸，使之超过屈服强度，然后卸去荷载的加工方法，称为钢筋冷拉。冷拉钢筋的强度、硬度和脆性会随放置时间而增加，这种现象称为冷加工时效。冷拉Ⅰ级钢筋适用于普通钢筋混凝土结构中的受力钢筋；冷拉Ⅱ、Ⅲ、Ⅳ级钢筋可用作预应力钢筋混凝土结构的预应力钢筋。对承受冲击和振动荷载的结构不允许使用冷拉钢筋。

（5）低碳热轧圆盘条

低碳热轧圆盘条是由屈服强度较低的碳素结构钢热轧制成的盘条，又称线材，是目前用量最大、使用最广的线材。按用途分为两种：供拉丝用盘条（代号L）、建筑和其他一般用盘条（代号J）。盘条公称直径有5.5mm、6.0mm、6.5mm、7.0mm、8.0mm、9.0mm、10.0mm、11.0mm、12.0mm、13.0mm、14.0mm等。

（6）钢丝

① 冷拔低碳钢丝　冷拔低碳钢丝是用直径6～10mm的钢筋，在拔丝机上以强力拉拔的方式通过一定孔径的拔丝模孔，将原钢筋冷拔成比原直径小的钢丝。经过冷拔后的钢丝强度大幅提高，而塑性显著降低，不显屈服阶段，属于硬钢类钢丝。主要用于中小型预应力构件、焊接骨架、焊接网、箍筋和构造钢筋等。

② 碳素钢丝　碳素钢丝是高强度钢丝，按加工状态分为两种：冷拉钢丝（代号L）、矫直回火钢丝（代号J）。矫直回火钢丝是拉拔后的钢丝经过矫直回火处理，消除冷拔过程中产生的应力，提高其屈服强度和弹性，按外形可分为光圆钢丝和刻痕钢丝。

（7）钢绞线

钢绞线由冷拉光圆钢丝制成。一般是用7根钢丝在绞线机上以一根钢丝为中心，其余6根围绕进行螺旋绞合，再经低温回火制成。常见有7ϕ4、7ϕ3、7ϕ5钢绞线。钢绞线具有强度高、断面面积大、与混凝土黏结好、使用根数少、在结构中排列方便、易于锚固等优点。主要用于大荷载、大跨度的预应力物件、薄腹梁等，还可以用于岩土锚固。

（8）型钢

型钢是由钢锭在加热条件下加工而成的不同截面的钢材，有圆钢、方钢、扁钢、六角钢、角钢、槽钢、工字钢等。钢结构构件一般应直接选用各种型钢，构件之间可直接连接或附以连接钢板进行连接，连接方式有铆接、螺栓接和焊接。

1.8.5 铝材

（1）铝及铝合金的性质

铝是有色金属中的轻金属，银白色，密度为2.7g/cm^3。其导电性能好，化学性质活泼，耐腐蚀性强，便于铸造加工，可染色。铝极有韧性，无磁性，有很好的传导性，对热和光反射良好，有防氧化作用。在铝中加入镁、铜、锰、锌等元素可组成铝合金。铝合金提高了铝的强度和硬度，同时保持了铝的轻质、耐腐蚀、易加工等优良性能。

(2) 建筑铝合金制品

① 铝合金花纹板　铝合金花纹板采用防锈铝合金坯料，用特殊的花纹轧制而成。其花纹美观大方，筋高适中，不易磨损，防滑性好，防腐蚀性能强，便于冲洗，通过表面处理可得到各种色彩。其广泛应用于现代建筑的墙面装饰以及楼梯踏板等处。

② 铝合金压型板　铝合金压型板质量轻、外形美、耐腐蚀、经久耐用，经表面处理可得各种优美的色彩。其主要用作墙面和屋面。

③ 铝合金波纹板　铝合金波纹板有银白色等多种颜色，有很强的反光能力，防火、防潮、防腐，在大气中可使用20年以上。主要用于建筑墙面、屋面。

④ 铝合金龙骨　铝合金龙骨是以铝合金板材为主要原料，轧制成各种轻薄型材后组合安装而成的一种金属骨架。铝合金龙骨架具有强度大、刚度大、自重轻、不锈蚀等特点，适用于外露龙骨的吊顶。

⑤ 铝合金冲孔平板　铝合金冲孔平板是一种能降低噪声并兼有装饰作用的新产品，孔形根据需要有圆孔、方孔、长圆孔、长方孔、三角孔、大小组合孔等。其可用于声响效果比较大的公共建筑的顶棚，以改善建筑室内的音质条件。

1.8.6 铜材

铜材表面光滑，有很好的导电、传热性能，光泽中等，经磨光处理后表面可制成亮度很高的镜面铜。园林工程中常用于铜雕塑和浮雕、灯具、铜栏杆等。铜材长时间可产生绿锈，应注意保养。常用的铜材种类有黄铜（铜与锌的合金）、青铜（铜与锡的合金）、白铜（铜与镍的合金）、紫铜等。

黄铜是以锌为主要添加元素的铜合金，具有高贵的黄金般的色泽，导电性及导热性较强，具有良好的机械性能、耐腐蚀性及工艺性能，易于抛光、加工及焊接，成型加工性能优良，铸造性能优异。铜锌二元合金称普通黄铜或称简单黄铜。三元以上的黄铜称特殊黄铜或称复杂黄铜。黄铜铸件常用来制作阀门和管道配件等。园林与建筑上使用黄铜较多。

白铜是以镍为主要添加元素的铜合金，呈银白色，有金属光泽。当镍含量超过16%以上时，产生的合金色泽就变得洁白如银，白铜中镍的含量一般为25%。合金中的镍含量越高，白铜的颜色越白，硬度、强度及弹性越强。白铜较其他铜合金的机械性能、物理性能都好，延展性好、硬度高、色泽美观、耐腐蚀、富有深冲性能。铜镍二元合金称普通白铜；加有锰、铁、锌、铝等元素的白铜合金称复杂白铜。

青铜原指铜锡合金，后除黄铜、白铜以外的铜合金均称青铜，并常在青铜名字前冠以第一主要添加元素的名。锡青铜的铸造性能、减摩性能和机械性能好，适合于制造轴承、蜗轮、齿轮等。铅青铜是现代发动机和磨床广泛使用的轴承材料。铝青铜强度高，耐磨性和耐蚀性好，用于铸造高载荷的齿轮、轴套、船用螺旋桨等。铍青铜和磷青铜的弹性极限高，导电性好，适于制造精密弹簧和电接触元件，铍青铜还用来制造煤矿、油库等使用的无火花工具。

紫铜是一种比较纯净的铜，一般可近似认为是纯铜，其表面形成氧化膜后呈紫色，故称为紫铜。它是电、热的良导体，延展性较好，但强度较低，易生锈。纯铜质地柔软，具良好加工性及焊接性，可进行冷、热加工成型，可制成铜箔、铜丝，化学稳定性好，在大气及淡水中具有优良的抗腐蚀性。不过，在海水及氧化性的酸中，表面易腐蚀形成铜绿，铜绿可以延缓腐蚀的速度，因而起到了保护的作用。铜绿还可人工仿制，铜绿外表面可增加作品的历史感。

1.8.7 金属铁艺

随着园林艺术和材料的不断更新，各种艺术形式的装饰风格不断涌现，传统艺术装饰风格的铁艺艺术，也被注入了新的内容。铁艺造型丰富、特点鲜明、风格质朴、维护简易、耐磨耐用，跟土、木、石、水泥等材料能和谐搭配，如今，被广泛应用在园林景观装饰之中。

铁艺本身有良好的强度、抗风性、抗老化、抗虫害等优点，其在园林景观中的应用有装饰性、通透性、展示性、持久性等几点特性，是其他材料无法比拟的。

铁艺的常用材料是灰口铸铁，通常更广泛的还有钢、不锈钢、铝合金等其他材料。铁艺的加工通常采用的工艺手段是铸造、锻造和焊接，有时也借助机床加工。

（1）铁艺按材料及加工方法分类

铁艺按材料及加工方法分，可分为三大类，即铸铁铁艺、扁铁花、锻铁铁艺。

① 铸铁铁艺　以灰口铸铁为主要材料，铸造为主要工艺，花型多样，装饰性强。

② 扁铁花　以扁铁为主要材料，冷弯曲为主要工艺，手工操作或用手动机具操作，端头修饰很少。

③ 锻铁铁艺　以低碳钢型材为主要原材料，以表面扎花、机械弯曲、模锻为主要工艺，以手工锻造辅助加工。

（2）铁艺按在景观中的不同用途分类

根据铁艺在景观中的不同用途可分为以下几类。

① 建筑装饰类，包括大门、门花、窗、窗花、围栏、扶手等。

② 家具类，包括凳、椅、桌等。

③ 灯具类，包括街灯、壁灯等。

④ 小品类，包括花架、花篮、牌架、摆设等。

⑤ 雕塑类，包括各式铁艺雕塑。

1.9 木材

1.9.1 木材的种类

我国幅员辽阔、树种繁多，树木按照树种可分为针叶树和阔叶树两大类，针叶树材包括杉木及各种松木、云杉和冷杉等；阔叶树材包括柞木、水曲柳、香樟、檫木及各种桦木、楠木和杨木等。树木在我国东北地区主要有红松、落叶松（黄花松）、紫椴（椴木）、红皮云杉、水曲柳等；长江流域主要有马尾松、杉木、香樟等；西南、西北地区主要有冷杉、云杉、铁杉、油松等。

1.9.1.1 针叶树

针叶树树叶细长如针，多为常绿树，由于部分针叶树含有树脂，材质一般较软，又称软材。

（1）主要特征和特性

针叶树种主要是乔木或灌木，罕见林质藤本。其茎有形成层，能产生次生构造，次生木质部具管胞，稀具导管，韧皮部中无伴胞。其叶多为针形、条形或鳞形，无托叶。球花单性，雌、雄同株或异株，胚珠裸露，不包于子房内，种子有胚乳，子叶 1 片至多片。

针叶树种多生长缓慢，寿命长，适应范围广，多数种类在各地林区组成针叶林或针、阔叶混交林，是林业生产上的主要用材和绿化树种，也是制造纤维、树脂、单宁及药用等原料树种，有些种类的枝叶、花粉、种子及根皮可入药，具有很高的经济价值。

（2）树木种类

主要有红松、樟子松、落叶松、云杉、冷杉、铁杉、杉木、柏本、云南松、华山松、马尾松及其他针叶树种。

（3）主要应用

针叶树种以常绿、高大、树木形状独特和良好的适应环境能力而受园林工作者的喜爱。主要用途有：

① 独赏树　独赏树又称孤植树、独植树，主要表现树木的形体美，可以独立成为景物观赏，如世界五大庭园观赏树种：南洋杉、日本金松、金钱松、雪

松、巨杉（世界爷）。

② 庭荫树　庭荫树又称绿荫树，主要供游人遮阳避荫，同时还起到装饰作用，如银杏、白皮松、油松等。

③ 行道树　行道树是以美化、遮阴和防护为目的，栽植在道路两旁的树木，如银杏、油松、雪松、桧柏等。

④ 群丛与片林　在大面积风景区中，常将针叶树种群丛植或片植，以组成风景林，如松、柏混交林，针、阔混交林，常用树种主要有红松、马尾松、油松、侧柏、冷杉、云杉等。

⑤ 绿篱及绿雕塑　绿篱主要用来分隔空间、划分场地、遮蔽视线、衬托景物、美化环境以及防护。在地叶树种中，常用的绿篱树种主要有侧柏、桧柏等，常用作雕塑材料的树种主要是东北红豆杉。

⑥ 地被材料　主要起遮盖地表、避免黄土露天、固土作用。针叶树中常用作地被材料的树种主要有砂地柏、铺地柏等。

1.9.1.2　阔叶树

阔叶树叶片扁平、宽阔，叶脉成网状，叶常绿或落叶，叶形按树种不同可分成多种形状的多年生木本植物。阔叶树种类繁多，统称硬杂木。

（1）主要特征和特性

阔叶树一般指双子叶植物类的树木，树干通直部分一般较短，枝杈较大、数量较少。阔叶木材强度高，胀缩变形大，易翘曲开裂。阔叶树的经济价值高，很多为重要用材树种，其中有些为名贵木材，如樟树、楠木等。

（2）树木种类

① 落叶类　如银杏、柏杨、垂柳、银芽柳、白玉兰、辛夷、榆树、黄桷树、二乔玉兰、国槐、龙爪槐、元宝枫、红叶李、红叶桃、梅花、樱花、合欢、紫薇、石榴、木本象牙红、木芙蓉等。

② 常绿类　如高山榕、垂叶榕、小叶榕、银桦、山玉兰、广玉兰、白兰花、灯台树、香樟、桂花、天竺桂、杜英、桢楠、佛手柑、代代果、法国冬青、女贞等。

（3）主要应用

阔叶树适用于建筑工程、木材包装、机械制造、造船、车辆、桥梁、枕木、家具及胶合板等。

1.9.2　木材的构造

木材是树木经过伐倒、去枝、造材加工而成的天然有机材料。从外观上看，树木由树干、树冠和树根三部分组成。

1.9.2.1　木材的宏观构造

用肉眼或低倍放大镜所看到的木材组织称为木材的宏观构造。

（1）树干的组成

木材主要是指树干部分，树干是由树皮、形成层、木质部和髓心四个部分组成（图 1-9）。其中木质部是树干最主要的部分，也是木材主要使用的部分。

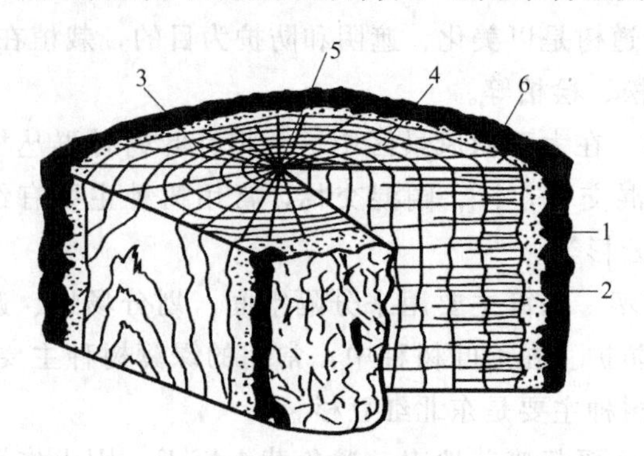

图 1-9　树干的组成

1—树皮；2—木质部；3—年轮；4—髓线；5—髓心；6—形成层

① 树皮　树皮由外皮和内皮两部分组成，外皮是指树干表层已经死亡的组织（又称木栓层）；内皮是指树皮中还活着的组织（又称韧皮）。树皮的主要作用是保护树木生长和贮藏、输送养分。也是识别木材的主要标志之一。

② 形成层　形成层是指在树皮和木质部之间一层肉眼无法看到的薄层组织。其作用是向内形成木质部，向外形成树皮，是生产木材的源泉。

③ 木质部　木质部位于形成层和髓之间，分为初生木质部和次生木质部。初生木质部起源于顶芽，分量很小，分布在髓的周围。次生木质部是由形成层分生而来的，是木质部的主要部分。

④ 髓心　髓心是位于树干中心的柔软薄壁组织，多呈褐色。其第一年轮组成的初生木质部分称为髓心（树心）。从髓心成放射状横穿过年轮的条纹，称为髓线。强度低、易腐朽开裂。

（2）木材的内部构造

为了便于了解木材的构造，将树木切成 3 个不同的切面，分别为横切面、径切面、弦切面。

① 横切面　垂直于树轴的切面。

② 径切面　通过树轴的切面。

③ 弦切面　和树轴平行、和年轮相切的切面。

（3）木材的宏观构造特征

① 边材、心材　在木质部中，靠近髓心的部分颜色较深，称为心材；外面部分颜色较浅，称为边材。心材含水量较少，不易翘曲变形，抗蚀性较强；边材含水量高，易干燥，所以容易翘曲变形，抗蚀性也不如心材。

② 年轮、春材、夏材　横切面上可以看到深浅相间的同心圆，称为年轮。

年轮中浅色部分是树木在春季生长的，由于生长快，细胞大而排列疏松，细胞壁较薄，颜色较浅，称为春材（早材）；深色部分是树木在夏季生长的，由于生长迟缓，细胞小，细胞壁较厚，组织紧密坚实，颜色较深，称为夏材（晚材）。每一年轮内就是树木一年的生长部分。年轮中夏材所占的比例越大，木材的强度越高。

1.9.2.2　木材的微观构造

木材的微观构造是指在显微镜下所看到的木材组织。

图 1-10 是显微镜下松木的横切片示意，在显微镜下，可以看到木材是由无数管状细胞紧密结合而成，细胞横断面呈四角略圆的正方形。每个细胞分为细胞壁和细胞腔两个部分，细胞壁由若干层纤维组成。细胞之间纵向联结比横向联结牢固，导致细胞纵向强度高，横向强度低。细胞之间有极小的空隙，可吸附水和渗透水分。针叶树由管胞、树脂道、髓线等细胞组成，阔叶树由导管、木纤维、髓线等细胞组成。

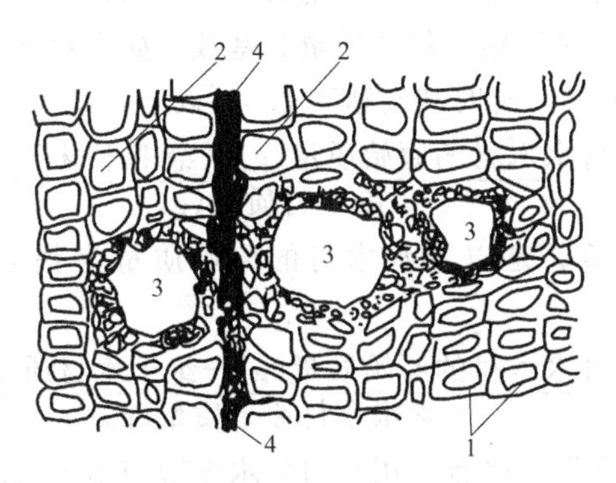

图 1-10　显微镜下松木的横切片示意

1—细胞壁；2—细胞腔；3—树脂流出孔；4—木髓线

1.9.3　木材的性质

木材的性质是指组成木材的化学成分和不经改变木材外形所固有的物理、力学性能以及抵抗能力等。其主要内容包括木材化学性质、木材物理性质和木材力学性质，这些统称为木材性质。

1.9.3.1　木材水分和含水率的计算

木材中的水分分三种状态，即存在于细胞腔中的水分叫自由水，存在于细胞壁中的水分叫吸着水，构成细胞化学成分的水叫化合水。自由水是木材含水量的主要部分，吸着水与木材的特性有很大关系，化合水对木材特性没有明显影响。

（1）含水率及其计算

木材含水率是木材中所含水分的质量与单位体积木材质量相比所得的百分率。含水率可分为以下五类。

① 生材含水率　生材含水率是指刚采伐的木材中含的水分，平均在70%～140%。

② 湿材含水率　湿材含水率是指长期处于水中的木材所含水分，它的含水率一般比生材高，通常都超过100%。

③ 全干材含水率　全干材含水率是指生材和湿材长期存放，使之在空气中干燥，当木材中的水分蒸发已基本停止后的水分。其含水率与大气的湿度处于平衡状态，约在12%～18%之间，平均为15%。

④ 炉干材含水率（或室干）　炉干材含水率（或室干）是指木材在利用上，为了缩短干燥时间，保证产品质量，在使用前，用人工干燥的方法，将木材放在炉或室中干燥后的水分。干燥后的含水率通常为4%～12%。

⑤ 绝干含水率　绝干含水率是指木材在100～105℃的温度下干燥后所含的水分。其含水率几乎接近于0。

木材含水率的计算可分为两种，即绝对含水率和相对含水率。

绝对含水率计算，是以绝干材的质量为基数。如木材含有过多的水分时，所得的数值有时大于100%，有时甚至达到200%以上，其公式为

$$\text{绝对含水率}=\frac{\text{含水木材的原始质量(g)}-\text{绝干木材质量(g)}}{\text{绝干材质量(g)}}\times 100\%$$

相对含水率的计算，是以含水木材的原始质量为基数，所得的数值小于100%。其计算公式为

$$\text{相对含水率}=\frac{\text{含水木材的原始质量(g)}-\text{绝干木材质量(g)}}{\text{含水木材原始质量(g)}}\times 100\%$$

在生产中或实验室里，多数采用绝对含水率来表示木材的含水量，通常提到的含水率，除了特别说明外，都是指绝对含水率。

（2）木材的平衡含水率

木材的平衡含水率是指木材吸收和蒸发水分的速度，随着时间的延续会逐步放慢，最后达到吸收和蒸发速度相等，呈动态平衡状态。木材是一种吸湿性物质，对水有高度的亲和力。全干的木材放在潮湿的空气里，很快就会吸收水分，湿木材放在干燥的空气中，会不断蒸发水分。

木材的平衡含水率受大气湿度的影响，因地区而不同。北方约为12%，南方约为18%，华中地区约为16%。需要特别注意的是，木制品用材的含水率，必须干燥到所在地区的平衡含水率以下，否则制成的木制品会产生开裂或变形。

1.9.3.2　木材的干缩和湿胀

（1）木材干缩湿胀的转折点

木材干缩湿胀的转折点就是纤维饱和点。

湿木材散发水分时，首先蒸发的是自由水。当自由水蒸发完毕，吸着水尚呈饱和状态时，称为纤维饱和点，此时木材的含水率称为纤维饱和点含水率，通常

纤维饱和点含水率在23%～30%之间。

通常，木材的含水率在纤维饱和点以上时，木材中水分增减对木材性能没有影响。就木材的尺寸而言，不会由于水分的增加而湿胀，也不会因为水分的减少而收缩，同时木材的强度也不会发生变化。但是，当含水率在纤维饱和点以下的时候，木材中所含水分的增减，既能引起木材尺寸、形体上的变化，还能引起木材强度的变化。

（2）木材干缩与湿胀

木材干燥过程中，当含水率在纤维饱和点以下时，吸着水减少，木材出现干缩，其干缩程度在木材的以下三个方向上各不相同。

① 纵向干缩最小，收缩率为0.1%～0.2%；

② 弦向干缩最大，收缩率为6%～12%；

③ 径向干缩次之，收缩率为3%～6%。

木材含水率在纤维饱和点以下时，木材吸收水分后，体积增大称为木材的膨胀。它的膨胀也不平衡，其顺序依次为：

a. 弦向膨胀，约为6%～13%。

b. 径向膨胀，约为3%～5%。

c. 纵向膨胀，约为0.1%～0.8%。

湿材干燥后，将改变其截面形状和尺寸，引起翘曲，局部弯曲、扭曲、反翘，也会发生裂缝等现象，如图1-11所示。

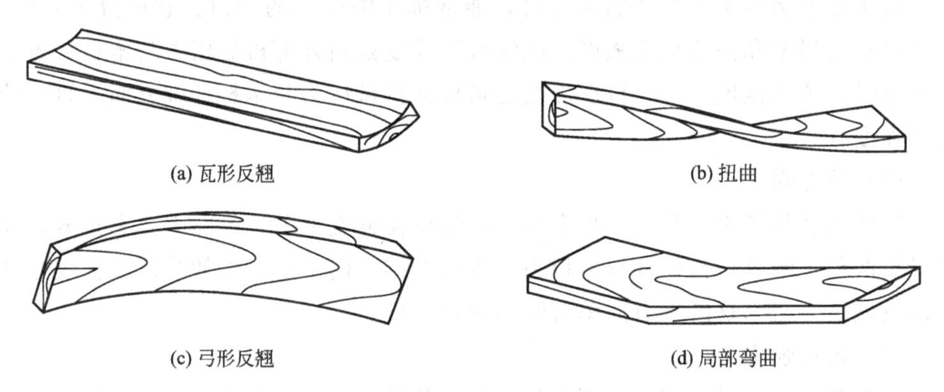

图1-11 木材干缩后的变形

木材的湿胀干缩对木材的使用有严重影响，干缩使木构件连接处发生缝隙而引起接合松弛，湿胀则会造成凸起。为了防止此情况，最根本的办法是预先将木材进行干燥，使木材的含水率与将制作的构件使用时所处的环境湿度相适应，即将木材干燥至平衡含水率后才加工使用。

1.9.3.3 木材的化学成分

组成木材的主要物质是有机质。在有机质中，主要由四种元素组成，即碳（C）、氢（H）、氧（O）、氮（N）。其中，碳占50%，氢占6.4%，氧占

42.6%，氮占1%。

木材所含的有机物质由两部分组成，其中一部分是由纤维素、半纤维素和木素构成的细胞壁，是木材的主要组成部分，占木材绝干质量的96%；另一部分为单宁、树脂、树胶、色素、芳香油、植物碱等。

(1) 纤维素

纤维素是木材的主要组分，约占木材重量的50%，是由β-D葡萄糖组成的高分子聚合物，在木材细胞壁中起骨架作用。

(2) 半纤维素

半纤维素与纤维素紧密联结，起黏结作用，主要由葡萄糖、甘露糖、半乳糖、木糖和阿拉伯糖五种单糖组成，另外，还有少量的糖醛酸。阔叶材中的半纤维素较针叶材多。

(3) 木素

木素是纤维素的伴生物，它和纤维素一起存在于木材的细胞中，为仅次于纤维素的木材主要组成部分。木材中约含有18%～30%的木素。

1.9.3.4 木材的主要力学性质

木材的主要力学性质有抗压强度、拉伸强度、抗剪强度、抗弯强度、硬度和韧度等。

(1) 抗压强度

抗压强度是指木材受外加压力时，能抵抗压缩变形的能力。它可分为两种，即顺纹抗压强度和横纹抗压强度。顺纹抗压强度是指外部机械压力与木材纤维方向平行时的抗压强度。横纹抗压强度是指外部机械压力与木材纤维方向垂直时的抗压强度。

(2) 拉伸强度

拉伸强度是指木材受外加拉力时，能抵抗拉伸变形破坏的能力。它也分顺纹和横纹两种。顺纹是指外部机械拉力与木材纤维方向平行的拉伸强度。横纹是指外部机械拉力与木材纤维方向垂直时的拉伸强度。

(3) 抗剪强度

剪力是指使木材的相邻两部产生相对位移的外力。抗剪强度是指木材抵抗剪力破坏的能力。

(4) 抗弯强度

有一定跨度的木材，受到垂直于木材纤维方向的外力作用后，会产生弯曲变形，这种抵抗弯曲变形的能力，称为抗弯强度。

(5) 硬度

木材硬度是指木材抵抗其他固体压入的能力，它还表示木材抵抗磨损的性能。

1.9.4 木材的缺陷

木材缺陷是指在木材上可以观察到的，能降低木材质量，影响木材使用的各种缺点。

1.9.4.1 木材缺陷产生的原因

（1）生理原因

因生理原因而产生的木材缺陷是指树木在生长时期发育不良形成的缺陷。这种木材缺陷的形成和发展与树木的生长活动有着密切关系，是先天性的。如节子、树干形状缺陷、木材构造缺陷等。

（2）病理原因

因病理原因而产生的木材缺陷是指树木在生长过程中，由于受生物因子如菌害、虫害等危害而形成的木材缺陷。这类木材缺陷是后天性的，若采取适当的保护方法，可以减轻此类木材缺陷对材质的影响，如变色、虫眼、腐朽、裂纹和伤疤等。

（3）人为原因

因人为原因而产生的木材缺陷是指立木伐倒后在生产、加工、保管过程中，由于受到不良的人为处理所形成的木材缺陷。此种木材缺陷也是后天性的，通过提高加工技术、改善经营管理方式，也可以减轻或避免这类缺陷。

1.9.4.2 木材缺陷对木材产品质量的影响

树木在生长期间不可避免地要遭受各种病害及损伤，任何一种木材缺陷对木材产品等级都有一定的影响。因此，将木材缺陷对材质的影响控制在最小程度，合理利用木材，提高木材的使用价值，是最经济的木材生产方式。

1.9.4.3 木材的十大缺陷

（1）节子

① 定义　节子是指包含在树干或主枝木质部中的枝条部分，节子是在树木生长期间形成的。当树干分出树枝后，树枝内的形成层和树干的形成层一样，逐年分生，由于枝丫和树干的生长条件不同形成层分生结果也不一样。

节子在树干纵向和横断面上的分布情况是不均匀的。一般情况下，树干梢部节子比较密集，大部分为外部节；在树干干部分布比较均匀，大多数为隐生节；在树干下部，材质优良，节子几乎没有，或少数内含节。

② 分类

a. 按节子的质地与周围木材连生的程度分活节和死节。

ⅰ. 活节：由树木的活枝条形成的。节子与周围木材紧密连生，节子质地坚硬，构造正常，如图 1-12 所示。

ⅱ. 死节：由树木的枯死枝条形成的。节子与周围木材大部分或全部脱离，节子质地松软或坚硬，如图 1-13 所示。

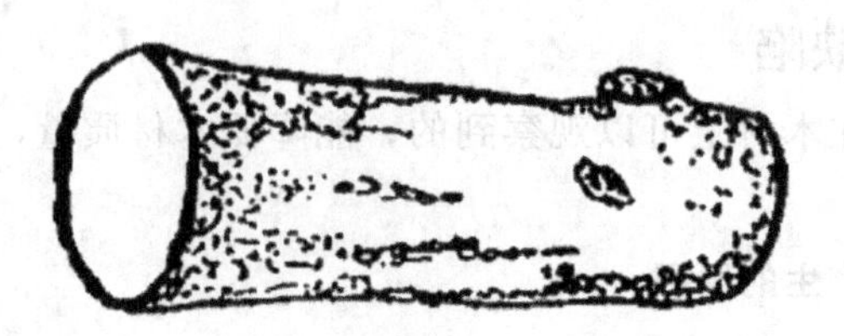

图 1-12 活节

图 1-13 死节

b. 按节子材质可分为健全节、腐朽节、漏节。

ⅰ. 健全节：指节子材质完好，无腐朽现象。

ⅱ. 腐朽节：是指节子本身已腐朽，但未透入树干内部，节子周围材质仍完好。

ⅲ. 漏节：是指节子本身已腐朽，而且深入树干内部，引起木材内部腐朽。一般漏节的边界模糊不清，向内凹陷或形成空洞，也是木材内部腐朽的外部特征。

c. 按节子断面形状分圆形节、条状节、掌状节。

ⅰ. 圆形节：是指节子的断面呈圆形或椭圆形，多呈现在圆材的表面和锯材的弦切面上，如图 1-14 所示。

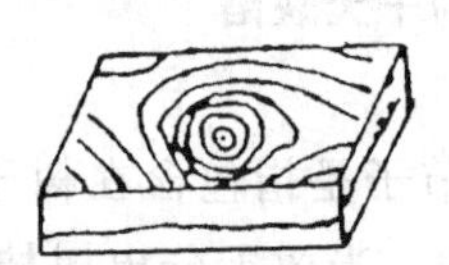

图 1-14 圆形节

ⅱ. 条状节：是指节子在木材的径切面和弦切面上呈条状，如图 1-15 所示。

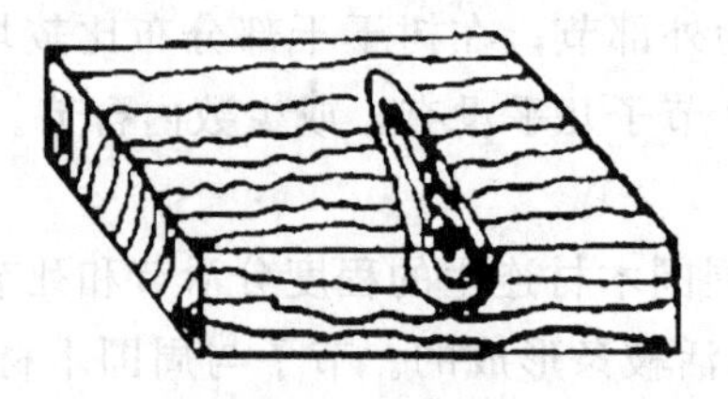

图 1-15 条状节

ⅲ. 掌状节：是指节子在木材的径切面上形状有时出现两个相对称的条状节，常由轮生节纵割而成，如图 1-16 所示。

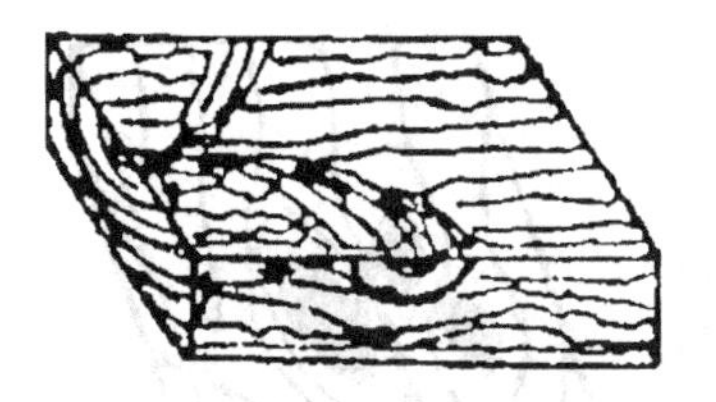

图 1-16 掌状节

d. 按节子分布位置分散生节、轮生节、群生节、岔节。

ⅰ. 散生节：是指节子在树干上分布单个散生，此种节子最为常见，如图 1-17所示。

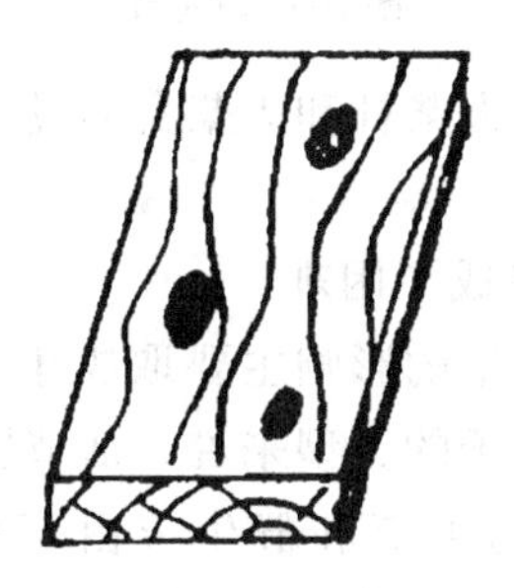

图 1-17 散生节

ⅱ. 轮生节：是指节子围绕树干成轮状排列，在短距离内节子数目较多，常见于针叶树种，如图 1-18 所示。

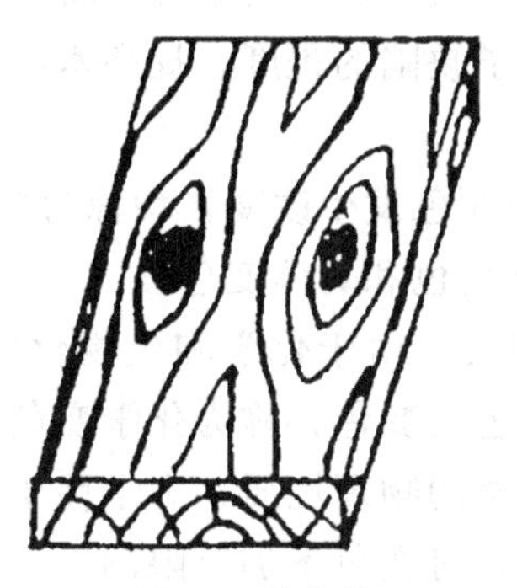

图 1-18 轮生节

ⅲ. 群生节：是把两个或两个以上节子簇生在一起，在小范围内节子数目较多，常见于阔叶树种，如图 1-19 所示。

ⅳ. 岔节：是指因分岔的梢头与主干纵轴线成锐角而形成的。

③ 对材质的影响

a. 节子破坏了木材的完整性和均匀性，降低了木材的力学强度，不利于木材的有效利用。

b. 节子影响加工出材率和成品的质量，木材的质量主要取决于其上所分布

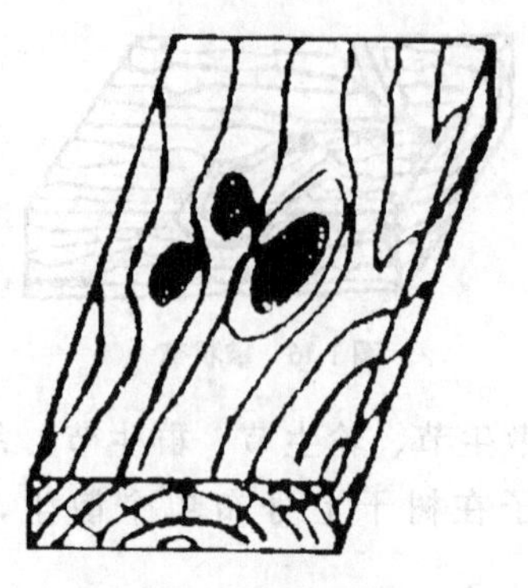

图 1-19　群生节

的节子。木材内的节子在生产火柴杆和火柴盒的过程中必须除掉，从而降低了木材出材率。

c. 活节和死硬节给加工造成了困难。

综上所述，节子对木材质量的影响主要取决于节子类型、尺寸、密集程度、分布位置和木材的用途。就节子的类型来说，活节影响最小，死节次之，漏节影响最大。按其分布情况看，轮生节和群生节由于比较密集，通常比散生节影响大。

④ 合理利用　根据原木标准，在生产原木时，应把节子密集或节子尺寸最大部分加工成对节子没有限制的可直接使用原木，造纸用材等。造锯切用原木时，应根据节子尺寸大小、个数多少、密集程度将节子分散在两段原木上或集中在一段原木上，尽量降低节子缺陷的程度，提高木材的等级。

（2）变色

① 定义　凡木材的正常颜色发生改变，均称为变色。

② 分类　变色分为化学变色和真菌变色。

a. 化学变色　树木伐倒后，由于化学和生物化学的反应过程而使木材产生浅棕红色、褐色等不正常颜色的变色，称为化学变色。化学变色一般较均匀，而且只限于木材表层，它对木材的物理性质、力学性质无影响，只是某些变色会损害木材的外观。一般情况下，对变色不加以限制。

b. 真菌变色　由于真菌侵入而引起的变色称为真菌变色。真菌变色分为霉菌变色、变色菌变色和腐朽菌变色。

ⅰ. 霉菌变色：是指处于潮湿环境中的木材，其边材表面因霉菌的菌丝体和孢子体的侵染所形成的变色。其颜色随孢子和菌丝颜色以及所分泌的色素而异。有绿、紫、红、黑、蓝等不同颜色，通常呈分散的斑点状或密集的薄层状。霉菌只出现在木材表面，干燥后易于清除，有时在木材表面会残留污斑，因而有损木材外观，但不改变木材的强度及其他力学性质。

ⅱ. 变色菌变色：是指树木伐倒后，其边材在变色菌的作用下而形成的变色。

变色菌所产生的变色最常见的是青变，习惯上称为青皮。另外，边材的色斑也有呈橙黄色、粉红或浅紫色、棕褐色等。变色菌的变色主要是由于干燥迟缓或保管不妥而造成的，一般不影响木材的物理、力学性能。但严重的青变将使木材的抗冲击强度有所降低，并增大其吸水性，损害木材外观。通常这种变色不会形成腐朽。

ⅲ. 腐朽菌变色：指当木腐菌侵入木材初期时所引起的木材变色。腐朽菌引起的变色最常见的是红斑。有的呈紫红色、棕褐色或浅红褐色；有的呈浅淡黄白色和粉红褐色等。腐朽菌初期引起变色的木材，仍保持原有的构造和硬度，其物理、力学性能基本没有变化。但有的抗冲击强度稍有降低，吸水性能略有增加，并损害外观。在不干燥或保管不善情况下会导致发生腐朽。

③ 对材质的影响　变色对木材的均匀性、完整性和力学性能均无影响，只是使木材的颜色发生变化，有损于木材的外观。

(3) 腐朽

① 定义　木材受木腐菌侵蚀后，不但颜色发生改变，而且其物理、力学性能也发生改变，最后使木材结构变得松软、易碎，呈筛孔状或粉末状等形态，这种现象称为腐朽。

② 分类

a. 按腐朽类型和性质可分为白腐和褐腐。

ⅰ. 白腐：是由于各种白腐菌破坏木素和纤维素所形成的。

白腐使木材显露出纤维状结构，其外观多似蜂窝状，如筛状。其颜色多呈白色、浅淡黄白色、红色、暗褐色，并有大量浅色或白色斑点的腐朽症状。白腐也称筛孔状腐朽或腐蚀性腐朽。白腐后期，木材材质变得松软，容易剥落。

ⅱ. 褐腐：是由于各种褐腐菌破坏木材纤维素所形成的。

褐腐使木材颜色呈现棕褐色或红褐色，并且木材中间有纵横交错的块状裂隙，褐腐也称粉末状腐朽或破坏性腐朽。褐腐后期，木材易被捻成粉末。

b. 按树干内、外部分心材腐朽和边材腐朽。

ⅰ. 心材腐朽：是指立木受木腐菌侵害所形成的心材部分腐朽，也称内部腐朽。一般情况下，心材腐朽在树木伐倒后，不会继续发展。如图 1-20 所示。

图 1-20　心材腐朽

ⅱ. 边材腐朽：是指树木伐倒后，受木腐菌的侵害所形成的边材部分的腐朽，也称外部腐朽。其中导致边腐的主要原因是木材保管不善，枯立木、伐倒木也容易出现边材腐朽。边材腐朽如遇适合条件，会继续发展，并蔓延至心材，如图 1-21 所示。

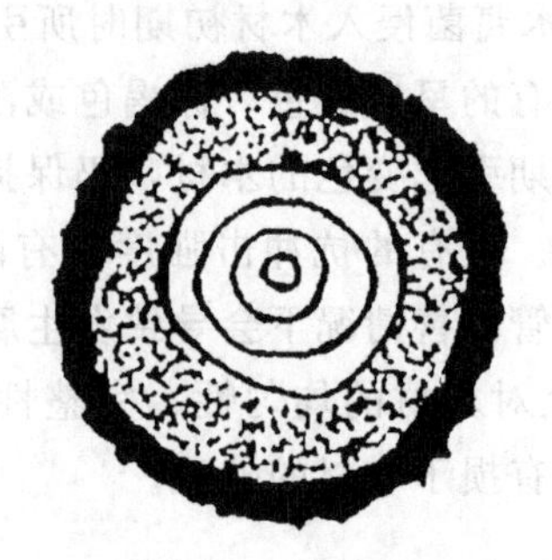

图 1-21　边材腐朽

c. 按树干上、下部分为干部腐朽和根部腐朽。

ⅰ. 干部腐朽：是指木腐菌自树枝折断处或树干外伤处侵入所形成的腐朽。干部腐朽一般上下蔓延，形似雪茄形。

ⅱ. 根部腐朽：是指木腐菌自根部外伤处侵入所形成的腐朽。根部腐朽沿树干向上蔓延，愈上愈小，形似楔形。

③ 对材质的影响　腐朽严重地影响木材的物理性质、力学性质，使木材质量减轻，吸水性增大，强度和硬度降低。通常在褐腐后期，木材的强度基本丧失。一般情况下，完全丧失强度的腐朽材，其使用价值也随之消失。

④ 合理利用

a. 心腐是一种常见的缺陷，尤其是根部心腐。通过调查可知，根部有心腐的占 42.4%，是影响产品质量和经济效益的关键。对于具有根部心腐的木材，尽量作锯切用原木使用。

b. 边腐木材的腐朽处一般显露在外边，只要让过腐朽部分就可截住腐朽。

c. 根部心腐不够内材且根腐蔓延深度较长的，可采取次加工和心材规定作 2m 或 2m 以上长度使用；根部心腐较短时（如小于 1.5m），必须进行墩腐，墩腐的长度可根据木材第一节材质来定，合乎几等就墩出几等，起到墩腐保优的作用。

d. 树干心腐，应将腐朽部分放在一节原木上，若腐朽蔓延较长，在提高原木等级的前提下，可灵活地造两节或几节允许存在这种缺陷的原木。

e. 材质为三等或三等以上标准的，应视各段等级造长材或短材。

（4）蛀孔

① 定义　蛀孔是指昆虫或海生钻孔动物蛀蚀木材的孔道。虫害主要针对的对象是新采伐的木材、枯立木、病腐木和带皮的原木，因此，采伐后不应将木材留在林内过夏，夏季采伐的木材应随时运出林区，以防虫害。

虫害孔在各种木材中都有可能出现。最常见的虫害有小蠹虫、白蚁、天牛、吉丁虫和树蜂等。不同的害虫给木材带来的危害是不同的。

② 分类　蛀孔分为虫眼（虫孔）和蜂窝孔状洞两大类。

a. 虫眼（虫孔）　虫眼（虫孔）是指木材害虫蛀蚀木材的孔眼、坑道或隧道，称为虫眼（虫孔）。虫眼（虫孔）按眼深度分表面虫眼及虫沟、深虫眼。

ⅰ. 表面虫眼及虫沟是指昆虫蛀蚀圆材的径向深度不足10mm的虫眼和虫沟。

ⅱ. 深虫眼是指昆虫蛀蚀圆材的径向深度为10mm以上的虫眼。深虫眼按虫眼孔径又分为针孔虫眼、小虫眼、大虫眼。

（ⅰ）针孔虫眼是指虫眼孔径小于1mm的虫眼。

（ⅱ）小虫眼是指虫孔最小直径大于1mm、小于3mm的虫眼。

（ⅲ）大虫眼是指虫孔最小直径大于3mm的虫眼。

b. 蜂窝状孔洞　蜂窝状孔洞是指粉白蚁、蠹类、食菌小蠹或海生钻孔动物密集蛀蚀木材破坏成蜂窝状或筛孔状者。

③ 对材质的影响

a. 表面虫眼和虫沟通常可随板皮锯除，对木材的利用基本没有影响，分散的小虫眼影响不大。

b. 深度为10mm以上的大虫眼和深而密集的小虫眼以及蜂窝状的孔洞，破坏了木材的完整性，降低了木材强度和耐久性，是引起木材变色和腐朽的主要原因。

④ 合理利用　木材极易受虫害，具有虫眼的木材多见于枯立木等，有时虫害引起木材内腐。因此，对带有虫害缺陷的木材进行合理利用是十分必要的。首先，将带有虫害的木材作为对虫眼不加限制的原木使用；其次，视虫眼密集程度，可集中在一节原木上，若能提高原木等级，也可分散在数根原木上来提高木材的使用价值和经济效益，使木材达到材尽其用。

（5）裂纹

① 定义　裂纹是指木材的正常纹理发生变化的现象。

② 分类

a. 按裂纹的类型和特点可分径裂、轮裂、冻裂、劈裂、干裂、炸裂和贯通裂七种，前三种裂纹一般是树木在生长过程中，因环境或生长应力等因素作用形成的；后四种是木材在生产和干燥过程中形成的。

ⅰ. 径裂：是指在心材内部，从髓心沿半径方向开裂的裂纹。一般常产生在立木中，伐倒后在干燥过程中将会继续扩展。径裂分单径裂和复径裂两种，如图1-22所示。

ⅱ. 轮裂：是指沿年轮方向开裂的裂纹。一般常见在立木中，伐倒后干燥过程中会继续扩展。轮裂分为环裂和弧裂两种，如图1-23所示。

ⅲ. 冻裂：是指在严寒低温环境下，立木从边材到心材径向开裂的裂纹。一

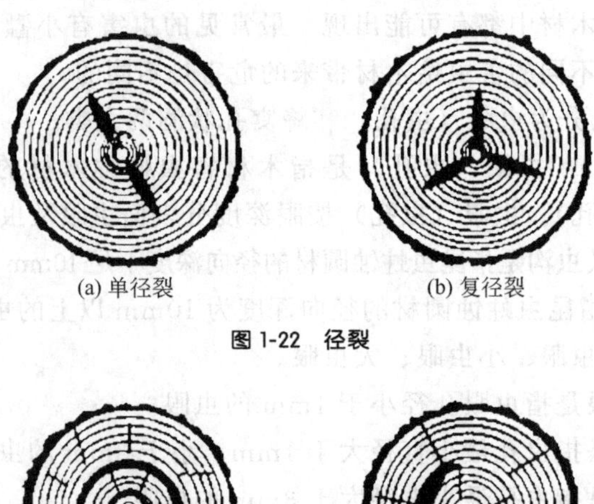
(a) 单径裂　(b) 复径裂

图 1-22　径裂

(a) 环裂

(b) 弧裂

图 1-23　轮裂

般在树干外部纵长方向的裂口周围常肿起或呈棱角状。松木中常伴有树脂层（即油线）。

ⅳ. 劈裂：是指在木材生产过程中，由于工人操作不妥导致木材产生的裂纹。

ⅴ. 干裂：是指木材在干燥过程中，端面和材身由于干燥不均所产生的裂纹。

ⅵ. 炸裂：是指因应力的作用原木断面径向开裂成三块或三块以上，其裂口宽度超过 10mm，多见于阔叶树，如图 1-24 所示。

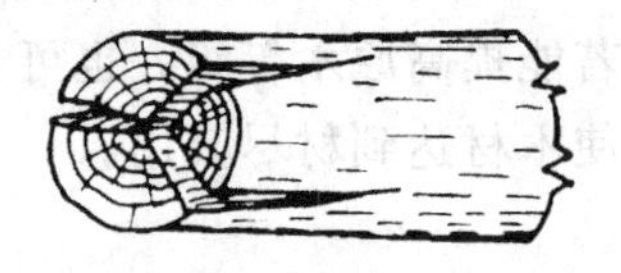

图 1-24　炸裂

ⅶ. 贯通裂：是指原木相对面或相邻面相互贯通的裂纹。

b. 按裂纹在木材的部位分纵裂和端面裂。

ⅰ. 纵裂：是指呈现在原木或锯材侧面顺材长方向的裂纹，如图 1-25 所示。

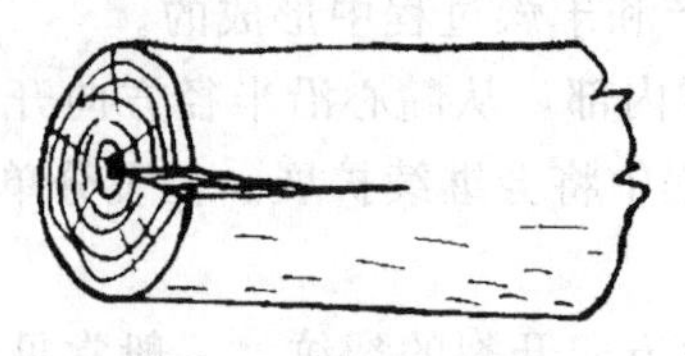

图 1-25　纵裂

ⅱ. 端面裂：是指呈现在原木或锯材端面的裂纹。

③ 对材质的影响　裂纹，尤其是贯通裂纹不仅破坏了木材的完整性，还降低了木材的强度，严重影响木材的利用和装饰价值。同时木材若保管不善，木腐菌易由裂缝侵入，引起木材的变色和腐朽。

④ 合理利用　带有裂纹的木材可以考虑作为直接使用原木，如坑木等。若裂纹满足一、二等材要求时可尽量作长材使用，否则将裂纹集中在一根短原木上。在不影响下节原木等级时，可将裂纹的长度适当分散在不同原木上，尽可能地缩小裂纹的影响，形成较短的裂纹。

（6）树干形状缺陷

① 定义　树木在生长过程中受到环境条件的影响，使树干出现不正常或不规则的形状称为树干形状缺陷。

② 分类　主要分为弯曲、尖削、大兜、凹兜和树瘤几种。

a. 弯曲　树干的轴线不在一直线上，在任何方向偏离从两端断面中心连接的直线，称为弯曲。弯曲分单向弯曲和多向弯曲。

ⅰ. 单向弯曲：是指木材纵向只有一个方向的弯曲，如图 1-26 所示。

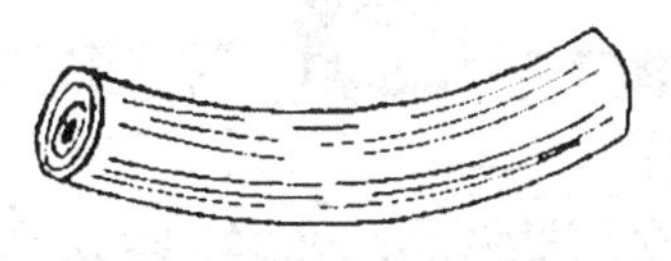

图 1-26　单向弯曲

ⅱ. 多向弯曲：是指木材纵向同时存在几个不同方向的弯曲，如图 1-27 所示。

图 1-27　多向弯曲

b. 尖削　树干上下两端直径相差比较悬殊的现象称为尖削，如图 1-28 所示。

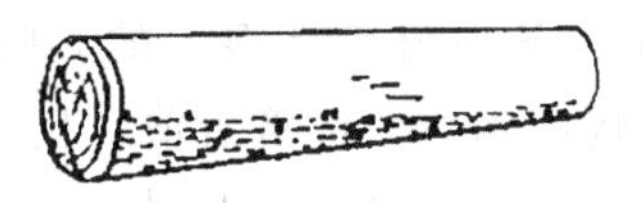

图 1-28　尖削

c. 大兜　又称为圆兜或肥大根干，是指树干根基部分特别肥大，呈圆形或接近圆形的现象。大兜降低木材的强度，影响木材的质量，降低木材的出材率，如图 1-29 所示。

d. 凹兜　也称凹凸根干或树腿，是指树干靠根基部分凸凹不平的现象。此种木材缺陷使木材难于按要求加工利用，增加废材量，如图 1-30 所示。

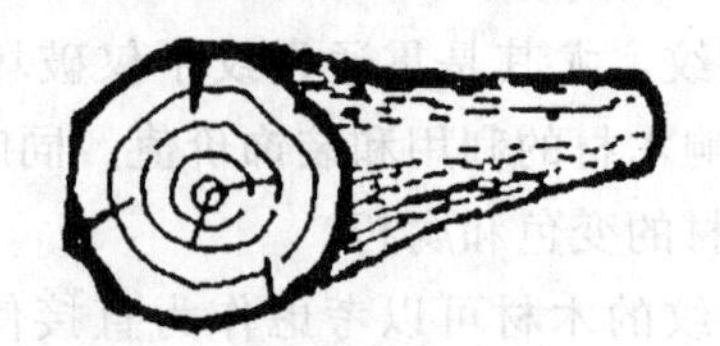

图 1-29　大兜

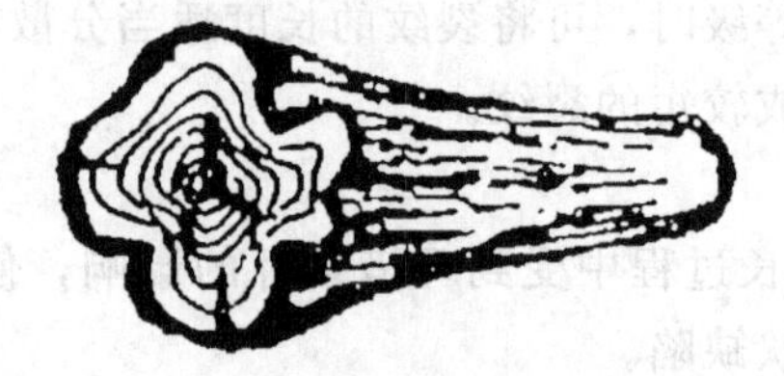

图 1-30　凹兜

e. 树瘤　是指因生理或病理原因，使树干局部膨大，呈不同形状和大小的鼓包。因树瘤与木材乱纹常同时存在，不易加工，如图 1-31 所示。

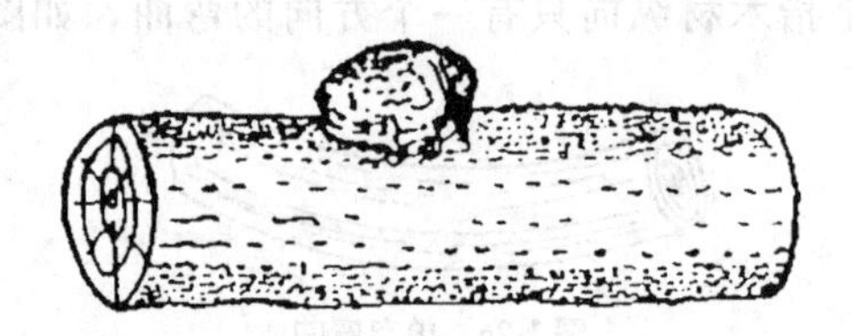

图 1-31　树瘤

③ 对材质的影响

a. 弯曲　降低了木材的强度，影响木材的出材率，尤其是多向弯曲，无论是对木材强度还是对木材出材率的影响，都比单向弯曲要大。

b. 尖削　降低木材的强度，影响木材的质量，减少木材出材率，从而增大了废材量，因为靠近树根的木材一般比较粗大，而这种粗大对原木实际利用并无影响，但它往往被认为尖削缺陷来计算，降低了木材等级和实际的使用价值，这是很不合理的。为了避免这种现象，规定距大头 1m 以上的部位对尖削进行计算。尖削的原木，如果尖削度不太大时，一般可作直接使用的原木材种。

④ 合理利用　弯曲对木材的出材率有很大的影响，所以，对带有弯曲的木材进行合理利用，可以大大提高木材的经济价值。生产中，对于弯曲的木材常采用见弯取直，变大弯为小弯的方法，降低弯曲对木材的影响。

（7）木材构造缺陷

① 定义　凡是树干由于不正常构造所形成的各种缺陷，称为木材构造缺陷。

② 分类　木材缺陷包括扭转纹、应压木、应拉木、髓心、双心、树脂囊、伪心材、内含边材等。

a. 扭转纹　木材中纤维排列与纵轴方向不一致所出现的倾斜纹理，称为斜纹。在圆材中斜纹呈螺旋状扭转，称为扭转纹。原木中的扭转纹，通常是树干外面的倾斜度要大于内部的，如图 1-32 所示。

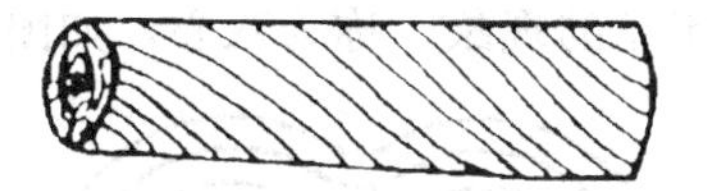

图 1-32 扭转纹

b. 应压木 应压木也称偏宽年轮，是指针叶树在倾斜或弯曲的树干和枝条下方，在受压部位的断面上，一部分年轮和晚材特别宽的现象，如图 1-33 所示。

图 1-33 应压木

c. 应拉木 阔叶树在倾斜或弯曲树干和枝条的上方受拉部位的断面上，一部分年轮明显偏宽的现象，称为应拉木。应拉木材色较浅或浅淡，髓心偏向一边或偏离不大，如图 1-34 所示。

图 1-34 应拉木

d. 髓心 第一年生的初生木质部构成髓心，髓心是由脆弱的薄壁细胞组织构成的，大多数为圆形或椭圆形，但也有其他形状的，如星形等，髓心大小不一，颜色通常为褐色或较周围材色浅，如图 1-35 所示。

图 1-35 髓心

e. 双心（包括三心）　在木材同一断面上同时存在两个年轮系统，两个髓心，并且外围环绕着共同年轮的现象，称为双心，如图 1-36 所示。

图 1-36　双心

f. 树脂囊　树脂囊也称油眼，是指在针叶树种年轮中间充满树脂的条状槽沟。在圆材横断面上表现为充满树脂的弧形裂隙，在径切面上表现为短小的缝隙，在弦切面上表现为充满树脂的椭圆形浅沟槽，如图 1-37 所示。

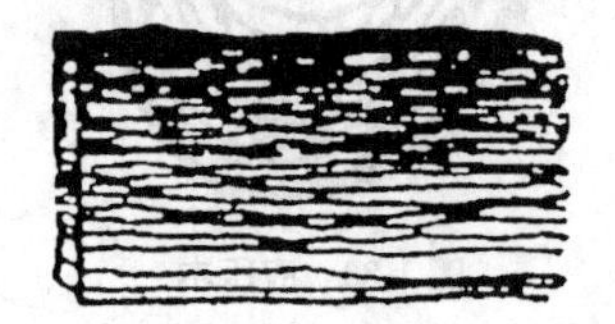

图 1-37　树脂囊

g. 伪心材　有些阔叶树，心、边材区别不明显，其心材部分颜色变深，且不均匀，形状也不规则，这部分木材称为伪心材。

伪心材在横断面上的形状有圆形、星状、椭圆形或铲状等，其颜色呈暗褐色或红褐色，有时伴有紫色或深绿色。伪心材与边材之间也常由深色或彩色的界线分开，在纵切面上呈现出带状，如图 1-38 所示。

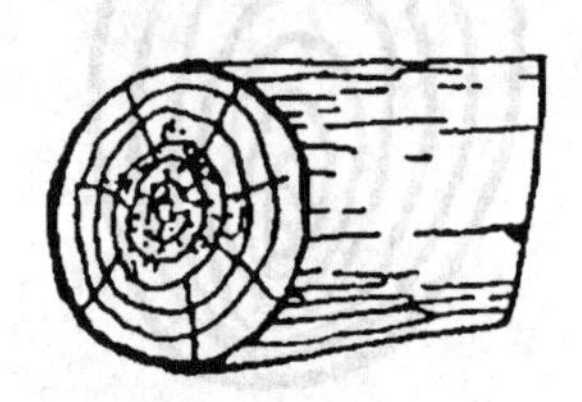

图 1-38　伪心材

h. 内含边材　有些阔叶树在心材部分接连几圈年轮，其颜色和性质与边材相似者，称为内含边材。在横切面上出现单环状或不同宽度的几个环带状，颜色较周围木材浅，在纵切面呈相同颜色的条状。

③ 对材质的影响

a. 扭转纹　对成材有许多不利的影响，降低了木材的强度，对顺纹抗拉、抗弯、抗冲击等强度的影响较大。

b. 应压木　具有应压木缺陷的木材密度、硬度、顺纹抗压和抗弯强度都比正常木材大，特别是纵向干缩显著增大，因而翘曲和开裂严重，但吸水性降低，抗拉和冲击韧性强度比正常木材小，并损害木材外观。

c. 应拉木　提高了木材顺纹抗拉和冲击韧性强度，但降低顺纹抗压和抗弯强度，并增大各方向的干缩，特别是顺纹干缩，致使木材多翘曲和开裂，给加工带来困难，形成毛茸和毛刺的粗糙材面。

d. 髓心　靠近髓心部位的木材，其强度较低，且在干燥时易开裂，髓心是木材的正常构造，一般不加限制，不作检量。

e. 双心材　多出现在双桠材分桠处，增加了木材构造的不均匀性和加工的困难性，双心一般不加以限制，不作检量。

f. 树脂囊　是因为形成层的正常活动受到破坏（如树木在生长时被风吹摇晃产生的应力）而形成的，树脂囊影响木制产品表面的上漆效果和美观性，并使木材难以胶合。

g. 伪心材　降低了木材顺纹抗拉强度并增加脆性，损害木材的外观，而且渗透性不良，但与边材相比，伪心材的耐腐性能好。

h. 内含边材　力学性质与心材基本相同，但对液体的渗透性较高，耐腐性能较差。

④ 合理利用　对带有扭转纹木材的使用，尽可能作直接使用原木材种或允许此种缺陷限度内的原木。为了减轻扭转纹对木材等级的影响，应在扭转纹正常部位或扭转程度较小的部位下锯，以提高锯切用原木的经济价值，使扭转纹木材得到合理利用。

（8）伤疤

① 定义　伤疤也称损伤，是指受机械、火烧、鸟害和兽害等而形成的伤痕。

② 分类　主要包括机械损伤，烧伤，鸟害和兽害，夹皮，偏枯，树包，风折木和树脂漏等。

a. 机械损伤　是指在采伐、造材、运输等过程中，木材因各种工具或机械所造成的损伤。可分为采脂伤、砍伤、锯伤、锯口偏斜、抽心、磨损等。

b. 烧伤、鸟害和兽害　烧伤是指木材表层因火烧焦所造成的损伤。鸟害和兽害是指立木因鸟类啄食或兽类啃啃或抓擦所造成的损伤。

c. 夹皮　树木受伤后继续生长，树皮将受伤部分全部或局部包入树干中而形成夹皮。夹皮有时伴有树脂漏或腐朽发生。夹皮分内夹皮和外夹皮两种。

ⅰ. 内夹皮是指树皮枯死部分完全被生长着的木质所包含的夹皮，即受伤部

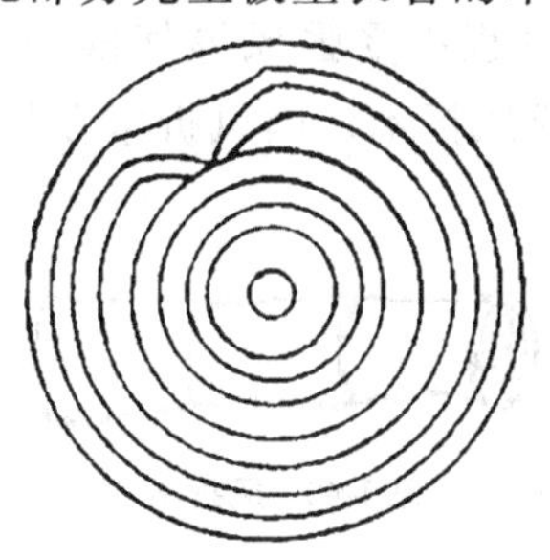

图 1-39　内夹皮

分隐藏在树干内部，在树干的横切面上呈弧状或环状裂隙，如图 1-39 所示。

ⅱ. 外夹皮是指树皮受伤部分的两边尚未完全愈合的夹皮，即受伤部分显露在树干的外部，在树干的侧面形成一道沟槽，呈条沟状，如图 1-40 所示。

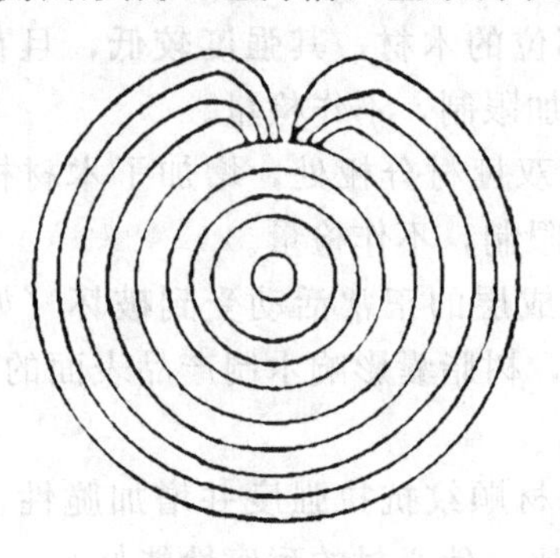

图 1-40 外夹皮

d. 偏枯　树木在生长过程中，因树干局部受伤，引起表层木质部枯死裸露。偏枯常常伴有树脂漏、变色或腐朽等，如图 1-41 所示。

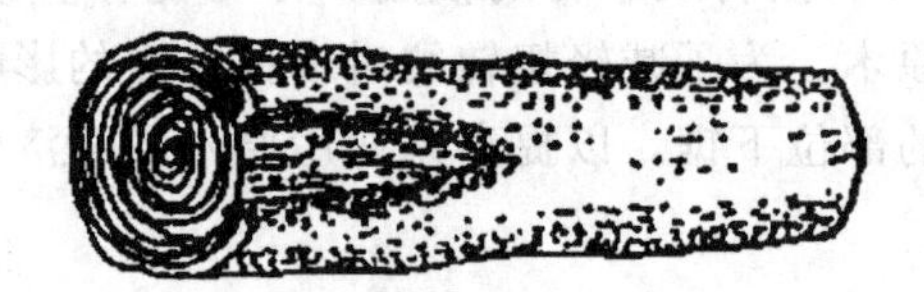

图 1-41 偏枯

e. 树包　树木在生长的过程中，由于枝条折断或树干局部受伤，使木材组织没有正常增长而形成一定的包状物，称为树包。

树包形状一般为圆形或椭圆形，包顶扁平或尖顶形，封闭或未封闭，内部主要是腐朽节或死节，如图 1-42 所示。

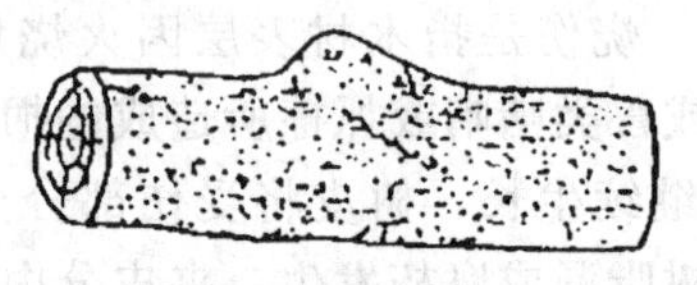

图 1-42 树包

f. 风折木　树木在生长过程中受强风等气候因素的影响，使某部分树木纤维折断后继续生长而愈合形成风析木。因风折木在外观上看类似竹节，又称为竹节木，如图 1-43 所示。

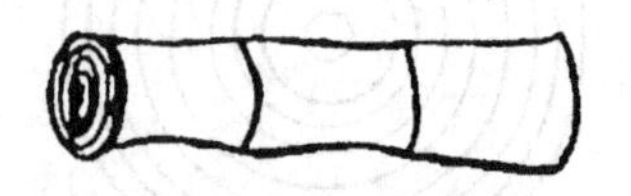

图 1-43 风折木

g. 树脂漏　树脂漏又称明子，是指针叶树木受伤后，树脂大量聚集并透入其周围的木质部分而形成的。因此，树脂漏在原木中大多数出现在伤疤附近。树脂漏部分的材色较周围正常材色深得多，在薄材中呈透明状。

③ 对材质的影响

a. 机械损伤　破坏木材完整性，增加废材量，增加木腐菌感染机会，损害木材外观。同时锯口偏斜减少圆材的实际长度，使木材难于按要求加工使用。

b. 烧伤、鸟害和兽害　对材质的影响与机械损伤相似。

c. 夹皮　对材质的影响随着夹皮的类型、尺寸、数量、分布位置等不同而异。夹皮破坏了木材的完整性，并使靠近夹皮处的年轮弯曲。另外，夹皮在锯材中常引起木材组织分离，形成裂隙。

d. 偏枯　破坏木材的形状和完整性，并引起年轮局部弯曲，影响木材质量。

e. 树包　改变了圆材的形状，破坏了木材结构的均匀性，增加了机械加工难度。带有腐朽节或成空洞的树包，经常引起木材内部腐朽，降低木材质量，影响木材的有效利用。另外，针叶树的树包常伴有很严重的流脂现象，对木材质量有很大的影响。

f. 风折木　因纤维局部折断而形成，对木材强度和利用都有影响较大。

g. 树脂漏　部分树脂漏的树脂含量多，从而降低木材的渗透性能，增加木材的容重，影响木材的胀缩，尺寸较小的树脂漏，对材质的影响不大。树脂漏材可以作为干馏的原料，制取松焦油和松节油，或用萃取法提取松香和松节油等。

④ 合理利用　偏枯常伴有腐朽，对木材质量影响较大。对位于树干根部偏枯引起的腐朽，可根据腐朽程度截掉或量短材；位于树干中部的偏枯，尽可能将缺陷集中在一根原木上使用；未腐朽的偏枯可集中在一根原木上，以便提高其他部分木材的使用价值。

(9) 加工缺陷

① 定义　木材加工缺陷是指在锯解加工过程中所造成的木材表面损伤。

② 分类　木材加工缺陷主要有缺棱和锯口缺陷。

a. 缺棱　在整边锯材上残留的原木表面部分，缺棱分钝棱和锐棱。

ⅰ. 钝棱是锯材宽、厚度方向的材棱未着锯的部分，如图1-44所示。

图1-44　钝棱

ⅱ. 锐棱是锯材材边局部长度未着锯的部分，如图1-45所示。

b. 锯口缺陷　木材因锯制不当造成的材面不平整或偏斜现象。锯口缺陷分瓦棱状锯痕、波状纹、毛刺粗面和锯口偏斜。

ⅰ. 瓦棱状锯痕是锯齿或锯削工具在锯材表面上留下的深痕，导致锯口表面凸凹不平的现象。

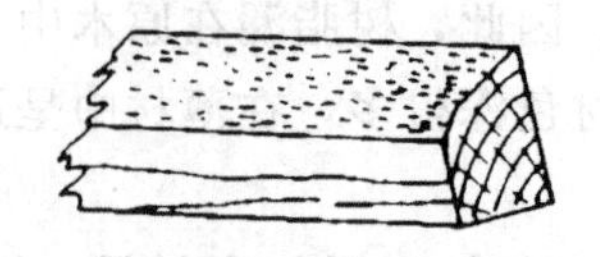

图 1-45 锐棱

ⅱ. 波状纹（水波纹，波浪纹）是指锯口不成直线，材面（边）呈波浪状的不平整现象。

ⅲ. 毛刺粗面是指木材在锯割时，纤维受到强烈撕裂或扯离而形成毛刺状，使材面（边）显得十分粗糙的现象。

ⅳ. 锯口偏斜是指凡相对材面不平行或相邻材面不垂直而发生的偏斜现象。

③ 对材质的影响　缺棱减少材面的实际尺寸，木材难于按要求使用，改锯将增加废材量，降低木材的有效利用率；缺口缺陷使锯材的形状和尺寸不规整，锯材厚薄、宽窄不均匀或材面粗糙，以致影响木材的使用，加工困难，降低利用率。

（10）变形

① 定义　变形是指锯材在干燥、保管过程中所产生的形状的改变。

② 分类　变形分翘曲和扭曲两种。

a. 翘曲　是指锯材在锯割、干燥和保管过程中所产生的弯曲现象。按弯曲方向的不同可分为顺弯、横弯和翘弯。

ⅰ. 顺弯是指材面沿材长方向成弓形的弯曲。

ⅱ. 横弯是指在与材面平行的平面上，材边沿材长方向成横向弯曲。

ⅲ. 翘弯是指锯材沿材宽方向成为瓦形的弯曲。

b. 扭曲　是指沿材长方向呈螺旋状的弯曲，成材面的一角向对角方向翘起，即四角不在一个平面上。

③ 对材质的影响　变形改变了木材的形状，降低锯材质量，不能按要求使用或加工。

1.9.5 常用木材

常用木材见表 1-41。

表 1-41 常用木材

木材	主要产地	一般性质	主要用途
红松（果松、海松、朝鲜松）	东北长白山、小兴安岭	材质轻软，纹理直，结构中等。干燥性能良好，易加工，切削面光滑，油漆和胶接甚易。耐久性比马尾松强	门窗、屋架、檩条、模板等
马尾松（本松、松树）	长江流域以南	材质硬度中，纹理直或斜不匀，结构中至粗。不耐腐，松脂气味显著，钉着力强	模板、门窗、椽条、地板及胶合板等

续表

木材	主要产地	一般性质	主要用途
兴安落叶松(黄花松、内蒙落叶松、落叶松)	东北大、小兴安岭	材质坚硬,不易干燥和防腐处理,干燥易开裂,不易加工,耐磨损,磨损后材面凹凸不平	檩条、地板、木桩等
华山松(马岱松、黄松、葫芦松)	陕西、甘肃	纹理直,易干燥,中等耐腐,加工容易,切削面光滑,胶合、油漆性质良好	模板、门窗、胶合板等
油松	陕西、甘肃	纹理直,易气干,干燥性质较好,中等耐腐,材质良好易加工,因含油脂油漆不易	模板、屋架等
云杉	—	木材易气干,少见干裂现象,易腐,质量轻、强重比大,无节木材加工容易,但因大节易使刀具变钝,握钉力弱,胶合、油漆性能良好	木模、胶合板、门窗、室内装饰等
冷杉(蒲木)	陕西、四川	易气干,较少干裂,易腐,力学强度低,加工容易,钉着容易但握钉力较差,油漆、胶合性能良好	门窗、胶合板、室内装修等
卜氏杨(冬瓜杨、水冬瓜)	陕西、四川、甘肃	气干容易,常见干裂与翘曲,木材易腐,力学强度低,易于加工,但表面不光滑,钉着容易但握钉力弱,胶合、油漆性能中等	家具、模板等
红桦(纸皮桦)	陕西、甘肃	气干速度中等,有干裂和变形情况,原材多端裂;易腐朽,力学强度中等,加工容易至中等难度,材质良好,加工表面光滑,打光、胶合、钉着、油漆等性能良好	胶合板、家具等
枫杨(麻柳、柳木)	甘肃、陕西、山东、长江流域	材质轻柔,纹理交错,结构中等。易加工,干燥易翘曲	家具、胶合板、建筑模板
青冈栎(铁槠、青栲树)	长江流域以南	材质坚硬,富有弹性,纹理直、结构中。不易加工,切削面光滑。耐磨性强,油漆或胶合性能良好	楼梯扶手等

续表

木材	主要产地	一般性质	主要用途
香樟（樟木、小叶樟、乌樟）	长江流域以南	纹理交错，结构细。易加工，切削后光滑，干燥后不易变形，耐久性强	家具、雕刻、细木工贴面等
紫椴（椴木）	东北、山东、山西、河北	材质略轻软，纹理直，结构细，手摸上光滑。易加工，易雕刻，不耐磨	胶合板、仿古门窗及家具、绘图板等
水曲柳	主要产于东北	材质光滑，纹理直，结构中等。易加工，不易干燥，耐久，油漆和胶合均易	胶合板、面板、家具、栏杆扶手、室内装饰、木地板等
泡桐（桐树）	北起辽宁、南止广东	材质轻柔，纹理直或斜，结构粗。易加工，切面不光滑，易干燥，不翘裂。钉着力弱	胶合板的心板、绝热和电的绝缘材料、家具的背板
柳桉（红柳桉）	国外产于菲律宾	材质轻重适中，纹理交错，形成带状花纹，结构略粗。易加工，易干燥，稍有翘曲和开裂。胶合性良好	胶合板、家具、船舶和建筑内部装修

1.10 建筑防水材料

1.10.1 坡屋面刚性防水材料

（1）黏土瓦

黏土瓦是以黏土为主要原料，加水搅拌，经模压成形，再经干燥、焙烧而成。其原料和生产工艺与黏土砖相近，主要类型有平瓦、波形瓦、槽形瓦、鳞形瓦、小青瓦、脊瓦等。黏土瓦的规格尺寸为 400mm × 240mm ～ 360mm × 220mm，脊瓦的长度大于 300mm，宽度大于 180mm，高度为宽度的 1/4。常用平瓦的单片尺寸为 385mm×235mm×15mm，每平方米挂瓦 16 片，通常每片干重 3kg。黏土瓦具有成本低、施工方便、防水可靠、耐久性好的特点，是传统坡形屋面的防水材料。

（2）混凝土瓦

混凝土瓦也称为水泥瓦，是用水泥和砂子为主要原料，经配料、模压成形、养护而成。可以分为波形瓦、平瓦和脊瓦等，平瓦的规格尺寸为385mm×235mm×14mm；脊瓦长469mm，宽175mm；大波瓦尺寸为2800mm×994mm×6mm；中波瓦尺寸为1800mm×745mm×6mm；小波瓦尺寸为780mm×180mm×6mm。波形瓦是以水泥和温石棉为原料，经过加水搅拌、压滤成形、养护而成的。波形瓦具有防水、防腐、耐热、耐寒、绝缘等性能。

（3）琉璃瓦

园林建筑和仿古建筑中常用到各种琉璃瓦或琉璃装饰制品。琉璃制品是以难熔黏土为原料，经配料、成形、干燥、素烧、表面施釉，再经釉烧而制成。常用的瓦类制品有板瓦、筒瓦、瓦底、滴水、勾头、脊筒瓦等。釉色主要有金黄、翠绿、浅棕、深棕、古铜、钴蓝等。琉璃瓦表面色泽绚丽光滑，古朴华贵。

（4）油毡瓦

油毡瓦也称为沥青瓦，是以玻璃纤维薄毡为胎料，用改性沥青为涂覆材料而制成的一种片状屋面材料。其表面通过着色或散布不同色彩的矿物粒料制成彩色油毡瓦。油毡瓦具有自重轻的特点，可减少屋面自重，施工方便，具有相互黏结的功能，有很好的抗风能力，适用于园林、别墅等仿欧建筑的坡屋面防水工程。

（5）金属屋面板材

金属屋面板材自重轻、刚度大、幅面宽、施工安装方便。常见的金属屋面板有复合铝板、镀锌钢板、彩色涂层压型钢板、彩色夹芯复合钢板等屋面材料。水波纹瓦楞槽形的镀锌钢板用于不要求保温隔热的场所。彩色夹芯复合钢板具有良好的保温隔声效果，可以作为大型场馆的屋面材料。

（6）坡屋面应用防水透气膜

坡屋顶防水透气膜在加强建筑水密性的同时，使得结构水汽迅速排出，又能保护围护结构热工性能，避免屋面滋生霉菌，改善居室空气质量。坡屋顶防水透气膜铺设于保温层与顺水条之上，两顺水条之间防水透气膜自然下垂，钉眼在较高点，雨水不易窜入，使防水更有效果。坡屋顶防水透气膜保护保温层，保温层之上不需要再做细石混凝土，可降低屋面造价。

1.10.2 防水涂料

（1）沥青类防水涂料

沥青类防水涂料是以沥青为基料配制而成的水乳型或溶剂型防水涂料。乳化沥青的储存期不能过长，一般三个月左右，否则容易引起凝聚分层而变质。储存温度不得低于0℃，不宜在－5℃以下施工，避免水结冰而破坏防水层，也不宜在夏季烈日下施工，防止因表面水分蒸发过快而成膜，膜内水分蒸发不出而产生气泡。乳化沥青主要适用于防水等级较低的建筑屋面、混凝土地下室和卫生间防水、防潮；粘贴玻璃纤维毡片（或布）作屋面防水层；拌制冷用沥青砂浆和混凝土铺筑路面等。常用品种是石灰膏沥青、水性石棉沥青防水材料等。

（2）改性沥青类防水涂料

改性沥青类防水涂料指以沥青为基料，用合成高分子聚合物进行改性，制成的水乳型或溶剂型防水涂料。改性沥青类防水涂料在柔韧性、抗裂性、拉伸强度、耐高低温性能、使用寿命等方面比沥青类涂料都有很大改善。这类涂料常用产品有氯丁橡胶沥青防水涂料、水乳型橡胶沥青防水涂料、APP 改性沥青防水涂料、SBS 改性沥青防水涂料等。这类涂料广泛应用于各级屋面和地下以及卫生间等的防水工程。

（3）合成高分子类防水涂料

合成高分子防水涂料指以合成橡胶或合成树脂为主要成膜物质制成的单组分或多组分的防水涂料。这类涂料具有高弹性、高耐久性及优良的耐高低温性能。常用产品有聚氨酯防水涂料、丙烯酸酯防水涂料、环氧树脂防水涂料、有机硅防水涂料等。其适用于高防水等级的屋面、地下室、水池及卫生间的防水工程。

1.10.3 防水卷材

1.10.3.1 普通沥青防水卷材

普通沥青防水卷材也称油毡，是指用原纸、纤维织物、纤维毡等胎体材料浸涂沥青，表面撒粉状、粒状或片状材料制成可卷曲的片状防水材料。常用沥青防水卷材的特点及适用范围如下所述。

（1）石油沥青纸胎油毡

石油沥青纸胎油毡是传统的防水材料，低温柔韧性差，防水层耐用年限较短，但价格较低。适用于三毡四油、二毡三油叠层设的屋面工程。

（2）玻璃布胎沥青油毡

玻璃布胎沥青油毡的抗拉强度高，胎体不易腐烂，材料柔韧性好，耐久性比纸胎提高一倍以上。多用作纸胎油毡的增强附加层和突出部位的防水层。

（3）玻纤毡胎沥青油毡

玻纤毡胎沥青油毡具有良好的耐水性、耐腐蚀性和耐久性，柔韧性也优于纸胎沥青油毡。常用作屋面或地下防水工程。

（4）黄麻胎沥青油毡

黄麻胎沥青油毡的抗拉强度高，耐水性好，但胎体材料易腐烂。常用作屋面增强附加层。

（5）铝箔胎沥青油毡

铝箔胎沥青油毡有很高的阻隔蒸汽的渗透能力，防水功能好，具有一定的抗拉强度，与带孔玻纤毡配合或单独使用，适用于隔气层。

1.10.3.2 改性沥青防水卷材

改性沥青防水卷材是以合成高分子聚合物改性沥青为涂盖层，纤维织物或纤维毡为胎体，粉状、片状、粒状或薄膜材料为覆盖层材料制成可卷曲的片状防水材料。改性沥青防水卷材改善了普通沥青防水卷材温度稳定性差、延伸率小等缺点，具有高温不流淌、低温不脆裂、拉伸强度较高、延伸率较大等特点。这类防水卷材按厚度分为 2mm、3mm、4mm、5mm 等规格。常见高聚物改性沥青防水卷材的特点和使用范围如下所述。

(1) 弹性 SBS 改性沥青防水卷材

弹性 SBS 改性沥青防水卷材耐高、低温性能明显提高，卷材的弹性和耐疲劳性明显改善。单层铺设的屋面防水工程或复合使用，适合于寒冷地区和结构变形频繁的建筑。

(2) 塑性 APP 改性沥青防水卷材

塑性 APP 改性沥青防水卷材具有良好的强度、延伸性、耐热性、耐紫外线照射及耐老化性能。单层铺设，适合于紫外线辐射强烈及炎热地区屋面使用。

(3) 聚氯乙烯改性焦油沥青防水卷材

聚氯乙烯改性焦油沥青防水卷材有良好的耐热及耐低温性能，最低开卷温度为－18℃，有利于在冬季负温度下施工。

(4) 再生胶改性沥青防水卷材

再生胶改性沥青防水卷材有一定的延伸性，且低温柔性较好，有一定的防腐蚀能力，价格低廉属于低档防水卷材。适用于变形较大或档次较低的防水工程。

1.10.3.3 合成高分子防水卷材

合成高分子防水卷材是指以合成橡胶、合成树脂或两者共混体为基料，加入适量的化学助剂和填充料等，经混炼压延或挤出等工序加工而成的防水材料。合成高分子防水卷材具有高弹性、高延伸性、良好的耐老化性、耐高温性和耐低温性等多方面的优点，已成为新型防水材料发展的主导方向。常见合成高分子防水卷材的特点和使用范围如下所述。

(1) 聚氯乙烯防水卷材

聚氯乙烯防水卷材具有良好的耐臭氧、耐热老化、耐油、耐化学腐蚀及抗撕裂性能。单层或复合适用宜用于紫外线强的炎热地区。

(2) 氯化聚乙烯防水卷材

氯化聚乙烯防水卷材具有较高的拉伸和撕裂强度，延伸率较大，耐老化性能好，原材料丰富，价格便宜，容易黏结。适用于单层或复合使用外露或有保护层的防水工程。

(3) 三元乙丙橡胶防水卷材

三元乙丙橡胶防水卷材的防水性能优异，耐候性好，耐臭氧性、耐化学腐蚀性、弹性和抗拉强度大，对基层变形开裂的使用性强，质量轻，使用温度范围宽，寿命长，但价格高，黏结材料尚需配套完善。适用于防水要求较高、防水层耐用年限长的工程，单层或复合使用。

（4）三元丁橡胶防水卷材

三元丁橡胶防水卷材有较好的耐候性、耐油性、抗拉强度和延伸率，耐低温性能稍低于三元乙丙橡胶防水卷材。单层或复合适用于要求较高的防水工程。

（5）氯化聚乙烯-橡胶共混防水卷材

氯化聚乙烯-橡胶共混防水卷材不但具有氯化聚乙烯特有的高强度和优异的耐臭氧、耐老化性能，而且具有橡胶所特有的高弹性、高延伸性以及良好的低温柔性。单层或复合使用，特别适用于寒冷地区或变形较大的防水工程。

（6）防水透气膜

Dike防水透气膜是一种新型的高分子透气防水材料。从制作工艺上讲，Dike防水透气膜的技术要求要比一般的防水材料高得多；同时从品质上来看，Dike防水透气膜也具有其他防水材料所不具备的功能性特点。Dike防水透气膜在加强建筑气密性、水密性的同时，其独特的透气性能，可使结构内部水汽迅速排出，避免结构滋生霉菌，保护物业价值，并完美解决了防潮与人居健康，是一种健康环保的新型节能材料。

（7）聚乙烯丙纶复合防水卷材

聚乙烯丙纶复合防水卷材以聚乙烯树脂为主防水层，双表面复合丙纶长丝无纺布作增强层，采用热熔直压工艺一次复合成型，低档次的产品则采用二次复合成型工艺。

主防水层聚乙烯膜采用抗穿刺性能良好的线型低密度聚乙烯（LLDPE）树脂加工而成，同时加入了辅料以改进卷材主防水层的柔性和黏结性，加入了炭黑、抗氧剂以改进卷材主防水层的抗老化性。

表面增强层采用新型丙纶长丝热轧纺黏无纺布，主要作用为：

① 增加芯层（主防水层）的整体抗拉伸强度，使芯层厚度相对减少。

② 增加芯层的表面粗糙程度，使芯层起到防护作用。

③ 提供可粘接的网状空隙结构。

聚乙烯丙纶复合防水卷材的选材及结构特点，使其具有抗渗能力强、抗拉强度高、低温柔性好、线胀系数小、易粘接、摩擦系数大、稳定性好、无毒、变形适应能力强、适应温度范围宽、使用寿命长等良好的综合技术性能。聚乙烯、聚丙烯（丙纶）均耐化学稳定、耐腐蚀霉变、耐臭氧，而丙纶具有良好的力学性能。

1.10.4 密封材料

（1）性质及特性

建筑密封材料是嵌入建筑物缝隙、门窗四周、玻璃镶嵌部位以及由于开裂产生的裂缝，能承受位移且能达到气密、水密的目的的材料，又称嵌缝材料。

密封材料有良好的粘接性、耐老化和对高、低温度的适应性，能长期经受被粘接构件的收缩与振动而不破坏。

（2）常用密封材料

① 沥青嵌缝油膏　沥青嵌缝油膏主要作为屋面、墙面沟和槽的防水嵌缝。

② 聚氯乙烯接缝膏　聚氯乙烯接缝膏用于各种屋面嵌缝或表面涂布作为防水层，或用于水渠、管道等接缝。

③ 丙烯酸酯密封膏　丙烯酸酯密封膏用于屋面、墙板、门、窗嵌缝，耐水性差，不宜用于经常泡在水中的工程。

④ 硅酮密封膏　硅酮密封膏F类为建筑接缝，用于预制混凝土墙板、水泥板、大理石板的外墙接缝，混凝土和金属框架的黏结，卫生间和公路接缝的防水密封等；G类为镶装用密封膏，用于玻璃和建筑门、窗的密封。

1.11 建筑玻璃

玻璃在建筑行业起到越来越重要的作用，在园林工程中亦广泛应用。玻璃及其制品可以起到装饰、采光、控制管线、调节热量、改善环境及充当结构材料的作用。

1.11.1 普通平板玻璃

普通平板玻璃也称为单光玻璃、净片玻璃，简称玻璃，属于钠玻璃类，未经研磨加工。普通平板玻璃主要装配于门窗，起透光、挡风和保温作用。要求其具有较好的透明度，表面平整无缺陷。普通平板玻璃是建筑玻璃中生产量最大、使用最多的，厚度有2mm、3mm、4mm、5mm、6mm、8mm、10mm、12mm、15mm、19mm十种规格。

1.11.2 装饰平板玻璃

（1）磨光玻璃

磨光玻璃也称为镜面玻璃，是用平板玻璃经过机械研磨和抛光后的玻璃，分单面磨光和双面磨光。磨光玻璃具有表面平整光滑且有光泽、物像透过玻璃不变形的特点，透光率大于84%。双面磨光玻璃要求两面平行，厚度一般为5～6mm。磨光玻璃常用来安装大型高级门窗、橱窗或制镜子。磨光玻璃加工费时、不经济，出现浮法玻璃后，磨光玻璃用量大为减少。

（2）彩色玻璃

彩色玻璃也称为有色玻璃或颜色玻璃，分为透明和不透明两种。透明彩色玻璃是在原料中加入一定的金属氧化物使玻璃带色；不透明彩色玻璃是在一定形状的平板玻璃一面，喷以色釉，经过烘烤而成。其具有耐腐蚀、易清洗、抗冲刷、可拼成图案花纹等优点，适用于门窗及对光有特殊要求的采光部位和外墙面装饰。

(3) 磨砂玻璃

磨砂玻璃也称为毛玻璃。磨砂玻璃是用机械喷砂、手工研磨或氢氟酸溶蚀等方法将普通平板玻璃表面处理成均匀毛面。其表面粗糙，使光线产生漫反射，只有透光性而不能透视，并能使室内光线柔和而不刺目。

(4) 花纹玻璃

花纹玻璃根据加工方法的不同，可分为压花玻璃和喷花玻璃。

① 压花玻璃　也称为滚花玻璃，是在玻璃硬化前，经过刻有花纹的滚筒，在玻璃单面或双面压上深浅不同的各种花纹图案。由于花纹凹凸不平使光线漫射而失去透视性，因而它透光不透视，可同时起到窗帘的作用。压花玻璃兼具使用功能和装饰效果，因而广泛应用于宾馆、大厦、办公楼等现代建筑的装修工程中。压花玻璃的厚度常为2～6mm。

② 喷花玻璃　也称为胶花玻璃，是在平板玻璃表面上贴以花纹图案，抹以护面层，经喷砂处理而成。其适合门窗装饰、采光之用。

(5) 激光玻璃

激光玻璃也称为光栅玻璃，是以玻璃为基材，经特殊工艺处理使玻璃表面出现全息或者其他光栅。激光玻璃在光源的照射下能产生物理衍射的七彩光。激光玻璃的各种花型产品宽度一般不超过500mm，长度一般不超过1800mm。所有图案产品宽度不超过1100mm，长度一般不超过1800mm。圆柱产品每块弧长不超过1500mm，长度不超过1700mm。激光玻璃具有优良的抗老化性能，适用于宾馆、酒店及各种商业文化、娱乐设施装饰。

(6) 玻璃马赛克

玻璃马赛克是指以玻璃为基料并含有未熔解的微小晶体（主要是石英）的乳浊制品，其颜色有红、黄、蓝、白、黑等几十种。玻璃马赛克是一种小规格的彩色釉面玻璃，一般尺寸为20mm×20mm、30mm×30mm、40mm×40mm，厚4～6mm。这类玻璃一般包括透明、半透明、不透明三种。玻璃马赛克具有色调柔和、朴实典雅、美观大方、化学稳定性好、冷热稳定性好等特点。它一面光滑，另一面带有槽纹，与水泥砂浆黏结好，施工方便，适用于医院、办公楼、礼堂、住宅等建筑的外墙饰面。

(7) 冰花玻璃

冰花玻璃是将原片玻璃进行特殊处理，在玻璃表面形成酷似自然冰花的纹理。冰花玻璃的冰花纹理对光线有漫反射作用，使得冰花玻璃透光不透视，可避免强光，使光线柔和，适用于建筑门窗、隔断、屏风等。

1.11.3 安全玻璃

安全玻璃包括物理钢化玻璃、夹丝玻璃、夹层玻璃，具有力学强度较高、抗冲击能力较好的特点。击碎时，碎块不会飞溅伤人，且有防火功能。

（1）物理钢化玻璃

物理钢化玻璃是安全玻璃，它是将普通平板玻璃在加热炉中加热到接近软化点温度（650℃左右），使之通过本身的形变来消除内部应力，然后移出加热炉，立即用多用喷嘴向玻璃两面喷吹冷空气，使之迅速且均匀地冷却，当冷却到室温后，形成了高强度的钢化玻璃。钢化玻璃的特点为强度高、抗冲击性好、热稳定性高、安全性高。钢化玻璃的安全性主要是指整块玻璃具有很高的预应力，一旦破碎，呈现网状裂纹，碎片小且无尖锐棱角，不易伤人。钢化玻璃在建筑上主要用作高层的门窗、隔墙与幕墙。

（2）夹丝玻璃

夹丝玻璃是将预先编织好的钢丝网压入已软化的红热玻璃中制成的。其抗折强度高、防火性能好，破碎时即使有许多裂缝，其碎片仍能附着在钢丝上，不致四处飞溅而伤人。夹丝玻璃主要用于厂房天窗、各种采光屋顶和防火门窗等。

（3）夹层玻璃

夹层玻璃是由两片或多片平板玻璃之间嵌夹透明塑料（聚乙烯醇缩丁醛）薄衬片，经加热、加压、黏合而成的平面或曲面的复合玻璃制品。夹层玻璃具有抗冲击性和抗穿透性好的特点，玻璃破碎时不裂成分离的碎片，只有辐射状的裂纹和少量玻璃碎屑，碎片仍粘贴在膜片上，不致伤人。夹层玻璃在建筑上主要用于有特殊安全要求的门窗、隔墙、工业厂房的天窗等。

1.11.4 保温绝热玻璃

保温绝热玻璃包括吸热玻璃、中空玻璃、热反射玻璃、玻璃空心砖等。它们在建筑上主要起装饰作用，并具有良好的保温绝热功能。保温绝热玻璃除用于一般门窗外，常用作幕墙玻璃。

（1）吸热玻璃

吸热玻璃既能吸收大量红外线辐射，又能保持良好的透光率。根据玻璃生产的方法分为本体着色法和表面喷涂法（镀膜法）两种。吸热玻璃有灰色、茶色、蓝色、绿色等颜色。吸热玻璃主要用于建筑外墙的门窗、车船的风挡玻璃等。

（2）中空玻璃

中空玻璃由两片或多片平板玻璃构成，用边框隔开，四周边缘部分用密封胶密封，玻璃层间充有干燥气体。构成中空玻璃的玻璃采用平板原片，有普通玻璃、吸热玻璃、热反射玻璃等。中空玻璃具有保温绝热，节能性好，隔声性优良、且有效地防止结霜的特点。中空玻璃主要用于需要采暖、空调，防止噪声、结露及需求无直接光和特殊光线的建筑上，如住宅、饭店、宾馆、办公楼、学校、医院、商店等。

(3) 热反射玻璃

热反射玻璃既具有较高的热反射能力，又能保持良好的透光性能，又被称为镀膜玻璃或镜面玻璃。热反射玻璃是在玻璃表面用热解、蒸发、化学处理等方法喷涂金、银、铜、镍、铬、铁等金属或金属氧化物薄膜而成。热反射玻璃反射率高达30%以上，装饰性好，具有单向透像作用，被越来越多地用作高层建筑的幕墙。

(4) 玻璃空心砖

玻璃空心砖一般是由两块压铸成凹形的玻璃经熔接或胶接成整块的空心砖。砖面可为光滑平面，也可在内外压铸多种花纹。砖内腔可为空气，也可填充玻璃棉等。玻璃空心砖绝热、隔声，光线柔和优美，可用来砌筑透光墙壁、隔断、门厅、通道等。

1.11.5 建筑玻璃的应用

在园林景观工程中，玻璃及其制品可以像混凝土、砖石一样做成围墙、桥面、栏板、台阶、花池和水池等。

(1) 玻璃围墙和栏板

随着玻璃生产工艺水平的提高，钢化玻璃等强度和安全性较高的玻璃材料，可以替代传统的砖石和金属等材料建造围墙和栏板。玻璃围墙、栏板通常选用钢化玻璃或夹丝玻璃等安全玻璃，采用的玻璃种类不同，呈现出的效果不同，或透明、或透光不透视等，为围墙景观带来了特有的魅力。玻璃用作栏板，安装方法简单，既可以用点式支撑将其固定在结构构件上，也可以像安装窗户玻璃一样卡在凹槽里。

(2) 玻璃建筑

在园林景观工程中，玻璃可代替各种传统的砖瓦材料，用于建造新颖的房屋和亭廊。玻璃的透明、轻盈使得建筑不再厚重，并且造型灵活，使建筑的各种形式皆有可能。

(3) 玻璃铺装

由于玻璃材料的价格较高，利用玻璃材料做地面铺装时，通常作为人行桥面或小范围的装饰性地面，面积较小，便于节约建设成本。高架的桥梁用玻璃桥面是很有趣的，突破了传统材料铺面后看不见桥面下方景物的问题，如桥架在树林中，走在桥上的人就像在树梢上行走一样。利用玻璃铺装，一个需要注意的问题是排水问题，玻璃本身不吸水、不透水，只有靠面层组织排水的方法来组织排水，因此，玻璃铺装应在保证安全的前提下具有合理的排水坡度。

园林中部分景观追求夜晚的灯光效果，通常在地面设置灯光带或灯管面，将光源埋置在地面以下。这种情况常用玻璃做地面铺装，既能起到保护作用，又能透光。

(4) 玻璃水池

利用玻璃的透明特性，可以在湖体做下沉式观光隧道，无论在湖体四周还是廊道内部游览，都会有极强的视觉冲击感。

(5) 玻璃种植池

如果用透明玻璃做种植池，能将池内土壤情况看得一清二楚。用玻璃做花池，高度不能太高，一般在40cm左右，主要是因为太高的花池需要玻璃抵抗更多来自土壤和水的侧压力，对玻璃厚度的要求也会增加。

1.12 建筑涂料、塑料

1.12.1 建筑涂料

建筑涂料是指涂覆于建筑物体表面，能与基体材料黏结在一起，形成连续性保护涂膜，从而对建筑物起到装饰、保护或使物体具有某种特殊功能的材料。建筑材料具有良好的耐候性、耐污染性、防腐蚀性。近年来建筑涂料在工程中已成为不可缺少的重要饰面材料。

1.12.1.1 涂料的组成

涂料的组成成分按所起的作用分为主要成膜物质、次要成膜物质、溶剂和助剂四部分。主要成膜物质指胶黏剂和固着剂，是决定涂料性质的主要成分，多为高分子化合物或成膜后形成高分子化合物的有机质。次要成膜物质主要包括颜料的染色和填充料，填充料多为白色粉末状的无机质。溶剂是能挥发的液体，能溶解成膜物质，降低涂料黏度，常用的有石油溶剂、煤焦溶剂、酯类、醇类等。助剂用来改善涂料性能，如干燥时间、柔韧性、抗氧化性和抗紫外线作用等，常用的有催干剂、增塑剂、固化剂和润滑剂等。如果是特种涂料还包含有其他特殊性质的填料与助剂。

1.12.1.2 建筑涂料分类

(1) 按构成涂膜主要成膜物质的化学成分分类　建筑涂料可分为有机、无机和有机-无机复合涂料三大类。

① 有机涂料　常用的有三种类型：溶剂型涂料、乳液型涂料及水溶性涂料。

a. 溶剂型涂料是以高分子合成树脂为主要成膜物质，有机溶剂为稀释剂，加入适量的颜料、填料（体质颜料）及辅助材料，经研磨而成的涂料。其涂膜细腻紧韧，耐水性和耐老化性好；但易燃，挥发后对人体有害，污染环境。

b. 乳液型涂料又称乳胶漆。它是由合成树脂借助乳化剂的作用，以0.1～0.5μm的极细微粒子分散于水中形成乳液，并以乳液为主要成膜物质，加入适量的颜料、填料及辅助材料经研磨而成的涂料。价格便宜、不燃烧、无毒，有一定的透气性和耐水性，可做内外墙建筑涂料。

c. 水溶性涂料是以水溶性合成树脂为主要成膜物质，以水为稀释剂，加入适量的颜料及辅助材料，经研磨而成的涂料。无毒、不易燃、价格便宜、有一定透气性，施工时对干燥度要求不高，耐水性差，只用于内墙装饰。

② 无机类建筑涂料　以水玻璃、硅溶胶、水泥等为基料，加入颜料、填料、助剂等经研磨、分散等而成的无机高分子涂料。无机涂料的价格低廉、来源丰富，无毒、不燃，有良好的遮盖力，对基层材料的处理要求不高，可在较低温度下施工，涂膜具有良好的耐热性、保色性、耐久性等，对环境污染较低。

③ 有机-无机复合建筑涂料　由于在单独使用有机材料和无机材料时，都存在一定的局限性，为克服其缺点，发挥各自的长处，出现了有机-无机复合的涂料。其基料主要是水溶性有机树脂与水溶性硅酸盐等配制成的混合液或是在无机物表面上用有机聚合物制成的悬浮液。有机-无机材料改善了涂料性能，节约了成本，涂膜的柔韧性及耐候性方面更能适应气候的变化。

（2）按涂膜的厚度或质地分类

建筑涂料可分为表面平整光滑的平面涂料和有特殊装饰质感的非平面类涂料。

① 平面涂料又分为平光（无光）涂料、半光涂料等。

② 非平面类涂料的涂膜常常具有很独特的装饰效果，有彩砖涂料、仿墙纸涂料、纤维质感涂料、复层涂料、多彩花纹涂料、云彩涂料和绒白涂料等。

（3）按照在建筑物上的使用部位分类

建筑涂料可以分为内墙涂料、外墙涂料、地面涂料和顶棚涂料和屋面防水涂料等。

（4）按涂料的特殊性能分类

按使用功能可将涂料分为防水涂料、防火涂料、保温涂料、防腐涂料、抗静电涂料、防结露涂料、闪光涂料、幻彩涂料、装饰性涂料等。

（5）按涂膜状态分类

按涂膜状态可将涂料分为薄质涂层涂料、厚质涂层涂料、粒状涂料、复合层涂料等。

1.12.1.3　常用建筑涂料

（1）内墙涂料和顶棚涂料

内墙涂料和顶棚涂料的常见类型、特点和适用范围如下。

① 溶剂型内墙涂料

a. 主要品种　过氯乙烯墙面涂料、氯化橡胶墙面涂料及丙烯酸酯墙面涂料。

b. 特点　透气性差、容易结霜，但光泽度好、易冲洗、耐久性好。

c. 适用范围　用于厅、走廊处。

② 水溶性内墙涂料

a. 聚乙烯醇水玻璃涂料（106 内墙涂料）

ⅰ. 特点　配制简单，无毒无味，不易燃，涂膜干燥快、黏结力强、表面光滑，但耐擦洗性能差，易起粉脱落。

ⅱ. 适用范围　用于民用及公用建筑内墙装饰。

b. 聚乙烯醇缩甲醛涂料（803 内墙涂料）

ⅰ. 特点　无毒无味，干燥快、遮盖力强，涂膜光滑平整，耐湿、耐擦洗性好，黏结力较强。

ⅱ. 适用范围　可涂刷于混凝土、纸筋石灰及灰泥墙面，用于民用及公用建筑内墙装饰。

③ 合成树脂乳液内墙涂料-内墙乳胶漆

a. 聚醋酸乙烯乳胶漆

ⅰ. 特点　无毒不燃，涂膜细腻平滑，色彩鲜艳、透气性好，价格较低，但耐水性、耐候性差。

ⅱ. 适用范围　适合内墙装饰，不宜用于外墙。

b. 乙丙乳胶漆

ⅰ. 特点　耐水性、耐碱性强。

ⅱ. 适用范围　属于高档内墙装饰涂料。

④ 多彩花纹内墙涂料

a. 特点　涂层色泽优雅，质地较厚，弹性、整体性、耐久性好，富有立体感。

b. 适用范围　属于中高档内墙装饰用涂料。

⑤ 隐形变色发光涂料

a. 特点　隐形、变色、发光，呈现各种色彩和美丽的花型图案。

b. 适用范围　用于舞厅墙面、广告、舞台布景等。

⑥ 仿瓷涂料

a. 特点　附着力强，漆膜平整，坚硬光亮，有陶瓷的光泽感、耐水性和耐腐蚀性好。

b. 适用范围　用于厨房、卫生间、医院、餐厅等场所墙面。

⑦ 彩砂涂料

a. 特点　无毒、不燃、附着力强、保色性及耐候性好，耐水、耐腐蚀、色彩丰富，表面有较强的立体感。

b. 适用范围　适用于各种场所的室内外墙面。

⑧ 刷浆涂料

a. 主要品种　石灰浆、大白浆、可赛银。

b. 适用范围　简易的粉刷涂料。

（2）外墙涂料

外墙涂料应有装饰性强、耐水性和耐候性好、耐污染性强、易于清洗等特点，其常见类型、特点和适用范围如下所述。

① 溶剂型外墙涂料

a. 氯化橡胶外墙涂料

ⅰ. 特点　能在－20～50℃环境温度进行施工，有良好的耐碱性、耐水性、耐腐蚀性，有一定防霉功能。

ⅱ. 适用范围　可在水泥、混凝土和钢材表面涂饰，可直接在干燥清洁的水泥砂浆表面、旧涂膜上涂饰。

b. 丙烯酸酯外墙涂料

ⅰ. 特点　耐候性好，不易变色、粉化、脱落，但易燃、有毒。

ⅱ. 适用范围　常用外墙涂料。

② 乳液型外墙涂料

a. 乙丙涂料

ⅰ. 特点　以水为溶剂、安全无毒，涂膜干燥快，耐候性、耐腐蚀性和保光保色性良好。

ⅱ. 适用范围　用于中低档建筑外墙涂料。

b. 水乳型环氧树脂外墙涂料　特点：以水为分散剂，无毒无味，与基体黏结力较高，膜层不易脱落。

c. 合成树脂乳液砂壁状涂料

ⅰ. 特点　俗称仿石漆、真石漆，在建筑物表面能形成具有天然花岗岩或大理石质感的厚质涂层。

ⅱ. 适用范围　高档外墙涂料，现大量用于商品住宅、公用建筑外墙。

③ 硅酸盐无机涂料

a. 碱金属硅酸盐系外墙涂料

ⅰ. 特点　耐水性、耐老化性较好，有一定防火性，无毒无味，耐腐蚀、抗冻性较好。

ⅱ. 适用范围　在我国外墙涂料中占的比例较少，常用于有防火要求的地下车库墙面等。

b. 硅溶胶外墙涂料

ⅰ. 特点　以水为分散剂，无毒无味、遮盖力强，耐污性强，与基层有较强黏结力。

ⅱ. 适用范围　同碱金属硅酸盐系外墙涂料。

④ 石灰浆

a. 特点　由石灰膏稀释成。

b. 适用范围　简易的粉刷涂料。

⑤ 聚合物水泥涂料　主要品种是聚乙烯醇缩甲醛水泥涂料。

(3) 其他装饰涂料

① 防锈漆　对金属等物体进行防锈处理的涂料，在物体表面形成一层保护层。其分为油性防锈漆和树脂防锈漆两种。

② 清油　清油也称为熟油，以亚麻油等干性油加部分半干性植物油制成的浅黄色黏稠液体。一般用于调制厚漆和防锈漆，也可单独使用。清油能在改变木材颜色基础上保持木材原有花纹，一般主要做木制家具底漆。

③ 清漆　俗称凡立水，是一种不含颜料的透明涂料，多用于木器家具涂饰。

④ 厚漆

厚漆也称为铅油，是采用颜料与干性油混合研磨而成，需加清油溶剂。厚漆遮覆力强，与面漆黏结性好，用于涂刷面漆前打底，也可单独作面层涂刷。

1.12.1.4　建筑涂料的作用

一般来讲，建筑涂料具有装饰功能、保护功能和居住性改进功能，各种功能所占的比重因使用目的不同而不尽相同。

（1）装饰功能

装饰功能是通过建筑物的美化来提高它的外观价值的功能。主要包括平面色彩、图案及光泽方面的构思设计及立体花纹的构思设计。但要与建筑物本身的造型和基材本身的大小和形状相配合，才能充分地发挥出来。

（2）保护功能

保护功能是指保护建筑物不受环境的影响和被破坏的功能。不同种类的被保护体对保护功能要求的内容也各不相同，如室内与室外涂装所要求达到的指标差别便很大。有的建筑物对防霉、防火、保温隔热、耐腐蚀等有特殊的要求。

（3）居住性改进功能

居住性改进功能主要是针对室内涂装而言的，就是有助于改进居住条件的功能，如消除异味、释放负离子、防霉杀菌、防结露等。

1.12.2　建筑塑料

塑料的主要成分是合成树脂，加入其他添加剂后，在一定条件下混炼、塑化、成形，生成在常温下形状固定的材料。塑料质轻，是热和电的良好绝缘体，抵抗化学腐蚀能力强。塑料的吸水性一般小于1%，可作防火、防潮及制成各种给、排水管道。塑料加工方法简便，自动化程度高，生产能耗低。加工某些塑料时，适当变更其增塑剂、增强剂的用量，可以得到适合各种用途的软制品或硬制品。因此，塑料制品已广泛应用于工业、农业、建筑业和生活日用品中。

1.12.2.1　建筑塑料分类

（1）按树脂在受热时所发生的变化不同分类

① 热固性塑料　塑料成型后不能再次加热，只能塑制一次，如酚醛塑料、脲醛塑料、有机硅塑料。

② 热塑性塑料　塑料成型后可反复加热重新塑制，如聚氯乙烯塑料、聚苯乙烯塑料、聚丙烯塑料。

(2) 按树脂的合成方法分类

① 缩合物塑料　凡两个或两个以上不同分子化合时，放出水或其他简单物质，生成一种与原来分子完全不同的生成物，称为缩合物，如酚醛塑料、有机硅塑料、聚酯塑料。

② 聚合物塑料　凡许多相同的分子连接而成的庞大的分子，并且基本组成不变的生成物，称为聚合物，如聚乙烯塑料、聚苯乙烯塑料、聚甲基丙烯酸甲酯塑料。

1.12.2.2　塑料的构成

塑料是由起胶结作用的树脂和起改性作用的添加剂构成的。

树脂为塑料的主要成分，其质量占塑料的40%以上，在塑料中起胶结作用，并决定塑料的硬化性质和工程性质。塑料常以所用的树脂命名。

1.12.2.3　塑料的特点

塑料作为建筑材料使用具有很多特征，它不仅能代替传统材料，而且具有传统材料所不具备的性能。

① 塑料的密度小，它只有钢材的1/8～1/4、混凝土的1/3，不仅能减轻施工的劳动强度，而且大大减轻了建筑物的自重。

② 塑料的种类很多，同一种制品可以兼备多种功能，如既有装饰性又能隔热、隔声、耐化学侵蚀等。

③ 塑料的吸水性一般小于1%，可作防火、防潮及制成各种给、排水管道。

④ 塑料制品抗酸碱腐蚀能力比金属材料和无机材料的能力强，适用于化工工业的厂房、地面和门窗等。

⑤ 塑料的导热性差，泡沫塑料的热导率更小，是一种良好的绝缘材料。

⑥ 可加工性好。

⑦ 热膨胀性比传统材料高3～4倍。

⑧ 便宜。

⑨ 存在老化问题。

1.12.2.4　常用建筑塑料

常用的热塑性塑料有聚氯乙烯（PVC）塑料、聚乙烯（PE）塑料，聚丙烯（PP）塑料、聚苯乙烯（PS）塑料、丙烯腈-丁二烯-苯乙烯共聚物（ABS）塑料、聚甲基丙烯酸甲酯（PMMA即有机玻璃）塑料。常用的热固性塑料有酚醛树脂（PF）塑料、脲醛树脂（UF）塑料、三聚氰胺树脂（MF）塑料、环氧树脂（EP）塑料、不饱和聚酯树脂（UP）塑料和有机硅树脂（SI）塑料等。尽管这些树脂的性能不同，但是它们的基本构成形式却相同。

(1) 聚氯乙烯塑料

聚氯乙烯塑料是由氯乙烯单体聚合而成。其化学稳定性好，但耐热性差，通常的使用温度为60～80℃以下。根据增塑剂的掺量不同，可制得软、硬两种聚氯乙烯塑料。

软聚氯乙烯塑料很柔软，有一定的弹性，可以做地面材料和装饰材料，可以作为门窗框及制成止水带，用于防水工程的变形缝处。硬聚氯乙烯塑料有较高的力学性能和良好的耐腐蚀性能、耐油性和抗老化性，易焊接，可进行黏结加工。多用做百叶窗、各种板材、楼梯扶手、波形瓦、门窗框、地板砖、给排水管。

(2) 聚甲基丙烯酸甲酯塑料

聚甲基丙烯酸甲酯又称有机玻璃，是透光率最高的一种塑料（可达92%)，因此可代替玻璃，而且不易破碎，但其表面硬度比无机玻璃差，容易划伤。如果在树脂中加入颜料、稳定剂和填充料，可加工成各种色彩鲜艳、表面光洁的制品。

有机玻璃机械强度较高，耐腐蚀性、耐气候性、抗寒性和绝缘性均较好，成型加工方便。缺点是质脆，不耐磨、价格较贵，可用来制作护墙板和广告牌。

(3) 酚醛树脂塑料

酚醛树脂是由苯酚和甲醛在酸性或碱性催化剂的作用下缩聚而成。它多具有热固性，优点是黏结强度高、耐光、耐热、耐腐蚀、电绝缘性好，缺点是质脆。加入填料和固化剂后可制成酚醛塑料制品（俗称电木)，此外还可做成压层板等。

(4) 不饱和聚酯树脂塑料

不饱和聚酯树脂是在激发剂作用下，由二元酸或二元醇制成的树脂与其他不饱和单体聚合而成。

(5) 环氧树脂塑料

环氧树脂是以多环氧氯丙烷和二烃基二苯基丙烷为主原料制成。它因热和阳光作用起反应，便于储存，是很好的黏合剂，其黏结作用较强，耐侵蚀性也较强，稳定性很高，在加入硬化剂之后，能与大多数材料胶合。

(6) 聚乙烯塑料

聚乙烯是一种热塑性塑料，按生产方法可分为三种，即高压、低压和中压。

(7) 聚丙烯塑料

聚丙烯密度小，机械强度比聚乙烯高，耐热性好，耐低温性差，易老化。

(8) 聚苯乙烯塑料

聚苯乙烯是一种透明的无定形热塑性塑料，其透光性能仅次于有机玻璃。具有密度低、耐水、耐光、耐化学腐蚀性好的优点。电绝缘性和低吸湿性极好，而且易于加工和染色。缺点是抗冲击性能差、脆性大和耐热性低。可用作百叶窗、隔热隔声泡沫板，可黏结纸、纤维、木材、大理石碎粒制成复合材料。

（9）ABS塑料

ABS塑料是一种三元单体共聚物，不透明，呈浅象牙色，耐热，表面硬度高，尺寸稳定，耐化学腐蚀，电性能良好，易于成型和机械加工，表面还能镀铬。

（10）聚酰胺类塑料（尼龙或锦纶）

聚酰胺类塑料坚韧耐磨、熔点较高、摩擦系数小、抗拉伸、价格便宜。

（11）聚氨酯树脂

聚氨酯树脂是性能优异的热固性树脂。可以是软质的，也可以是硬质的。力学性能、耐老化性、耐热性都比较好。可作涂料和黏结剂。

（12）玻璃纤维增强塑料（玻璃钢）

用玻璃纤维与不饱和聚酯或环氧树脂等复合而成的一类热固性塑料。有很高的机械强度，其比强度甚至高于钢材。

1.12.2.5　塑料制品

（1）塑料地板

塑料地板是发展最早、最快的建筑装修塑料制品，其装饰效果好，色彩图案不受限制，仿真，施工维护方便，耐磨性好，使用寿命长，具有隔热、隔声、隔潮的功能，脚感舒适暖和。

按形状分块状和卷状，按材性分硬质、半硬质、软质三种。卷状的为软质。从结构分单层塑料地板、双层地板等。

（2）塑料壁纸

塑料壁纸是由基底材料（纸、麻、棉布、丝织物、玻璃纤维）涂以各种塑料，加各种颜色经配色印花而成。塑料壁纸强度较好，耐水可洗，装饰效果好，施工方便，成本低，目前广泛用作内墙、天花板等的贴面材料。有普通壁纸（单色压花壁纸、印花压花壁纸、有光印花和平光印花墙纸）、发泡墙纸、特种墙纸等品种。

（3）塑料装饰板材

建筑用塑料装饰板材主要用作护墙板、层面板和平顶板，此外有夹芯层的夹芯板可用作非承重墙的墙体和隔断。塑料装饰板材质量轻，能减轻建筑物的自重。塑料护墙板可以具有各种形状的断面和立面，并可任意着色，干法施工。具有波形板、异形板、格子板、夹层墙板四种形式。

① 硬质聚氯乙烯建筑板材　硬质聚氯乙烯建筑板材的耐老化性好，具有自熄性。具有波形板、异形板、格子板三种形式。

② 玻璃钢建筑板材　可制成各种断面的型材或格子板，与硬质聚氯乙烯板材相比，其抗冲击性能、抗弯强度、刚性都较好，此外它的耐热性、耐老化性也较好，热伸缩较小，其透光性相近。作屋面采光板时，室内光线较柔和。注意如

果成型工艺控制不好，从外观上看表面会粗糙不平。

③ 夹层板　上述两种都是单层板，只能贴在墙上起维护和装饰作用。复合夹层板则具有装饰性和隔声、隔热等墙体功能。用塑料与其他轻质材料复合制成的复合夹层墙，质量轻，是理想的轻板框架结构的墙体材料。

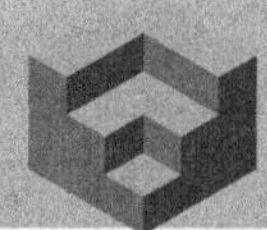

Chapter 2

园林假山与石景工程材料

2.1 假山与石景材料

2.1.1 常用石材

(1) 湖石类

湖石因产于湖泊而得名。湖石从质地和颜色来分有两种：一种产于湖中，是湖相沉积的粉砂岩，浅灰泛白，色调丰润柔和；另一种产于石灰岩地区的山坡、土壤或河流岸边，是石灰岩经地表水风化溶蚀而生成的，多为青灰色或黑灰色，质地坚硬。湖石由于水的冲击和溶蚀作用，多具有穴、窝、坑、环、沟、孔、洞等变异极大的石形，外形圆润、柔曲，石内玲珑剔透，断裂之处多呈扇形。湖石在我国分布很广，常见的有太湖石、房山石、英德石、灵璧石、宣石等。

① 太湖石　太湖石又称南太湖石，石质坚而脆，属于石灰岩，多为灰色，罕见白色、黑色。太湖石自然形成沟、缝、穴、洞，有时窝洞相套，疏密相通，石面上还形成沟缝坳坎，称为弹子窝，玲珑剔透、瘦骨突兀。湖石在水中所产者，石灰岩长期受波浪的冲击以及含二氧化碳的水溶蚀，纹理纵横，脉络显隐，形成纤巧秀润的风姿，常被用作特置石峰以体现秀奇险怪之势。太湖石以太湖中的洞庭湖西山消夏湾太湖一带出产的湖石最著名，在江南园林中运用最为普遍。

② 房山石　房山石又称北太湖石，属砾岩，因产于北京房山区而得名，由于这种山石也具有太湖石的涡、沟、环、洞等特点，亦称北太湖石。这种石块的表面多有小空穴而无大洞，密度大，质地坚硬、有韧性，多产于土中，色为淡黄或略带粉红色。它虽不像南太湖石那样玲珑剔透，但端庄深厚、雄壮、稳实，别具一番风采。年久的石块，在空气中经风吹日晒，变为深灰色后更有俊逸、清幽之感。由于地理位置和石头自身特点，房山石在北方皇家园林中大量运用，把中国古典园林艺术成就推向高潮。

③ 英德石　英德石又称英石，属石灰岩，产于广东英德市含光、真阳两地，因此得名。英德石是石灰岩碎块被雨水淋溶和埋在土中被地下水溶蚀所生成，质地坚硬、脆性大。英德石通常为青灰色，称灰英，罕见白英、黑英、浅绿英等数种。英德石形状瘦骨铮铮，嶙峋剔透，多皱褶的棱角，清奇俏丽。石体多皴皱，少窝洞，叩之有声，在园林中多用作山石小景。

④ 灵璧石　产于安徽灵璧县磬山，石产于土中，被赤泥渍满。用铁刀刮洗方显本色，石中灰色，清润，质地脆，叩之铿锵有声。石面有坳坎变化，石形亦千变万化，人工掇成的灵璧石山石小品，峙岩透空，多有婉转之势，可顿置几案，也可掇成盆中小景。

（2）黄石

黄石因色而得名，通常为橙黄色的细砂岩，其产地很多，以江苏常熟虞山的黄石最为著名，苏州、常州、镇江等地皆有所产。黄石形体方正，见棱见角，节理面相互垂直，雄浑沉实，其平正大方，立体感强，块钝而棱锐，具有强烈的光影效果，是堆叠大型石山常用的石材之一。明代所建上海豫园的大假山、苏州耦园的假山和扬州个园的秋山均为黄石掇成的佳品。

（3）青石

青石是一种青灰色的细砂岩，多产于北京西郊洪山口一带，青石是沉积而形成的岩石，石内有一些水平层理，水平层的间隔通常不大，所以其形体多呈片状，所以有“青云片”之称。青石质地纯净而少杂质，节理面有相互交叉的斜纹。在北京园林假山叠石中常见，北京圆明园“武陵春色”的桃花洞、颐和园后湖某些局部都用这种青石为材料来掇山。

（4）石笋石

石笋石是外形修长如竹笋一类山石的总称。这类山石产于浙江与江西交界的常山和玉山一带，多卧于山土中，采出后宜于直立使用形成山石小景。

园林中常见的有：

① 白果笋（子母剑）　白果笋是在青灰色的细砂岩中沉积了一些卵石，有如银杏所产的白果嵌在石中，因此称白果笋。北方多称白果笋为子母石，在园林中作剑石用称“子母剑”。

② 乌炭笋　一种乌黑色的石笋，比煤炭颜色稍浅，没有光泽。

③ 慧剑　净面青灰色、片状形似宝剑，称“慧剑”。

④ 钟乳石笋　将石灰岩经熔融形成的钟乳石倒置，用作石笋以点缀园景。北京故宫御花园中有用这种石笋作特置小品的。

（5）钟乳石

钟乳石是指含有二氧化碳的水渗入到石灰岩隙缝里去溶蚀碳酸钙，溶蚀后的水从洞顶上滴下的时候水分蒸发、二氧化碳随之逸出，使被溶解的钙质又变成固体（称为固化），由上而下逐渐增长而成的，称为“钟乳石”。钟乳石质重、坚硬、石形变化大，常见的有石幔、石柱、笋状、兽状、帘状、葡萄状等。石内洞孔较少，断面可见同心层状结构。这种山石石面肌理丰富、用水泥砌筑假山时附着力极强，山石结合牢固，山形可根据实际需要千变万化。钟乳石产于我国南方和西南地区，常见于地下水丰富的石灰岩山区。

（6）水秀石

水秀石又称砂积石、崖浆石、吸水石、麦秆石等。水秀石是石灰岩的泥砂碎屑随着富含溶解状碳酸钙的地表水被冲到低洼地、山崖下而沉淀、凝结、堆积下来的一种次生岩石，石内常含枯枝化石、苔藓、野草跟等痕迹。石面形状变化大，多有纵横交错的树枝、草秆化石和杂骨状、粒状、蜂窝状等凹凸形状。水秀石常见有黄白色、土黄色至红褐色，质轻，粗糙，疏松多孔，石质有一定吸水性，利于植物生长。由于石质不硬，容易进行雕琢加工，施工方便，常用来制作假山材料。

（7）黄蜡石

黄蜡石主要由酸性火山岩和凝灰岩经热液蚀变而生成，属于变质岩的一种，在某些铝质变质岩中也有产出。黄蜡石有灰白、浅黄、深黄等几种颜色，表面有蜡状光泽，圆润光滑，质感似蜡。石形有圆浑如大卵石状，还有抹圆角有涡状凹陷的各种异形块状，也有呈长条状的。黄蜡石产地主要分布在我国南方各地，黄蜡石宜条、块配合使用，如果与植物一起组成庭园小景，则更有富于变化的景观组合效果。

（8）大卵石

大卵石产于河床里或海岸边，属于多种岩石种类，如花岗岩、砂岩、流纹岩等。由于水流的冲击和摩擦力作用，卵石的棱角渐渐磨去而变成卵圆形、长圆形或圆整的异形。卵石的颜色种类也很多，常见的有白、黄、红、绿、蓝等各种色彩。这类石头由于石形浑圆，不适合组合用作假山石，可作为园路边、草坪上、水池边的石景或石桌凳，也可与植物配成小景。

（9）云母片石

云母片由黑云母组成，是黏土岩、粉砂岩或中酸性火山岩经变质作用生成的变质岩的一种，在地质学上又叫黑云母板岩，多产于四川汶川县至茂县一带。云母片石青灰色或黑灰色，有光泽，质量重，结构较致密，石面平整可见黑云母鳞片状构造。云母石片硬度低，易锯凿和雕琢加工成形式各异的峰石。

（10）其他石材

主要指一些形态较好，质感、色彩独特，具有观赏价值的自然景石，诸如黄蜡石、木化石、松皮石、石蛋等，一般用于园林置石。

黄蜡石色黄，表面若有蜡质感，石形圆浑如大卵石状，多块料而少有长条形，广西南宁市盆景园即以黄蜡石造山。该石为内含铁、石英的硅化安山岩或砂岩。好的黄蜡石表面滋润细腻，质地似玉，色泽光彩耀人，有很高的欣赏价值，可做室内摆设。

木化石是几百万年以前的树木被埋入地下后，地下水中的二氧化硅、硫化铁、碳酸钙等物质进入到树木内部，替换了原来的木质成分而成的树木化石。它保留了树木的木质结构和纹理，但其实已是石头。颜色为土黄、淡黄、黄褐、红褐、灰白、灰黑等，抛光面可具玻璃光泽，不透明或微透明，因部分木化石的质地呈现玉石质感，又因其中所含的二氧化硅成分多，所以又称为树化玉或硅化木。木化石古老质朴，常做特置或对置，也可群植形成专类的木化石园。

松皮石是一种暗土红的石质中杂有石灰岩的交织细片，石灰岩部分经长期熔融或人工处理以后脱落成空洞块，外观像松树皮一般。该石属观赏石品种中的稀有石种，常见黑、黄两色，形态多有变异，表面会有很多的小孔，由于石皮似松，更显苍劲雄浑。

石蛋即产于海边、江边或旧河床的大卵石，有砂岩及各种质地的，体态圆润，质地坚硬。岭南园林中运用广泛，如广州市动物园的猴山、广州烈士陵园等均大量采用。

总之，我国山石的资源是极其丰富的。掇假山时要因地制宜，不要一味追求名石，应该“是石堪堆”。这不仅是为了节省成本，同时也有助于发挥不同的地方特色。承德避暑山庄选用塞外石为山，别具一格。

2.1.2 山石材料的应用

为了将不同的山石材料选用到最合适的位点上，组成最和谐的山石景观。选配山石材料时，需要掌握一定的识石和用石技巧。

（1）选石的步骤

① 需要先选主峰或孤立小山峰的峰顶石、悬崖崖头石、山洞洞口用石。

② 要接着选留假山山体向前凸出部位的用石和山前山旁显著位置上的用石以及土山山坡上的石景用石等。

③ 应将一些重要的结构用石选好。

④ 其他部位的用石。

选石顺序应当是：先头后底、先表后里、先正面后背面、先大处后细部、先特征点后一般、先洞口后洞中、先竖立部分后平放部分。

（2）山石尺度的选择

同批运到的山石材料石块大小形状各异，在叠山选石中要分别对待。对于主山前面位置显眼的小山峰，要根据设计高度选用适宜的大石，以削弱山石拼合峰体时的琐碎感。在山体上的凸出部位或是容易引起视觉注意的部位，也要尽量选用大石。而假山山体中段或山体内部以及山洞洞墙所用的山石，可选小一些的。

大块的山石中，敦实、平稳、坚韧的山石可用作山脚的底石，而石形变异大、石面皴纹丰富的山石则应该用于山顶作压顶的石头。较小的、形状比较平淡而皴纹较好的山石，一般应该用在假山山体中段。宽而稍薄的山石应用在山洞的盖顶石或平顶悬崖的压顶石。矮墩状山石可选做层叠式洞柱的用石或石柱垫脚石。长条石最好选用竖立式洞柱、竖立式结构的山体表面用石，特别是需要在山体表面作竖向沟槽和棱柱线条时，更要选用长条状山石。

（3）石形的选择

除了作石景用的单峰石外，并不是每块山石都要具有独立而完整的形态。山石挑选要依据山石在结构方面的作用和石形对山形样貌的影响情况。假山从自下而上的构造来分，可以分为底层、中腰和收顶三部分，这三部分在选择石形方面的要求各有不同。

假山的底层山石位于基础之上，若有桩基则在桩基盖顶石之上，这一层山石对石形的要求是要有敦实的形状。可以适应在山底承重和满足山脚造型的需要，选一些块大而形状高低不一的山石，具有粗犷的形态和简括的皴纹。

中腰层山石在离地面 1.5m 高度的视线以下者，其单体山石的形状也不做特殊要求，只要能够与其他山石组合造出粗犷的沟槽线条即可。石块体量需要也不大，一般的中小山石相互搭配使用就可以了。

在假山 1.5m 以上高度的山腰部分，多选用形状有些变异，石面有一定皱褶和孔洞的山石，因为这种部位容易引起人的注意，所以山石对形状要求较高。

假山的上部和山顶部分、山洞口的上部，以及其他比较凸出的部位，多选形状变异较大、石面皴纹较美、孔洞较多的山石用来加强山景效果。体量大、形态好的具有独立观赏形态的奇石，可用以“特置”为单峰石，作为园林内的重要石景使用。片块状的山石可考虑用作石榻、石桌、石几及蹬道，也常选来作为悬崖顶、山洞顶等的压顶石使用。

山石因种类不同而形态各异，对石形的要求也不尽相同。人们常说的奇石要具备“透、漏、瘦、皱”的石形特征，主要是对湖石类假山或单峰石形状的要求，因为湖石具有“涡、环、洞、沟”的圆曲变化。如果将这几个字当作选择黄石假山石材的标准，就没有意义了，因为黄石本身就不具有“透、漏、皱”特征的。

(4) 山石皴纹的选择

假山表面应当选用石面皴纹、皱褶、孔洞较丰富的山石。而假山下部、假山内部的用石多可选用石形规则、石面形状平淡无奇的山石。

作为假山的山石和普通建筑材料的石材，最大的区别就在于是否有可供观赏的天然石面及其皴纹。“石贵有皮”就是说，假山石若具有天然“石皮”，即有天然石面及天然皴纹，就是制作假山的珍贵材料。

叠石造山讲究脉络贯通，而体现脉络的主要因素是皴纹。皴指较深、较大块面的皱褶，而纹则指细小、窄长的细部凹线。“皴者，纹之浑也。纹者，皴之现也”即是这个意思。山有山皴、石有石皴。山皴的纹理脉络清楚，如国画中的披麻皴、荷叶皴、斧劈皴、折带皴、解索皴等，纹理排列比较顺畅，主纹、次纹、细纹分明，反映出山地流水切割地形的情况。石皴的纹理则既有清楚的，也有混乱不清的，如一些种类山石纹理与乱柴皴、骷髅皴等相似的，就是脉络不清的皴纹。

在假山选石中，要求同一座假山的山石皴纹为同一类型，如采用了折带皴类山石的，则以后所选用的其他山石也要是相同折带皴的；选了斧劈皴的山石，一般就不要再选用非斧劈皴的山石。统一采用一种皴纹的山石组成的假山，在很大程度上减少杂乱感，给人完整和谐的感觉。

(5) 石态的选择

在山石的形态中，形是外观的形象，而态却是内在的形象，形与态是事物的两个方面。山石的形状要表现出一定的精神态势，瘦长形状的山石，能够给人有骨力的感觉；矮墩状的山石，给人安稳、坚实的印象；石形、皴纹倾斜的，让人有动感；石形、皴纹平行垂立的，则能够让人感到宁静、平和。为了提高假山造景的内在形象表现，在假山施工选石中特别强调要“观石之形，识石之态”，要透过山石的外观形象看到其内在的精神、气势和神采。

(6) 石质的选择

质地的主要因素是山石的密度和强度。作为梁柱式山洞石梁、石柱和山峰下垫脚石的山石，就要有足够的强度和较大的密度。外观形状及皴纹好的山石，有些是风化过度的，在受力方面就很差，有这样石质的山石就不要选用在假山的受力部位。

质地的另一因素是质感。如粗糙、细腻、平滑、多皱等，都要用心来筛选。同样一种山石，其质地往往也良莠不齐。比如同是钟乳石，有的质地细腻、坚硬、洁白晶莹、纯然一色；而有的却质地粗糙、松软、颜色混杂，又如，在黄石中，也有质地粗细的不同和坚硬程度的不同。在假山选石中，要注意石块在质地上的差别，将质地相同或差别不大的山石选用在一处，质地差别大的山石则选用在不同的处所。

(7) 山石颜色的选择

叠石造山也要讲究山石颜色的搭配。不同类的山石固然色泽不一，而同一类的山石也有色泽上差异。原则上是要求将颜色相同或相近的山石尽量选用在一处，以保证假山在整体的颜色效果上协调统一。在假山的凸出部位，可以选用石色稍浅的山石，而在凹陷部位则应选用颜色稍深的山石；同样假山下部的山石，可选颜色稍深的，而假山上部的用石则要选色泽稍浅的。此外山石颜色选择还应与所造假山区域的景观特色相互联系起来。

(8) 石料的选购注意事项

石料的选购工作是根据假山造型规划设计的需要而确定的。

假山设计者选购石料，必须熟悉各种石料的产地和石料的特点。在遵循“是石堪堆”的原则基础上，尽量采用工程当地的石料，这样方便运输，减少假山堆叠的费用。假山建造者需要亲自到山石的产地进行选购，依据山石产地石料的各种形态，要先想象拼凑哪些石料可用于假山的何种部位，并要求通盘考虑山石的形状与用量。

石料有新、旧和半新半旧之分。采自山坡的石料，由于暴露于地面，常年风吹雨打，天然风化明显，此石叠石造山，易得古朴美的效果。有的石头一半露出地面，一半埋于地下，为半新半旧之石。而从土中刚扒出来的石料，表面有一层土锈，用此石堆山，需经长期风化剥蚀后，才能达到旧石的效果。

到山地选购的石料有通货石和单块峰石之分。通货石是指不分大小、好坏，混合出售之石。选购通货石无须一味求大、求整，因为石料过大过整，在叠石造山拼叠时将有很多技法用不上，最终反倒使山石造型过于平整而显呆板。过小过碎也不好，拼叠再好也难免有人工痕迹。所以，选购石料可以大小搭配，对于有破损的石料，只要能保证大面没有损坏就可以选用，最好的是尽量选择没有破损的山石料，至少可以多几个面供具体施工时合理选择使用。总之，选择通货石的原则是大体上搭配，形态多变，石质、石色、石纹应力求基本统一。

单块峰石造型以单块成形，单块论价出售。单块峰石四面可观者为极品，三面可赏者为上品，前后两面可看者为中品，一面可观者为末品。峰石的选购是根据假山山体的造型与峰石安置的位置综合考虑的。

2.1.3 假山材料的应用

(1) 桩基材料

① 木桩基　木桩基在古典园林中，多用于临时假山或驳岸，是一种传统的基础作法。做桩材的木质必须坚实、挺直，其弯曲度不得超过10%，并只能有一个弯。

园林中常用桩材为杉、柏、松、橡、桑、榆等，其中柏木、杉木最好，选取其中较平直而又耐水湿的作为桩基材料。木桩顶面的直径约为10～15cm，桩长多为1～2m，桩的排列方式有梅花桩（5个/m^2）、丁字桩和马牙桩。

② 石灰桩（填充桩） 石灰桩是指将钢钎打入地下一定深度后，将其拔出，再将生石灰或生石灰与砂的混合料填入桩孔，捣实而成。当生石灰水解熟化时，体积膨大，使土中空隙和含水量减少，起到提高土壤承载力、加固地基的作用。

（2）混凝土基础材料

现代的假山多采用浆砌块石或混凝土基础，当山体高大，土质不好或在水中、岸边堆叠山石时使用。水中假山宜采用C20的素混凝土作基础，而陆地上常用的混凝土标号为C15，配合比为水泥：砂：卵石＝1：2：4～1：2：6。

（3）灰土基础材料

灰土基础材料多用于北方园林中位于陆地上的假山，它有比较好的凝固条件，经凝固后不透水，可以减少土壤冻胀的破坏，这种基础的材料主要是用石灰和素土按3：7的比例混合而成。

（4）浆砌块石基础材料

浆砌块石基础材料是采用水泥砂浆或石灰砂浆砌筑块石作为假山的基础，可用1：2.5或1：3水泥砂浆砌一层块石，厚度通常为300～500mm；水下砌筑所用水泥砂浆的比例应为1：2。

2.1.4 填充和胶结材料的应用

（1）填充材料

填充式结构假山的山体内部填充料主要有泥土、无用的碎砖、石块、石灰、灰块、建筑渣土、废砖石、混凝土等。

（2）山石胶结材料

山石之间的胶结是保证假山牢固和能够维持假山造型状态的重要工序。古代假山和现代假山石间胶结所用的结合材料，是不同的。

① 古代的假山胶结材料 在石灰发明之前古代已有假山的堆造，但其假山的构筑可能是以土带石，用泥土堆壅、填筑来固定山石，或可能用刹垫法干砌、用素土泥浆湿砌假山石。

到了宋代以后，假山结合材料就主要以石灰为主了。用石灰作胶结材料时，通常都要在石灰中加入一些辅助材料以提高石灰的胶合性能与硬度，如配制纸筋石灰、明矾石灰、桐油石灰和糯米浆石灰等。纸筋石灰凝固后硬度和韧性都有所提高，造价相对较低。桐油石灰凝固较慢，造价高，但粘接性能良好，凝固后很结实，适合小型石山的砌筑。明矾石灰和糯米浆石灰的造价较高，凝固后的硬度很大，粘接牢固，应用广泛。

② 现代的假山胶结材料 现代假山施工基本上全用水泥砂浆或混合砂浆来胶合山石。水泥砂浆主要用来粘接石材、填充山石缝隙和假山抹缝，有时为了增

加水泥砂浆的和易性和对山石缝隙的充满度，可以在其中加进适量的石灰浆，配成混合砂浆，但混合砂浆的凝固速度不如水泥砂浆快，所以在加快叠山进度的时候，一般不使用混合砂浆。

(3) 胶合缝表面处理材料

① 对于采用灰白色湖石砌筑的，要用灰白色石灰砂浆抹缝，保证色泽相近。

② 对于采用土黄色山石的抹缝，应在水泥砂浆中加柠檬铬黄。

③ 如果是紫色、红色的山石砌筑假山，可以采用铁红把水泥砂浆调制成紫红色浆体再用来抹缝等。

④ 采用灰黑色山石砌筑的假山，可在抹缝的水泥中加入炭黑，调制成相同颜色的浆体再抹缝。

⑤ 假山用的石材如果是灰色、青灰色山石，抹缝完成后直接用扫帚将缝口表面扫刷干净，水泥缝口的磨光表面不再光滑，接近石灰质地。

2.1.5 铁活加固材料的应用

山石在重心稳定前须用铁活进行加固。铁活常用钢筋或熟铁制成。铁活要求用而不露，不宜被发现。

(1) 银锭扣

银锭扣为熟铁铸成两端成燕尾状的加固材料，俗称燕尾扣。有大、中、小三种规格，主要用以加固山石间的水平联系。

(2) 铁爬钉

铁爬钉或称“铁锔子”，用熟铁制成的两端成直角翘起形状像扁铁条的铁扁担，也可用粗钢筋打制成两端翘起为尖头的形状。一般长 300～500mm，用以加固山石水平向及竖向的衔接。

(3) 铁扁担

铁扁担多用于假山的悬挑部分和作为山洞石梁下面的垫梁，采用扁铁条制作，铁条两端成直角上翘，翘头略高于所支撑的石梁两端。常用材料有 2m 以上的扁铁条、40mm×40mm 以上的角钢或直径 30mm 的螺纹钢条。

(4) 铁吊架

铁吊架是用扁铁条打制，主要用于吊挂坚硬山石的铁件设施。在假山的陡壁边或悬崖边需要砌筑向外悬出的山石，而山石材料较坚硬无法通过凿洞来安装连接构件，需要用铁吊架来承担结构连接作用。铁吊架可以制成马蹄形吊架和分叉形吊架。铁吊架被压在吊挂的山石背后和底下看不见，不影响美观。

(5) 模坯骨架

岭南园林多以英石为山，由于英石很少有大块料，因此假山常以铁条或钢筋为骨架，称为模坯骨架，然后再用英石之石皮贴面，贴石皮时依皱纹、色泽而逐一拼接，贴完石块待胶结料凝固后才能继续掇合。

2.2 塑山塑石材料

2.2.1 混凝土塑山材料的应用

（1）钢筋混凝土塑山

① 基础 根据基地土壤的承载能力和山体的质量，经过计算确定其尺寸大小。通常的做法是根据山体底面的轮廓线，每隔 4m 做一根钢筋混凝土桩基，如山体形状变化大，局部柱子加密，并在柱间做墙。

② 立钢骨架 立钢骨架包括浇注钢筋混凝土柱子，焊接钢骨架，捆扎造型钢筋，盖钢板网等。其中造型钢筋架和盖钢板网是塑山效果的关键之一，目的是为造型和挂泥之用。钢筋要根据山形做出自然凹凸的变化。盖钢板网时一定要与造型钢筋贴紧扎牢，不能有浮动现象。

③ 面层批塑 先打底，即在钢筋网上抹灰两遍，材料配比为水泥＋黄泥＋麻刀，其中水泥∶沙为 1∶2，黄泥为总质量的 10%，麻刀适量。水灰比1∶0.4，以后各层不加黄泥和麻刀。砂浆拌和必须均匀，随用随拌，存放时间不宜超过 1h，初凝后的砂浆不能继续使用。

（2）砖石塑山

以砖作为塑山的骨架，适用于小型塑山，根据山石形体用砖石材料砌筑。为了节省材料可在砌体内砌出内空的石室，然后用钢筋混凝土板盖顶，留出门洞和通气口。当砌体坯形完全砌筑好后，用 1∶2 或 1∶2.5 的水泥砂浆，按照自然山石石面进行抹面。这种结构形式的塑石石内有实心的，也有空心的。

首先在拟塑山石土体外缘清除杂草和松散的土体，按设计要求修饰土体，沿土体外开沟做基础，其宽度和深度视基地土质和塑山高度而定，接着沿土体向上砌砖，要求与挡土墙相同，但砌砖时应根据山体造型的需要而变化。如表现山岩的断层、节理和岩石表面的凹凸变化等。再在表面抹水泥砂浆，进行面层修饰，最后着色。

2.2.2 GRC 塑山材料的应用

GRC 是玻璃纤维强化水泥的缩写，它是将抗碱玻璃纤维加入到低碱水泥砂浆中硬化后产生的高强度的复合物，使用机械化生产制造假山石元件。主要用来制造假山、雕塑、喷泉、瀑布等园林山水艺术景观。用新工艺制造的山石质感和皴纹都很逼真，是目前理想的人造山石材料。

（1）GRC 材料的基本技术性能

① 物理性能 密度 1.8～2.1t/m^3，潜变变形小并随时间增加而减小。GRC 对水的渗透性小，约为 0.02～0.04mL/(m^2 · min)，燃烧不完全，热导率约为 0.5～1.01W/(m · K)。

② 力学性能　冲击强度 15～30kgf/cm^2（注：1kgf/cm^2＝9.8N/cm^2），压缩强度 60～100kgf/cm^2，弯曲破坏强度 250～300kgf/cm^2，表面张力 20～30kgf/cm^2，抗张力极限强度 100～150kgf/cm^2。

（2）GRC 材料的优点

① 石的造型、皴纹逼真，具备岩石质感。

② 材料自身质量小，强度高，抗老化能力强，耐水湿，可进行工厂化生产，造价低。

③ GRC 制作假山造型时可塑性大，能满足某些特殊需要，加工成各种复杂形体，使景观富于变化和表现力。

④ GRC 在设计手段上采用计算机进行辅助设计，结束了过去假山工程无法定位设计的历史。

⑤ 材料环保，可取代真石，减少对自然原始资源的开采。

2.2.3 其他塑山材料的应用

（1）FRP塑山、塑石

FRP 是玻璃纤维强化塑胶的缩写，它是由不饱和聚酯树脂与玻璃纤维结合而成的一种质量轻、质地韧的复合材料。不饱和聚酯树脂由不饱和二元羧酸与一定量的饱和二元羧酸、多元醇缩聚而成。在缩聚反应结束后，趁热加入一定量的乙烯基单体配成黏稠的液体树脂，俗称玻璃钢。

（2）CFRC 塑石

CFRC 是碳纤维增强混凝土的缩写，在所有元素中，碳元素在构成不同结构的能力方面似乎是独一无二的，这使碳纤维具有极高的强度、高阻燃、耐高温、具有非常高的拉伸模量，与金属接触电阻低和良好的电磁屏蔽效应，所以能制成智能材料，在航空、航天、电子、机械、化工、医学器材、体育娱乐用品等工业领域中广泛应用。

CFRC 人工岩是把碳纤维搅拌在水泥中，制成的碳纤维增强混凝土，并用于造景工程。CFRC 人工岩与 GRC 人工岩相比较，其抗盐侵蚀、抗水性、抗光照能力等方面均明显优于 GRC，并具抗高温、抗冻融干湿变化等优点。因其长期强度保持力高，是耐久性优异的水泥基材料，所以适合于河流、港湾等各种自然环境的护岸、护坡。由于其具有的电磁屏蔽功能和可塑性，所以可用于隐蔽工程等，更适用于园林假山造景、彩色路石、浮雕、广告牌等各种景观的再创造。

2.2.4 上色材料的应用

石色水泥浆进行面层抹平，抹光修饰成形。按照石色要求刷涂或喷涂非水溶性颜色，也可在砂浆中添加颜料及石粉调配出所需的石色。如要仿造灰黑色的岩石，可以在普通灰色水泥砂浆中加炭黑，以灰黑色的水泥砂浆抹面；要仿造紫色砂岩，就要用氧化铁红将水泥砂浆调制成紫砂色；要仿造黄色砂岩，则应在水泥砂浆中加入柠檬铬黄；而氧化铬绿和钴蓝，则可在仿造青石的水泥砂浆中加入。

石色水泥浆的配制方法主要有以下两种。

（1）采用彩色水泥配制而成

此法简便易行，但色调过于呆板和生硬，且颜色种类有限，如塑黄石假山时以黄色水泥为主，配以其他色调。

（2）在白水泥中掺加色料

此法可配成各种石色，且色调较为自然逼真，但技术要求较高，操作特别烦琐。

园路工程材料

3.1 园林园路工程材料概述

3.1.1 园路的结构组成

园路指园林中的路，包括道路、广场、游憩场等硬质铺装道路。园路的结构一般由路面、路基和附属工程三部分组成。一般路面部分从上到下结构层次的分布顺序分别是面层、结合层、基层和垫层，如图 3-1 所示。

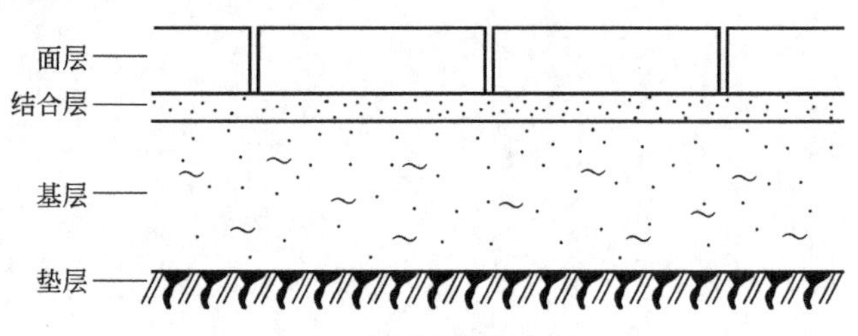

图 3-1 园路结构示意图

(1) 面层

面层是路面最上面的一层，它直接承受人流、车辆和大气因素，如烈日、严冬、风、雨、雪等的破坏。如面层选择不好就会给游人带来“无风三尺土，雨天一脚泥”或反光刺眼等不利影响。因此从工程上来讲，面层设计时要坚固、平稳、耐磨耗，具有一定的粗糙度、少尘埃，便于清扫。

（2）结合层

结合层在采用块料铺筑面层时。在面层和基层之间。为了结合和找平而设置的一层。一般用3～5cm的粗砂、水泥砂浆或白灰砂浆即可。

（3）基层

基层一般在土基之上，起承重作用。一方面支承由面层传下来的荷载，另一方面把此荷载传给土基。基层不直接接受车辆和气候因素的作用，对材料的要求比面层低。一般用碎（砾）石、灰土或各种工业废渣等筑成。

（4）垫层

垫层在路基排水不良或有冻胀、翻浆的路线上，为了排水、隔温、防冻的需要，用煤渣土、石灰土等筑成。在园林中可以用加强基层的办法，而不另设此层。

3.1.2 园路材料的分类

沥青是普遍使用的铺装材料，除此以外，水泥和大理石、花岗岩、陶瓷材料等一些天然石材及木材、聚丙烯树脂等高分子材料也应用广泛。

沥青、水泥与高分子材料主要是作为黏合料与骨材和颜料一起使用，而石材、木材及陶瓷材料更多用来制成块状使用。

3.1.3 常见园路材料应用结构

常见园路材料应用结构如表3-1所示。

表3-1 常见园路材料应用结构

类别	结构	材料
方砖路		（1）500mm × 500mm × 100mm# 150混凝土方砖 (2)50mm厚粗砂 (3)150～250mm厚灰土 (4)素土夯实
水泥混凝土路		(1)80～150mm厚# 200混凝土 (2)80～120mm厚碎石 (3)素土夯实

续表

类别	结构	材料
卵石路	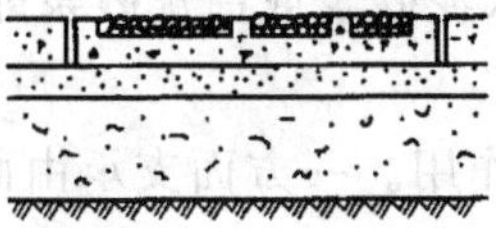	(1)70mm厚混凝土上栽小卵石 (2)30～50mm厚#25混合砂浆 (3)150～250mm厚碎砖三合土 (4)素土夯实
沥青碎石路		(1)10mm厚二层柏油表面处理 (2)50mm厚泥结碎石 (3)150mm厚碎砖或白灰、煤渣 (4)素土夯实
石板嵌草路	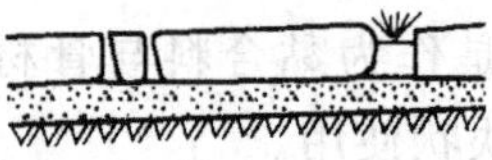	(1)100mm厚石板 (2)50mm厚黄沙 (3)素土夯实
卵石嵌花路	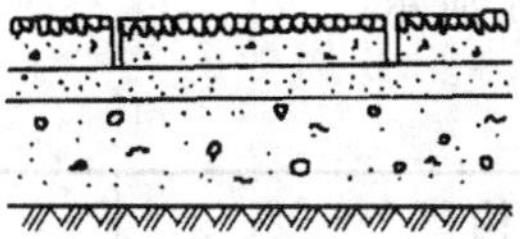	(1)70mm厚预制混凝土嵌卵石 (2)50mm厚#25混合砂浆 (3)一步灰土 (4)素土夯实
羽毛球场铺地	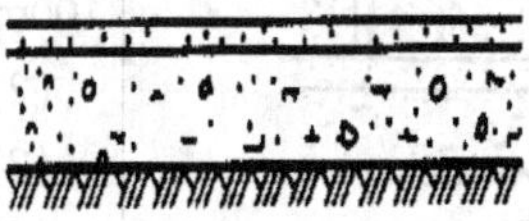	(1)20mm厚1∶3水泥砂浆 (2)80mm厚1∶3∶6水泥、白灰、碎砖 (3)素土夯实
块石汀步	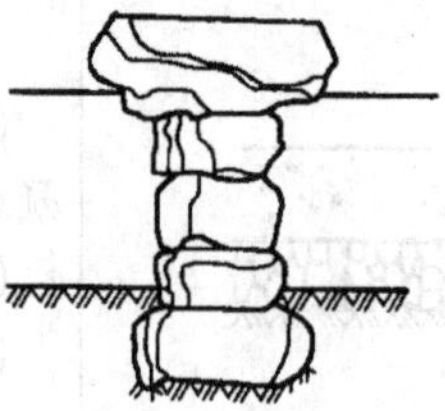	(1)大块毛石 (2)M7.5水泥砂浆 (3)基石用毛石或100mm厚水泥混凝土板 (4)素土夯实

续表

类别	结构	材料
荷叶汀步		钢筋混凝土现浇
布石		(1)大块毛石 (2)M7.5水泥砂浆 (3)基石用毛石或100mm厚水泥混凝土板 (4)素土夯实
透气透水性路面		(1)60mm厚彩色水泥异型砖 (2)20mm厚1∶3石灰砂浆 (3)150mm天然级配砂砾 (4)50mm厚粗砂或中砂 (5)素土夯实

3.2 园路路面面层和铺装材料

3.2.1 常见路面面层材料

（1）沥青

沥青路面，如车道、人行道、停车场等；透水性沥青路面，如人行道、停车场等；彩色沥青路面，如人行道、广场等。

（2）混凝土

混凝土路面，如车道、人行道、停车场、广场等；水洗小砾石路面，如园路、人行道、广场等；卵石铺砌路面，如园路、人行道、广场等；混凝土板路面，如人行道等；彩板路面，如人行道、广场等；水磨平板路面，如人行道、广场等；仿石混凝土预制板路面，如人行道、广场等；混凝土平板瓷砖铺面路面，如人行道、广场等；嵌锁形砌块路面，如干道、人行道、广场等。

(3) 块砖

普通黏土砖路面，如人行道、广场等；砖砌块路面，如人行道、广场等；澳大利亚砖砌块路面，如人行道、广场等。

(4) 花砖

釉面砖路面，如人行道、广场等；陶瓷锦砖路面，如人行道、广场等；透水性花砖路面，如人行道、广场等。

(5) 天然石材

小料石路面，如骰石路面、人行道、广场、池畔等；铺石路面，如人行道、广场等；天然石砌路面，如人行道、广场等。

(6) 砂砾

砂石铺面，如步行道、广场等；碎石路面，如停车场等；石灰岩粉路面，如公园广场等。

(7) 砂土

砂土路面，如园路等。

(8) 土

黏土路面，如公园广场等；改善土路面，如园路、公园广场等。

(9) 木

木砖路面，如园路、游乐场等；木地板路面，如园路、露台等；木屑路面，如园路等。

(10) 草皮

透水性草皮路面，如停车场、广场等。

(11) 合成树脂

现浇环氧沥青塑料路面，如人行道、广场等；人工草皮路面，如露台、屋顶广场等；弹性橡胶路面，如露台、屋顶广场、过街天桥等；合成树脂路面，如体育场用。

3.2.2 混凝土路面材料

(1) 水泥混凝土

路面面层通常采用 C20 混凝土，做 120～160mm 厚，路面每隔 10m 应设伸缩缝一道，水泥混凝土面层的装饰主要采取各种表面抹灰处理。

① 普通抹灰材料　用普通灰色水泥配制成 1∶2 或 1∶2.5 水泥砂浆，在混凝土面层浇注后还未硬化时进行抹面处理，抹面厚度应为 1～1.5cm。

② 彩色水泥抹面装饰材料　水泥路面的抹面层所用水泥砂浆，可通过添加颜料而调制成彩色水泥砂浆，用此材料可做出彩色水泥路面。在调制彩色水泥时，应选用耐光、耐碱、不溶于水的无机矿物颜料，如红色的氧化铁红、黄色的柠檬铬黄、绿色的氧化铬绿、蓝色的钴蓝和黑色的炭黑等。

③ 彩色水磨石地面材料　彩色水磨石地面材料是用彩色水泥石子浆罩面，再经过磨光处理而成的装饰性路面，依据设计，平整后，在粗糙、已基本硬化的混凝土路面面层上，弹线分格，用玻璃条、铝合金条（或铜条）作为分格条，然后在路面上刷一道素水泥浆，再用（1∶1.25）～(1∶1.50）彩色水泥细石子浆铺面，厚0.8～1.5cm，铺好后拍平，表面辊筒压实，待出浆后再用抹子抹面。

④ 露骨料饰面材料　采用露骨料饰面方式的混凝土路面和混凝土铺砌板，其混凝土应用粒径较小的卵石配制。

⑤ 表面压模　表面压模是在铺设现浇混凝土的同时，采用彩色强化剂、脱模粉、保护剂来装饰混凝土表面，以混凝土表面的色彩和凹凸质感表现天然石材、青石板、花岗岩和木材的视觉效果。

(2) 沥青混凝土

沥青混凝土一般以30～50mm厚作面层，按照沥青混凝土的骨料粒径大小，可选用细粒式、中粒式和粗粒式沥青混凝土，此种路面属于黑色路面，通常不用其他方法来对路面进行装饰处理。

3.2.3 地砖砌砖材料

(1) 烧结砖

烧结砖是园林铺装的经典材料，它可以抵御风雨，防火阻燃，不易掉色，实用性强。烧结砖表面光洁，但它的粗糙度足以在雨天起到防滑作用，经高温煅烧的烧结砖在强烈的阳光照射下不反光、不刺眼，还有一定的吸水功能，再加上砖与砖之间接缝砂的透水作用，在下雨的时候路面上的雨水会很快流入排水系统。

烧结砖的铺设方法主要有以下几种。

① 柔性基础上的柔性铺设　在平整夯实的基础上铺一层25mm左右的垫砂层，在平整的砂子上铺设烧结砖时，不用砂浆，砖与砖之间的接缝用细砂填满后即可使用。

② 半刚性基础上的柔性铺设　半刚性基础上的柔性铺设应按水泥∶砂子为1∶7的比例充分搅拌后将其平铺在整平压实的基础上，厚度为25mm左右，然后铺上园林烧结砖，再用细砂填砖缝，最后在砖面上洒水，水通过砖缝渗到垫砂层上，可有效地提高砖与垫砂层之间的结合力。

③ 刚性基础上的柔性铺设　刚性基础上的柔性铺设其基础必须平整压实，密实度应在95%以上，砖下有厚度为30mm左右的水泥稳定层及30mm左右水泥垫层。

(2) 荷兰砖

荷兰砖是一种长200mm、宽100mm、高50mm或60mm的小型路面砖，铺设在街道路面上，并将砖与砖之间预留了2mm的缝隙，这样下雨时雨水会从砖之间的缝隙中渗入地下。

荷兰砖透气、透水、高强、耐磨、防滑、抗折、抗冻融、美观且价格经济，其块型较小，所以铺设灵活、色彩搭配自由、效果简洁大方，是特别常用的地面铺装材料，适用于道路、庭院、停车场、车站等。荷兰砖的常见砖形有矩形、方形、六边形、扇形、鱼鳞形等多种，拼铺方式也多种多样。

（3）舒布洛克路面砖

舒布洛克砖是由荷兰砖改进、发展而来的地面铺装材料，其主要性能特点有以下几项内容。

① 高承载力　舒布洛克砖抗压强度在 30MPa 以上，具有极高的承载能力。

② 耐久、耐磨、耐腐蚀　舒布洛克砖耐用持久，抗折强度很高，对基础不均匀沉陷的适应能力强，其抗高温、抗冻融能力强。面层不易磨损，对车辆急刹车等高度摩擦力的耐磨性能和抗冲击能力也比较强。对碱性物质、汽车漏油等的化学腐蚀具有极强的抵抗能力。

③ 柔性结构　使用舒布洛克砖铺设的路面是一块块独立、自由的小地砖形成的柔性路面，荷载作用下可自由移动不产生裂缝。

④ 施工简便快捷　在夯实并整平的基础上铺一层 25mm 左右的表面平整的砂垫层，便可铺设舒布洛克砖，不必用砂浆。舒布洛克地砖切割方便，可切割成任意大小的块进行拼铺。

⑤ 实用性能好　舒布洛克砖表面粗糙适当，雨雪天防滑性高；透水性好，铺设时又有填缝砂，路面上的积水很快排到地下，不会因人通行而产生泥浆四溅的现象；其表面粗糙不反光，强光照射不刺眼；路面上的各种标记，如行车道分割线、斑马线、盲道等可由不同颜色的舒布洛克砖来永久性设置。

⑥ 维护方便　舒布洛克砖使用寿命长，维护费用低。

⑦ 美观　舒布洛克砖除了用途最广的功能性拼法、顺砖形和花篮形铺法外，还可根据不同场所要求拼成无数多个图案，突出特色。舒布洛克砖具有多种颜色，可分为浅色和深色系列，基本上能满足任何设计需求，不同颜色的砖配合铺设时，还会出现不同的效果，使空间环境富有生气和动感。

（4）多孔陶粒混凝土透水砖

陶粒是一种陶瓷质地的人造颗粒，具有综合强度高、防火性能好、耐风化等各项功能，是优良的轻质建筑材料。陶粒可解决质量、防火、隔热、保温等工程上的难题，它本身具有耐风化、价廉物美、环保、制造简易等优点，大量应用于预制墙板、轻质混凝土、屋面保温、混凝土预制件、小型轻质砌块、陶粒砖等，也可用于园艺、花卉、市政及无土栽培等市场。

多孔陶粒混凝土透水砖是通过添加聚合物、加入吸水性高强页岩陶粒这两种手段对无砂多孔水泥混凝土进行改性制成，在不影响混凝土的抗压强度的基础上改善了水泥浆体的弹性以及水泥浆体与骨料的黏结，从而改善了多孔混凝土的力学性能和耐久性；并利用页岩陶粒的强吸水性，减少透水砖生产时水泥浆的析出，降低了多孔混凝土透水砖的透水空隙在制备时被析出的水泥浆堵塞的风险，同时扩大了多孔混凝土路面砖的水分适用比例范围，增加其适用性能。用该法生产的多孔陶粒透水砖可用于有汽车通过的较重交通载荷透水路面的铺设。

（5）瓷质透水砖

瓷质透水砖透水性高，并具有很高的保水特性，孔隙率达到25%，下雨时大量吸收并保存水分，在太阳的照射下可以慢慢蒸发，起到降低地表温度的功能。瓷质透水砖具有超强防滑性、高耐磨、高强度、耐风化、降噪声等功能，适用于人流较大的场所。

瓷质透水砖施工采用柔性铺装法，首先平整基础、压实，然后铺实、铺砂刮平，再铺砖，最后填缝即可。施工方便、快捷、成本低。

（6）建菱砖

建菱砖美观、自然、环保、抗酸抗碱、泄水防滑、品种色彩多样、铺设简单、性价比高，是优质的地面铺装材料。

建菱砖的特性包括：

① 耐磨性好，挤压后不出现表面脱落，适合更高的负重使用环境。

② 是上下一致不分层的同质砖，不会出现表面龟裂、脱层的现象。

③ 透水性好、防滑功能强。

④ 色泽自然、持久，使用寿命长。

⑤ 外表光滑，边角清晰，线条整齐。

⑥ 抗冻性能和抗盐碱性高。

⑦ 不易破裂，抗压抗折强度高，行车安全。

⑧ 维护成本低，易于更换，便于路面下管线埋设。

⑨ 颜色形状多样，与四周环境相映衬，自然美观。

（7）劈裂砖

劈裂砖又称劈离砖或双合砖，是将黏土、页岩、耐火土等原料按一定比例混合，经湿化、真空挤出成型（在成型时做成背靠背的两层）、干燥、烧结，烧成后将其从中间劈裂开成两块制成。

劈裂砖具有强度高、粘接牢、色泽柔和、耐冲洗而不褪色等优点，同时具有耐酸碱、耐腐蚀，符合当前环保与保洁要求等特性，其背面有很深的燕尾槽，施工中粘接坚牢，不会脱落。它还具有质地坚牢、耐磨防滑、透水调湿、不会发生釉层起翘脱落等特点。

目前，劈裂砖已形成丰富的品种系列，仅外观的色泽就拥有天然地色、红褐色、橙红色、深黄色、灰白色、黑色、金色、米色、灰橘黄色、紫红色、酱色、咖啡色、浅棕色等种类，有的还经过磨砂、拉毛或添加木纹等加工。主要规格有240mm×52mm×11mm、240mm×115mm×11mm、194mm×94mm×11mm、190mm×190mm×13mm、240mm×115(52)mm×13mm、194mm×94(52)mm×13mm等。

劈裂砖适用于各类建筑物的外墙装饰及楼堂馆所、车站、候车室、餐厅等室内地面铺设。厚砖适用于广场、公园、停车场、走廊、人行道等露天地面铺设，也可用作游泳池、浴池池底和池岸的贴面材料。

（8）连锁砖

连锁砖具有透气、透水、高强、耐磨、防滑、抗折、抗冻融等特点，其外形独特，配合颜色、排列图案和面层质感的变化使铺设生动活泼、平面立体化，并具有特殊的装饰效果。砖与砖的连锁效果，适用于各种荷载较大的地面，并且不易起翘，保证每一块的位置准确并防止发生侧向移动，适用于人行道、车行道、停车场、广场等处。

（9）植草砖

植草砖是为了达到保护地表生态和增强地面强度的双重作用研制而成的地面铺设产品，把软（植被）、硬（地砖）的铺地元素结合到了一起，形成生态美观的地面效果。由于在很多场合下，既希望地面能达到承载的强度要求，又要最大限度地保护地表生态，植草砖便是一种景观视觉质量和力学性能都好的“边缘性”铺地产品。

植草砖形式多样，有井字形、8字形、十字形、方形等，可以铺设各种与周边景观环境相匹配的视觉效果。植草砖广泛应用于公园、高速公路两旁、住宅小区、停车场及各种休闲场所。

（10）花盆砖

花盆砖有方形、鼓形等多种样式，不但能种植鲜花，还可以组成围墙、护坡、花坛等应用于小区、庭院、园林、公园、花坛等景观，同时可做挡土墙使用，是立面垂直绿化的绝佳材料。花盆砖墙高不能超过2m，若超过要设计增加构造措施。

花盆砖墙的铺设工艺是：铺150mm厚的C15混凝土垫层，密实，垫层标高应超过自然地面标高为宜。在垫层达到设计强度的75%以上后开始砌筑花盆砖，花盆砖用M5～M10水泥砂浆砌筑，并浇水养护，达到75%以上强度后用营养土填充花盆砖后再植草，再在基层上铺设花盆砖，花盆砖之间用1∶3水泥砂浆黏结，7天后用土回填满空隙，以营养土填满花盆砖，植草，浇水养护。

（11）青砖

青砖是中国传统建筑材料，质地较致密，硬度和强度均优于红砖，但对工艺要求高于红砖，制造成本较高。用青砖铺装地面能与传统园林很好地融合，营造古朴氛围，而青砖应用于现代园林中也能突显清雅、怀旧的感觉。

（12）广场砖

广场砖色彩丰富、自然质朴、通体着色、耐久性强、抗压强度高，不但适用于庭院、人行道、广场，还适用于车行道、停车场、码头等场所。广场砖表层粗糙适当，耐磨，透水性强，雨雪天防滑，且铺设方式简单多样，易于路面局部更换、地下管道增设及维修，对周边环境影响小。

目前，市场上的广场砖规格、颜色、品种多样，选择方向广，可结合不同场地的要求及设计风格选用不同的砖样及铺设方式。

3.2.4 木材路面材料

用于铺地的木材有正方形的木条、木板，圆形的、半圆形的木桩等。在潮湿近水的场所使用时，应选择耐湿防腐的木料。

通常用于铺装木板路面的木材，除无须防腐处理的红杉等木材外，还有多种可加压注入防腐剂的普通木材。若使用和处理防腐剂，应尽量选择对环境无污染的种类，还有许多具有一定耐久性的木材，如柚木（东南亚）等。

（1）木质砖砌块路面材料

木质砖砌块路面由于具有独特的质感、较强的弹性和保温性，而且无反光，可提高步行的舒适性，因此被广泛用于露台、广场、园路的地面铺装。

木质砖砌块路面的结构一般为：在100～150mm厚的碎石层上铺撒30mm左右厚的砂土，然后再铺砌木质砖砌块。

木质砖砌块中除由经过防腐处理木材制成的外，还有耐久性、耐磨损性强的贾拉木经人工干燥制作的砖砌块。此外还有一种预制组装拼接型，施工方便，修补容易。因为木质砖砌块地面易出现翘曲、开裂现象，在用于平台铺装时应注意采取相应预防措施。

（2）木屑路面材料

木屑路面是利用针叶树树皮、木屑等铺成的，其质感、色调、弹性好，并使木材得到了有效利用，通常用于公共广场、散步道、步行街等场所，有的木屑路面不用黏合剂固定木屑，只是将砍伐、剪枝留下的木屑简单地铺撒在地面上。使用这种简易铺装路面时应注意慎重选择地点，既要防止由于风吹雨淋破坏路面，又要避免幼儿误食木屑。

（3）圆木桩

铺地用的木材以松、杉、桧为主，直径需10cm左右，木桩的长度平均锯成15cm。

3.2.5 透水性路面材料

透水性路面是指能使雨水通过，直接渗入路基的人工铺筑路面，因此其具有使水还原于地下的功能。透水构造是通过特定的构造形式使雨水渗透入泥土保持地表水量的平衡，主要包括砂、碎石及砾石路面，透水性混凝土路面，透水性沥青路面，透水性砖和嵌草砖路面，方石、砌块路面（石材本身不透水，主要通过石块间的缝隙渗水）。透水路面适用于人行道、居住区小路、公园路和通行轻型交通车及停车场等路面。普通路面与透水性路面的差异如图3-2所示。

透水性路面主要有运用以下材料的做法。

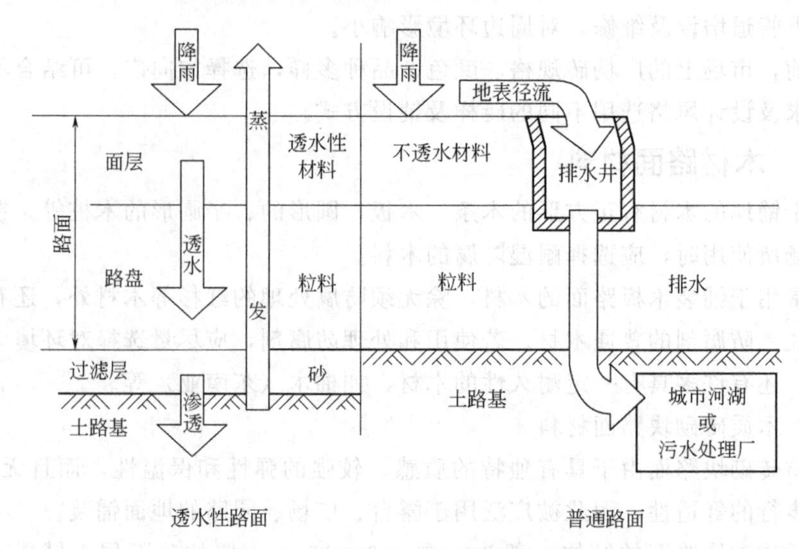

图 3-2　普通路面与透水性路面的差异

(1) 嵌草路面

嵌草路面有两种类型。

① 在块料路面铺装时，在块料和块料之间，留有空隙在其间种草。

② 制作成可以种草的各种纹样的混凝土路面砖。

(2) 彩色混凝土透水透气性路面

彩色混凝土透水透气性路面采用预制彩色混凝土异型步道砖为骨架，与无砂水泥混凝土组合而成的组合式面层。通常采用单一粒级的粗骨料，不用或少用细骨料，并以高标号水泥为胶凝材料配制成多孔混凝土，其空隙率达 43.2%，步道砖的抗折强度不低于 4.5MPa，无砂混凝土抗折强度不低于 3MPa，所以具有强度较高、透水效果好的性能。其基层由透水性和蓄水性能较好，渗透系数不小于 10^{-3}cm/s，且具有一定强度和稳定性的天然级配沙砾、碎石或矿渣等组成。过滤层在雨水向地下渗透过程中起过滤作用，并防止软土路基土质污染基层。过滤层材料的渗透系数应略大于路基土的渗透系数。其土基的要求是：为确保土基具有足够的透水性，路基土质的塑性指数不宜大于 10，应避免在重黏土路基上修筑透水性路面。修整路基时，其压实度宜控制在重型击实标准的 87%～90%。

(3) 透水性沥青铺地

透水性沥青铺地通常用直馏石油沥青，在车行道上，为提高骨料的稳定和改善耐久性，使用掺加橡胶和树脂等办法改善沥青的性质。上层粗骨料为碎石、卵石、沙砾石、矿渣等。下层细骨料用砂、石屑，并要求清洁，不能含有垃圾、泥土及有机物等。石粉主要使用石灰岩粉末，为避免剥离，可与消石灰或水泥并用，掺料为总料质量的 20%左右，对于黏性土，这种难于渗透的土路基，可在垂直方向设排水孔，灌入砂子等。

（4）透水砖铺地

透水砖的主要生产工艺是将煤矸石、废陶瓷、长石、高岭土、黏土等粒状物与结合剂拌和，压制成形再经高温煅烧而成具有多孔的砖，其材料强度高、耐磨性好。

（5）改善粗砂铺地

在普通粗砂路结构层不变的情况下，在面层加防尘剂，该防尘剂以羧基丁苯胶乳为主要成分，其胶结性好、渗透性强，不影响土壤的多孔性、透水性，不污染环境，不影响植物生长，刮8～9级大风不扬尘。

3.2.6 运动地面材料

3.2.6.1 塑胶地面

塑胶地面是目前运动场地中应用最广的材料之一，它具有弹性好、吸震性能好，耐磨、耐油、耐气候老化，防滑、平整、色彩美观，使用舒适、不易产生运动疲劳，易清洁、易维修管理，使用寿命长等特点。

（1）塑胶地面适用范围

塑胶地面适用于田径场跑道、公园慢跑道、球场、老年人锻炼场地等。

根据面层、底层材料及工艺不同，塑胶场地可分为以下几种，见表3-2。

表3-2 塑胶场地种类

类型	全塑型	复合型	混合型	透气型
面层	PU纯胶浆	PU颗粒，渗水聚氨酯密封	PU纯胶浆	PU掺EPDN颗粒
底层	PU颗粒	再生颗粒、聚氨酯，机械施工缓冲底垫	PU颗粒掺再生胶颗粒	机械摊铺缓冲底垫
优点	物理性能卓越，拉伸强，弹性好，高耐磨，防老化，防滑性能好	弹性好，高耐磨，防滑性能好	成本低	造价低，透气，渗水，不易鼓包，对基础防水要求较低
缺点	成本高	成本高，表面防滑颗粒易脱落	使用寿命较短	防滑面较硬，而钉刺能力差，使用寿命短

塑胶运动地面应按其适应范围合理使用，其注意事项包括以下几点。

① 经常用水冲洗，保持清洁。

② 避免剧烈机械冲击、摩擦。

③ 避免切割、穿刺（使用标准跑鞋除外）。

④ 避免长期荷重。

⑤ 避免明火，隔离热源。

（2）塑胶地面施工方法

塑胶地面施工应用的铺设材料包括底胶、面胶及防滑胶粒，所述施工方法中每层材料均在地面上进行整面积摊铺，包括配料、检查、清扫地基基础、底胶摊铺、面胶摊铺、喷撒防滑胶粒、回收剩余胶粒及画跑道线等步骤。在底胶和面胶摊铺之前视地面基础情况，还可以增加一层底漆或纯 PU 胶浆涂覆工序。采用此施工方法，完成后的胶面厚度均匀，没有疤痕、接缝、反光、脱胶等缺陷，竣工后地面质量好，更加耐磨，不会出现露黑现象，还省去了裹粒防脱等后处理工序，同时应用全新的铺设材料，在沥青及水泥地面上均可以施工，不需添加任何催化剂，没有温度限制。

3.2.6.2　人工草坪

人工草坪是以塑料化纤产品为原料，采用人工方法制作的拟草坪。用人造草皮建造运动场地在国外已有几十年的历史，随着科学技术与体育事业的发展，现在由高性能聚丙烯纤维、PP 树脂、抗紫外线抗老化的“胺”物质阻隔层以及根据不同运动场功能的需要选配的多种添加剂构成的人工草坪不仅用于网球场、足球场、曲棍球场，而且还用于铺设田径场、橄榄球场、游泳池周边和休闲场地绿化等，是一种多功能的运动场地新型铺设材料。人工草坪与天然草坪的比较，见表 3-3。

表 3-3　人工草坪与天然草坪比较

项目	人工草坪	天然草坪
气候适应性	全天候场地，不受雨、高寒、高温、高原等极端气候影响	遇雨天场地泥泞不堪，气候干燥时尘土飞扬，草的死亡造成表土裸露
渗水性	良好，雨停后 20min 可进行运动	不好，雨停后 3～5h，才可进行运动
保养维护	维护处理简单，使用单位可自行维修，修补处无色差及痕迹，维修速度快	赛事后要进行滚压、补植和灌溉等保养工作，平时常需杀虫、定期维护保养
施工要求	不高，可在沥青、水泥、硬沙地上施工，工期短	在土地上施工，工期长
耐用性	无使用限制，不易褪色，耐磨，一般可有 5 年以上使用寿命	耐用度极低，尖跟高跟鞋、钩状钉鞋、脚踏车、机动车等尖硬物体不宜在场地上使用
造价	造价较高	造价不高
生态性	材质环保，表面层可回收再利用，但表面温度变化幅度大，尤其是夏季	自然植被，可降低场地温度

人工草坪可分为两种类型，即编织型和镶嵌型。

编织型草坪采用尼龙编织，成品呈毯状，其制作程序复杂，价格相对昂贵，草坪表面硬度大，缓冲性能不好，但草坪均一性好，结实耐用，适用于网球、曲棍球、草地保龄球等运动。

镶嵌式草坪的叶状纤维长度较长且变化较大，草丛间填充石英砂、橡胶粒等，外观与性状表现也与天然草坪较为接近，适用于足球、橄榄球、棒球等运动。

人造草坪的制作材料一般有两种，即聚丙烯（PP）和聚乙烯（PE）。

PP材料的人造草坪坚实，缓冲力较小，适用于冲击力较小的运动项目，如网球等。

PE材料的人造草坪质地柔软，缓冲性能良好，对运动员的伤害作用小，适用于冲击力较大的运动项目，如足球、橄榄球等。

人造草坪的填充材料一般为砂或橡胶颗粒，有时也将二者混合使用，对于冲击强度较大的运动项目如橄榄球、足球等，应适当增加橡胶颗粒的比例，尽量减少可能对运动员的损伤，对冲击强度小或几乎没有冲击作用的运动场地，如网球场等，只要场地硬度均一即可，对缓冲性的要求不高。因此，在填充材料的选择上余地较大。所以，在建造人造草坪之前，应主要根据不同场地需要选择不同的人造草坪类型、所用人造草坪的纤维材料、填充物质的类型及填充深度等，并做好场地的排水设计。

3.2.6.3 橡胶地垫

橡胶地垫是以再生胶为原材料，以高温硫化的方式形成的一种新型地面装饰材料。橡胶地垫由两层不同密度的材料构成，彩色面层采用细胶粉或细胶丝并经过特殊工艺着色，底层则采用粗胶粉或胶粒、胶丝制成。该产品克服了各种硬质地面和地砖的缺点，能让使用者在行走和活动时始终处于安全舒适的生理和心理状态，脚感舒适，身心放松。用该产品铺设的运动场地，不仅能更好地发挥竞技者的技能，还能将跳跃和器械运动等可能对人体造成的伤害降到最低限度。

橡胶地垫抗压，耐冲击，摩擦系数大，有弹性，减震防滑，防护性能强；耐候性、耐温性能好，抗紫外线性能好，在－40～100℃范围内可正常使用，可满足不同场所的需求；耐水性能好，表面易清洗，好保养；隔热，隔声，抗静电，阻燃，安全系数大；无毒，对人体无刺激，无污染，防霉，不滋生微生物。

橡胶地垫规格多样，色彩丰富，不反光，饰面美观大方，可随意组合出多种图案。橡胶地垫施工方便，可用胶黏剂粘接铺设，也可直接铺设，可广泛应用于幼儿园、体育场馆、健身房、学校、办公大楼、老年人活动中心、超市、商场等场所。

3.3 园路其他结构层材料

3.3.1 路面结合层材料

通常用 M7.5 水泥、白灰、混合砂浆或 1∶3 白灰砂浆，砂浆摊铺宽度应大于铺装面 5～10cm，已拌好的砂浆应当日用完，也可用 3～5cm 的粗砂均匀摊铺而成。

3.3.2 园路基层材料

园路基层材料一般用碎（砾）石、灰土或各种工业废渣等。

3.3.2.1 干结碎石

干结碎石基层是指在施工过程中，不洒水或少洒水，依靠充分压实及用嵌缝料充分嵌挤，使石料间紧密锁结所构成的具有一定强度的结构，一般厚度为 8～16cm，适用于园路中的主路等。

材料规格要求：

① 石料强度不低于 8 级，软硬不同的石料不能掺用。

② 碎石最大粒径视厚度而定，通常不宜超过厚度的 0.7 倍，50mm 以上的大粒料占 70%～80%，0.5～20mm 粒料占 5%～15%，其余为中等粒料。

选料时先将大小尺寸大致分开，分层使用。长条、扁片含量不宜超过 20%，否则应就地打碎作嵌缝料用。结构内部空隙应尽量填充粗砂、石灰土等材料（具体数量根据试验确定），其数量在 20%～30%。

不同路面厚度每千米干结碎石材料用量见表 3-4。

表 3-4 干结碎石材料用量参考

路面厚度/cm	干结碎石材料用量/(m^3/km^2)					
	大块碎石		第一次嵌缝料		第二次嵌缝料	
	规格/mm	用量	规格/mm	用量	规格/mm	用量
8	30～60	88	5～20	20	—	—
10	40～70	110	5～20	25	—	—
12	40～80	132	20～40	35	5～20	18
14	40～100	154	20～40	40	5～20	20
16	40～120	176	20～40	45	5～20	22

3.3.2.2 天然级配砂砾

天然级配砂砾是用天然的低塑性砂料，经摊铺整形并适当洒水碾压后所形成的具有一定密实度和强度的基层结构，它的厚度通常为10～20cm，如果厚度超过20cm应分层铺筑。适用于园林中各级路面，特别是有荷载要求的嵌草路面，如草坪停车场等。

材料规格要求：

① 砂砾要求颗粒坚韧，大于20mm的粗骨料含量占40％以上，其中最大粒径不大于基层厚度的0.7倍，即使基层厚度大于14cm，砂石材料最大料径一般也不得大于10cm。

② 5mm以下颗粒的含量应小于35％，塑性指数不大于7。

3.3.2.3 石灰土

石灰土基层是指在粉碎的土中，掺入适量的石灰，按照一定的技术要求，把土、灰、水三者拌和均匀，在最佳含水量的条件下成型的结构。

石灰土力学强度高，有较好的整体性、水稳性和抗冻性。它的后期强度也高，适用于各种路面的基层、底基层和垫层，为达到要求的压实度，石灰土基一般应用不小于12t的压路机或其他铲压实工具进行碾压。每层的压实厚度最小不应小于8cm，最大也不应大于20cm，若超过20cm，应分层铺筑。

材料规格要求如下。

（1）土

各种成因的塑性指数在4以上的砂性土、粉性土、黏性土均可用于修筑石灰土。

① 塑性指数7～17的黏性土类，易于粉碎均匀，便于碾压成型，铺筑效果较好。人工拌和，应筛除1.5cm以上的土颗粒。

② 土中的盐分及腐殖质对石灰有不良影响，对于硫酸含量超过0.8％或腐殖质含量超过10％的土类，均应事先通过试验，参考已有经验予以处理，土中不得含有树根、杂草等物。

（2）石灰

① 石灰质量应符合标准。应尽量缩短石灰存放时间，最好在出厂后3个月内使用，否则应采取封土等有效措施。

② 石灰土的石灰剂量是按熟石灰占混合料总干重的百分率计算。石灰剂量的大小应根据结构层所在的位置要求的强度、水稳性、冰冻稳定性和土质、石灰质量、气候及水文条件等因素，参照已有经验来确定。

（3）水

一般露天水源及地下水源均可用于石灰土施工，如水质可疑，应事先进行试验，经鉴定后方可使用。

（4）混合料的最佳含水量和最大密实度

石灰土混合料的最佳含水量及最大密实度（即最大干容重），随土质及石灰的剂量不同而不同，最大密度随着石灰剂量的增加而减少，而最佳含水量随着石灰剂量增加而增加。

3.3.2.4 煤渣石灰土

煤渣石灰土也称二渣土，是以煤渣、石灰（或电石渣、石灰下脚）和土三种材料，在一定的配比下，经拌和压实而形成强度较高的一种基层。

煤渣石灰土具有石灰土的全部优点，同时还由于它有粗粒料作骨架，它的强度、稳定性和耐磨性均比石灰土好，它的早期强度高还有利于雨季施工，隔温、防冻、隔泥、排水性能也优于石灰土，适用于地下水位较高或靠近湖边的道路铺装场地。

煤渣石灰土对材料要求不太严，允许范围较大，一般最小压实厚度应不小于10cm，但也不宜超过20cm，若大于20cm时，应分层铺筑。

材料规格要求：

（1）煤渣

一般锅炉煤渣或机车炉渣均可使用，要求煤渣中未燃尽之煤质（烧失量）不超过20%，煤渣无杂质。颗粒略有级配，一般大于40mm的颗粒不宜超过15%(若用铧犁或重耙拌和，粒径可适当放宽)，小于5mm的颗粒不大于60%。

（2）石灰

氧化钙含量大于20%的消石灰、电石渣或石灰下脚均使用，如果用石灰下脚时，在使用前要先进行化学分析及强度试验，避免有害物质混入。

（3）土

一般可以就地取土，但应符合对土的要求，人工拌和时土应筛除15mm以上土块。

（4）煤渣石灰土混合料的配比

要求不严，可以在较大范围内变动，影响强度不大，因此，表3-5的数值仅供参考，在实际应用中，可根据当地条件适当调整。

表3-5 煤渣石灰土混合料配比参考

混合料名称	材料数量(质量分数)/%		
	消石灰	土	煤渣
煤渣石灰土	6～10	20～25	65～74
	12	30～60	28～58

3.3.2.5 二灰土

二灰土是以石灰、粉煤灰与土，按一定的配比混合、加水拌匀碾压而成的一种基层结构，它具有比石灰土还高的强度，有一定的板体性和较好的水稳性。适用于二灰土的材料要求不高，一般石灰下脚和就地土都可利用，在产粉煤灰的地区均有推广的价值。由于二灰土都是由细料组成，对水敏感性强，初期强度低，在潮湿寒冷季节结硬很慢，所以冬季或雨季施工较为困难。为了达到要求的压实度，二灰土每层厚度，最小不宜小于 8cm，最大不超过 20cm，大于 20cm 时应分层铺筑。

材料规格要求如下所述。

（1）石灰

二灰土对石灰的活性氧化物的含量要求不高，一般氧化钙含量大于 20%均可使用，如用电石渣或石灰下脚，与煤渣石灰土的要求相同。

（2）粉煤灰

粉煤灰是电厂煤粉燃烧后的残渣，呈黑色粉状体，80%左右的颗粒小于 0.074mm，密度在 600～750kg/m^3 之间，由于粉煤灰是用水冲而排出的，所以含水量较大，应堆置一定时间，晾干后才能使用。粉煤灰颗粒粗细不同，颗粒越细对水敏感性越强，施工越不易掌握含水量，所以应选用粗颗粒为好。

（3）土

土质对二灰土影响很大，土的塑性指数越高、二灰土的强度也越高，所以应尽量采用黏性土，但塑性指数也不宜大于 20。用铧犁和重耙（或手扶拖拉机带旋耕犁）拌和时，土可以不用过筛。

（4）混合料配比

合理的配比要通过抗压强度试验确定，一般经验配比为石灰：粉煤灰：土为 12：35：53，相应的体积比为 1：2：2。

3.3.3 园路附属工程材料

（1）道牙

道牙安装在道路边缘，起保护路面的作用。

通常用砖、混凝土或花岗岩制成，在园林中也可用瓦、大卵石等制成。

道牙一般分为立道牙和平道牙两种形式，是用来在道路上划分不同区域的，比如说将车行道和人行道分开时必须采用立道牙，而人行道和自行车道分开就可以采用平道牙或者采用不同色块和材质的道板转。其中立道牙适用于块料路面，平道牙适用于整体路面，它们安置在路面两侧，使路面与路肩在高程上起衔接作用，并能保护路面，便于排水。正是有了立道牙，使流到车行道内的雨水可以汇集在立道牙和道路横坡所组成的小三角地带内，这样既能方便设置雨水口收集雨水，又能减小降雨对靠近中心线车道行车的影响，保证道路的通行能力。道牙一般用砖或混凝土制成，在园林中也可用瓦、大卵石等制成。

道路分为城市道路和公路。道牙一般用于城市道路，公路有时会用平道牙（就是和道路一样高的道牙）。城市道路的道牙主要的作用是：①下雨后雨水会汇集到路边和道牙所形成的沟里，沿道牙会设置收水口收集雨水。②车辆不上便道，保证行人的安全，避免便道被压坏。

通常立道牙凸出地面高度是 100mm、150mm、200mm 三种。

(2) 台阶

许多材料都可以作台阶，以石材来说就有自然石，如六方石、圆石、鹅卵石及整形切石、石板等；木材则有杉、桧等的角材或圆木柱等；其他材料还包括红砖、水泥砖、钢铁等都可以选用。此外还有各种贴面材料，如石板、洗石子、瓷砖、磨石子等。选用材料时要从各方面考虑，基本条件是坚固耐用，耐湿耐晒。

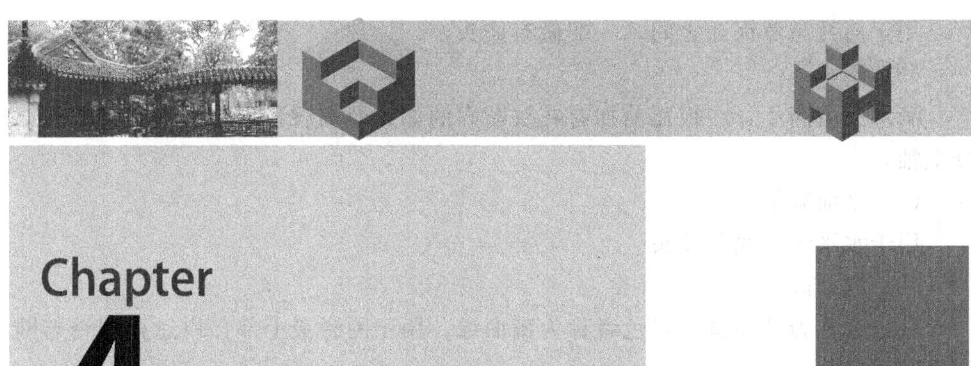

Chapter

4

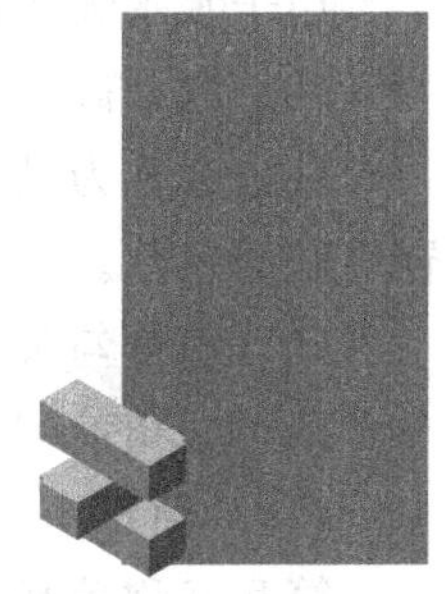

园林建筑工程材料

4.1 园林古建筑工程材料

4.1.1 古建筑用瓦

屋顶用瓦分为琉璃瓦和青瓦（布瓦）两种。其中，琉璃瓦件分为四部分，即瓦件类、脊件类、饰件类、特殊瓦件等。

4.1.1.1 瓦件类

（1）板瓦

板瓦又称底瓦，凹面向上，逐块压叠摆放，用于屋面。板瓦沾琉璃釉应不少于瓦长的2/3。

（2）续折腰板瓦

用于连接折腰板瓦与板瓦。

（3）折腰板瓦

用于垄脊部的板瓦，瓦面全部上釉。

（4）罗锅筒瓦

用于过垄脊（又称元宝脊）上部。

（5）续罗锅筒瓦

用于筒瓦与罗锅瓦之间，一端做有熊头。

（6）滴水

滴水又名滴子，在板瓦前加有花纹图案的如意形滴唇，用于瓦垄沟，外露部分上釉。

（7）平面滴子

用于水平天沟底瓦端头。

（8）满面砖

黄色者称为满面黄，绿色者称为满面绿，用于围脊最上部，以遮盖围脊与围脊之间的空隙。

（9）螳螂勾头

用于翼角前端、割角滴水之上。

（10）筒瓦

筒瓦又称盖瓦，用于扣盖两行板瓦间缝隙之上。

（11）蹬脚瓦

安置在围脊筒上沿，承接满面砖。

（12）博脊瓦

用于博脊最上部。

（13）合角滴子

合角滴子又称为割角滴水，用于出角的转角处。

（14）勾头

勾头又称猫头，用于筒瓦端部勾檐之上，上置瓦钉和钉帽固定。

（15）钉帽

用于勾头之上遮盖固定勾头的瓦钉，有塔状和馒头状两种。

（16）斜当沟

用于庑殿脊、戗脊、角脊下部瓦垄之上。

（17）平面当沟

平面当沟又称当沟，属正当沟的一种，用于攒尖屋面与宝顶相接处。

（18）撞尖板瓦

撞尖板瓦又称咧角板瓦，用于翼角戗脊两侧与脊连接的底瓦。

（19）羊蹄勾头

用于屋面窝角天沟两侧瓦垄的沟头。

（20）正当沟

用于正脊下部与瓦面相接处。

（21）托泥当沟

用于歇山垂脊端的下部，与瓦面相接处。

（22）吻下当沟

用在正脊大吻吻垫之下。

(23) 元宝当沟

元宝当沟也称山样当沟，用于元宝脊下部与瓦面连接处。

(24) 过水当沟

用于屋面脊中出水口处。

(25) 遮朽瓦

用在翼角端，割角滴水之下，套兽之上。

(26) 瓦口

用在非木制连檐瓦口处。

(27) 斜房檐

用在斜天沟两侧，羊蹄勾头之下。

(28) 天沟头

窝角天沟的滴水，用于天沟端部。

4.1.1.2 脊件类

(1) 通脊

通脊通常称为正脊、正脊筒子，用于五样以下瓦料房屋的屋顶正脊。

(2) 赤脚通脊

赤脚通脊简称赤脊，用于四样以上正脊，如图 4-1 所示。

(3) 黄道

黄道与赤脚通脊相接配合使用，如图 4-1 所示。

(4) 大群色条

大群色条又称相连群色条，简称相连，用于黄道以下，如图 4-1 所示。

(5) 群色条

用于五样至七样房屋正通脊之下。

(6) 压当条

用于正脊群色条之下，正当沟之上或垂脊侧，如图 4-1 所示。

(7) 垂脊

垂脊又称垂通脊，俗称垂脊筒子，用于戗脊或岔脊筒子。垂脊筒与戗脊筒外观相同，仅端部角度稍有变化，戗脊高为同一建筑的九折，此件用在悬山、硬山、歇山垂脊、戗脊、重檐角脊或庑殿脊。常用于七样以上瓦料的房屋。

(8) 罗锅压带条

用于卷棚（圆山）箍头脊内侧顶部。

(9) 脊头

用于无兽头的垂脊端部。

(10) 垂脊搭头

用于垂脊与兽座接合处。

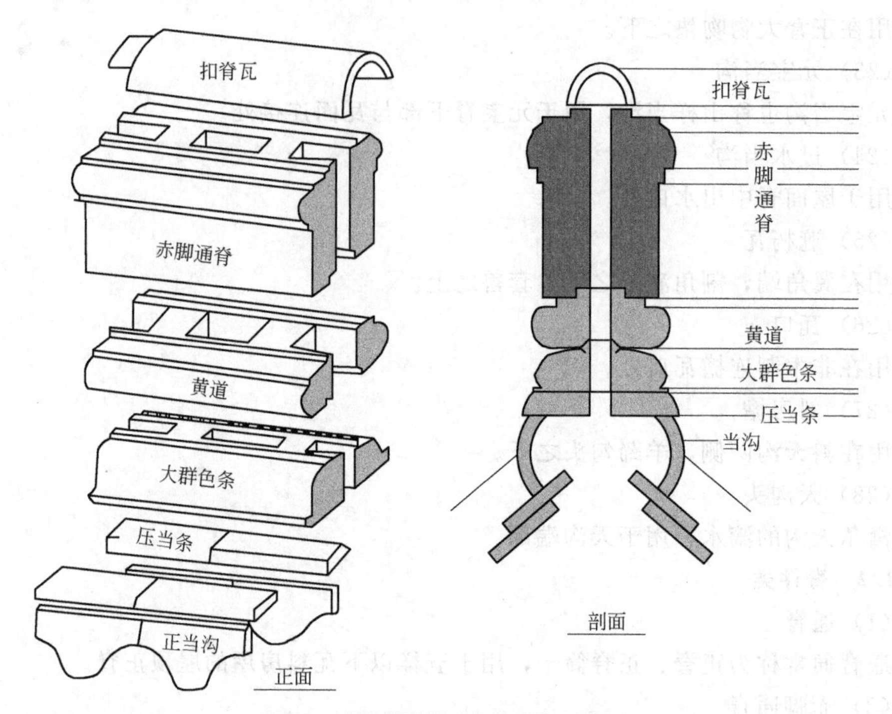

图 4-1 脊件类式样（庑殿正脊四样以上）

(11) 垂脊戗尖

用于垂脊与正吻接连处。

(12) 戗脊割角

用于歇山戗脊与垂脊连接处。

(13) 戗脊割角带搭头

用于歇山戗脊，一端与垂脊连接，另一端戗兽座。

(14) 垂脊燕尾

用于攒尖建筑垂脊与宝顶连接处。

(15) 燕尾带搭头

用于重檐建筑旬脊、燕尾接合角吻、搭头接兽座。

(16) 罗锅垂脊

用于圆山箍头脊顶部。

(17) 续罗锅垂脊

用于圆山箍头脊，接罗锅垂脊筒。

(18) 博脊

用于重檐建筑围脊，一面外露有釉，另一面为无釉平面，无釉平面砌入脊内，如图 4-2 所示。

(19) 博脊连砖

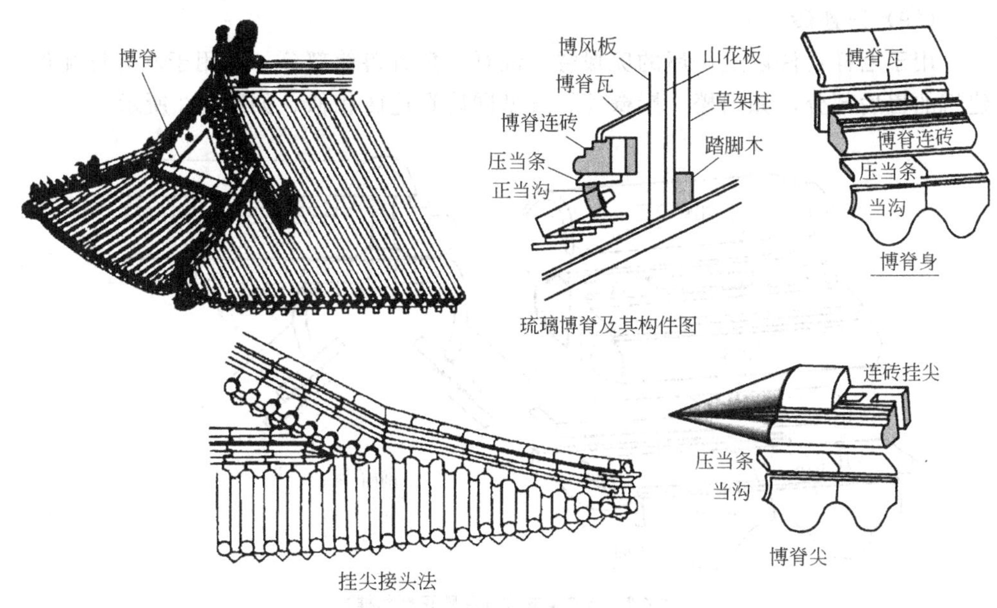

图 4-2 脊件类式样（歇山建筑博脊）

用于瓦六样以下瓦料歇山建筑博脊，一面带釉，另一面为无釉平面，如图 4-2 所示。

(20) 挂尖

用于博脊两端，隐于排山沟头滴子之下，如图 4-2 所示。

(21) 承奉博脊连砖

一面带釉，一面为雪釉平面，用于五样以上瓦料歇山博脊。

(22) 大连砖

外观与博脊连砖同，两面带釉，用于墙帽或小型建筑的正、垂、角脊。

(23) 戗尖大连砖

当大连砖用于垂脊时与吻兽结合处用。

(24) 燕尾三连砖带搭头、燕尾大连砖带搭头

作用同燕尾带搭头。

(25) 合角三连砖、合角大连砖

作用同戗脊割角。

(26) 燕尾大连砖、燕尾三连砖

作用同垂脊燕尾。

(27) 合角大连砖带搭头

作用同戗脊割角带搭头。

(28) 三连砖搭头、大连砖带搭头

作用同垂脊搭头。

（29）三连砖

用于七样瓦件以上房屋的庑殿脊、戗脊、角脊兽前部分，也用于八九样瓦件建筑的兽后部分，如门楼、影壁等，线型同博脊连砖相似，如图 4-3 所示。

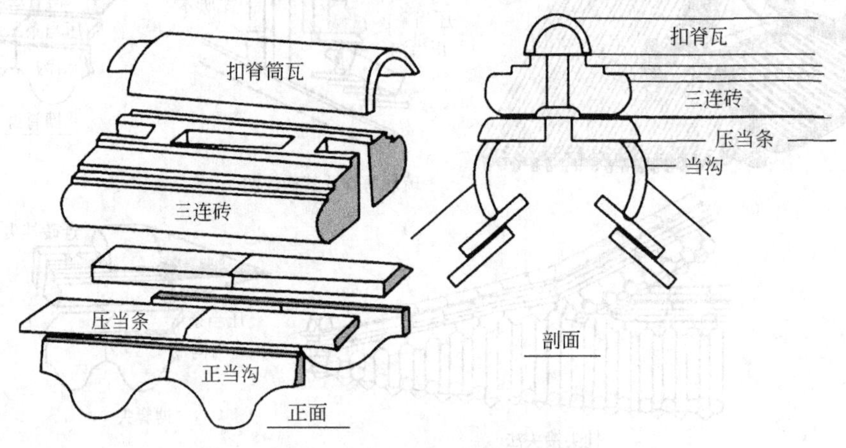

图 4-3　脊件类式样（庑殿正脊七样）

（30）合角三连砖带搭头

作用同戗脊割角搭头。

（31）垂兽座

用于歇山垂脊兽下。

（32）小连砖

小连砖外观比三连砖少一道线，当小型建筑（用八九样瓦料）用三连砖戗兽的兽后部分时，用于兽前。

（33）兽座

用于垂、戗脊兽下。

（34）摘头

摘头又名扒头，用于撺头之下，有花饰。

（35）连座

将兽头与垂脊搭头做在一起，另一端可与垂脊平接。

（36）三仙盘

用于瓦件在八九样的戗脊头代替撺扒头。

（37）吻座

用于正脊端部垫托正吻。

（38）披水砖

用于披水排山脊下，山墙博缝之上，如图 4-4 所示。

（39）披水头

用于披水头部，如图 4-4 所示。

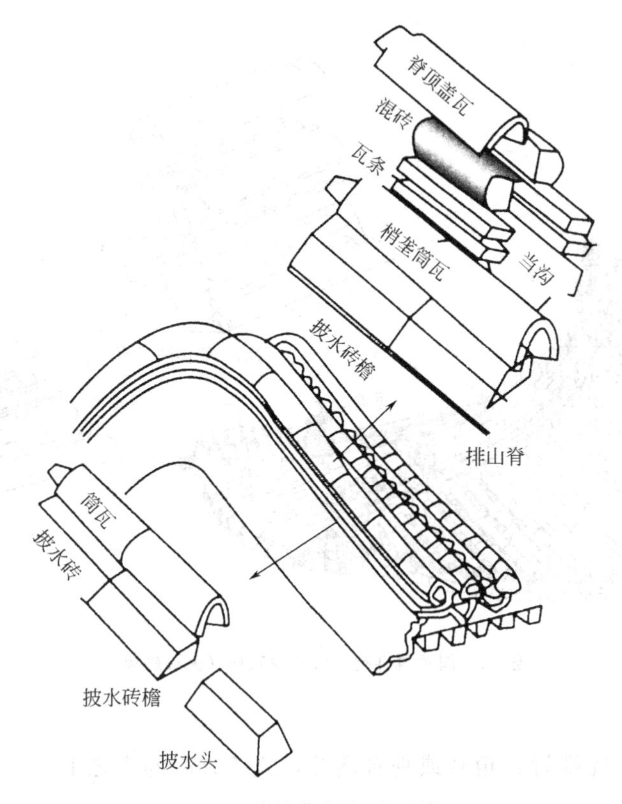

图 4-4 脊件类式样（排山脊）

（40） 咧嘴扒头

咧嘴扒头与咧嘴撺头连用。

（41） 咧角撺头

用于硬山、悬山的垂脊端部。

（42） 撺头

用于戗脊（或庑殿脊、角脊）端部、方眼勾头之下，有纹饰。

4.1.1.3 饰件类

（1） 正吻

正吻又称大吻，龙吻吞脊兽，用于正脊两端。小件用整块，大件分块。二样吻多至 12 块。正吻附件有剑把、背兽，如图 4-5 所示。

（2） 脊兽

脊兽俗称兽头，用于城防建正脊两端，嘴头向外。用于垂脊时称垂兽，用于戗脊时为截兽（也称戗兽），上附兽角。

（3） 海马、狮、凤、龙、行什

海马用于狮后，狮用于凤后，凤用于龙后，龙用于仙人之后，行什用在最后。

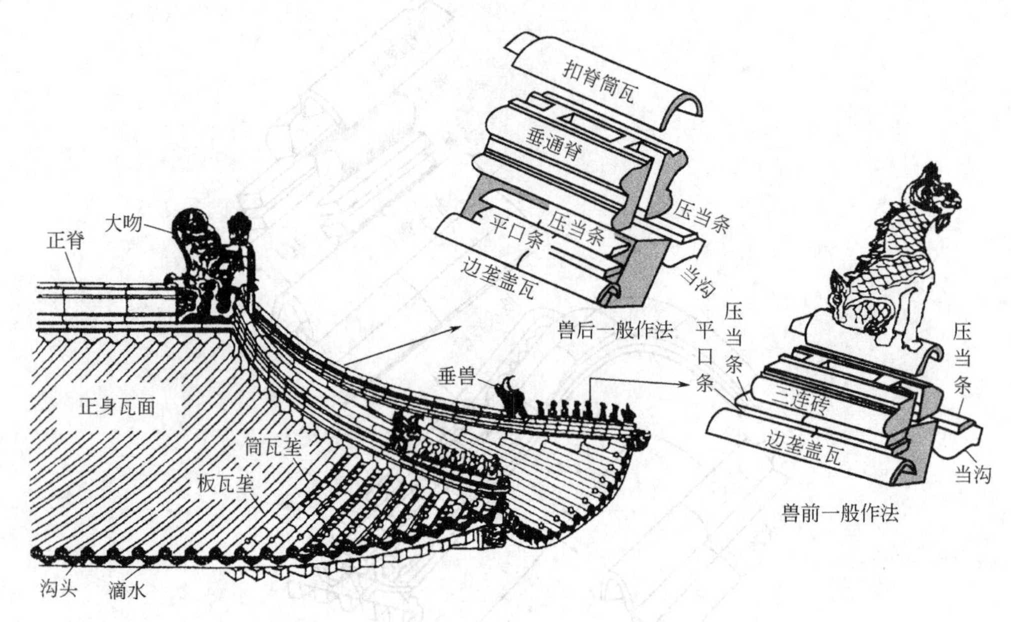

图 4-5　屋顶瓦件材料位置及式样（庑殿建筑）

（4）仙人

用于戗脊、庑殿脊、角脊或垂脊端部，置于方眼勾头之上。

（5）套兽

套于仔角梁端部。

（6）合角吻

用于屋脊转角处。

此外，还有斗牛、獬豸、狻猊、狎鱼、天马等。

从龙到行什的安置次序为：龙、凤、狮、海马、天马、狎鱼、狻猊、獬豸、斗牛、行什。屋脊走兽在使用中通常成单数。根据建筑物规模按规划采用 3 个、5 个、7 个、9 个走兽不等。国内古建筑仅见故宫太和殿用至行什。

4.1.1.4　特殊瓦件

（1）星星瓦

形如筒瓦，中有眼，可加瓦钉和钉帽固定于大型琉璃瓦同腰节处，并可用于固定吻索的索钉。

（2）板瓦抓泥瓦

小头屈曲处嵌入瓦底瓦夹泥内，在底瓦中间使用，亦不常用。

（3）竹节勾头

用于圆形攒尖建筑，一头小、一头大，称为竹节瓦，其勾头与熊头端有收分。

(4) 竹节筒瓦

两头大小不等，用于圆形攒尖建筑物。

(5) 竹节瓦滴水

由滴唇向后可收分者，用于圆形攒尖建筑底瓦檐端。

(6) 咧角盘子

用于瓦件在八九样的垂脊头部代替咧角撺、捎头。

(7) 罗锅披水砖

用于卷棚披水排山脊的脊中部。

(8) 无脊瓦

用于砖压顶。

(9) 竹节板瓦

大口至小口存一定收分，用于圆形攒尖建筑底瓦。

(10) 兀扇瓦

用于圆形攒尖瓦面顶尖的宝顶底下，筒板瓦较小，连做成一片，因此常称为“联办”，又取其形状似莲瓣之意。

(11) 无脊砖交头

用于砖栏（矮墙）端部压顶。

(12) 无脊砖转角

用于砖栏压顶。

(13) 无脊砖方角

用于砖栏压顶直角转角处。

(14) 蝴蝶瓦

用于四坡板瓦脊部汇合处之上，此种瓦又称尖泥瓦。

4.1.1.5 宝顶

宝顶是古建筑极具装饰意味的部件。攒尖屋顶用宝顶压脊，不仅能有效防漏，而且还起到了极佳的装饰作用。

宝顶大体分为顶座和顶珠两部分，如图 4-6 所示。形状一般为圆形，其他形状的极为少见。宝顶的须弥座自下而上层层叠起，最下一层为圭角，依次为下枋线、下肩涩、下枭儿、下鸡子混、束腰、上鸡子混、上枭儿、上冰盘涩、上枋线等部件。如果下肩涩、下枭儿、下鸡子混三件做成一件时，通称下枭。又因通常做成莲花瓣形，习惯称为“下莲瓣”。上鸡子混、上枭儿、上冰盘涩共成整体时又通称“八达马”。“八达马”可能是梵文的译音。

宝顶的顶珠常见为长圆形，宛如倒扣的坛子，中空无底，上有顶盖。宝珠与顶底连接处有薄围口 1～2 层。

宝顶琉璃构件与屋面瓦件、装饰件、脊件不同的地方在于：宝顶造型各不相同但大同小异，而屋顶瓦件的尺寸则是固定不变的。

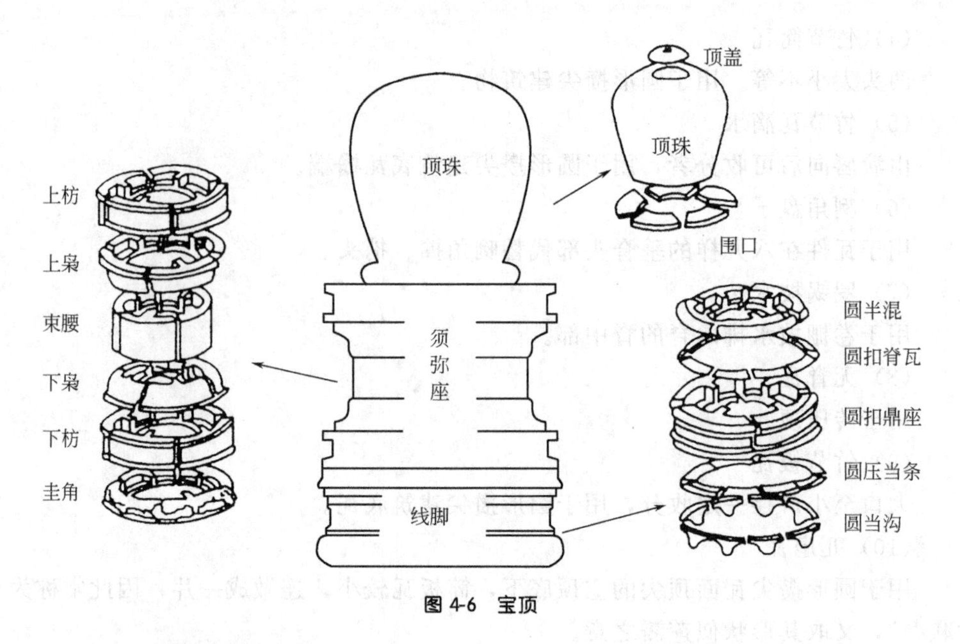

图 4-6　宝顶

4.1.2　古建筑用灰浆

(1) 灰浆的种类与配制

灰浆相当于现在建筑中应用的砂浆，它也是用于砌砖和筑瓦。古建筑用灰浆的基本材料是石灰，由它经与其他材料配合组成各种灰浆。灰浆种类和配制见表 4-1。

表 4-1　灰浆的种类与配制

种类	配　制
泼灰	把生石灰块用水反复均匀地泼洒成粉状，然后过筛而成的石灰粉
泼浆灰	上面的泼灰过细筛后，再用青浆泼洒而成
青浆	用青灰加水调制成的浆状物
煮浆灰	生石灰块加水搅成稀粥状，过筛发胀而成
老浆灰	青灰加水搅匀再加生石灰块（青灰与白灰之比为 7∶3），搅成稀粥状过筛发胀而成
大麻刀灰	用泼浆灰或泼灰加麻刀，再加水搅匀而成。配合比为 100∶5（质量比）
麻刀灰	比大麻刀灰中麻刀减少一份，即配合比为 100∶4，同样加水搅匀而成
小麻刀灰	泼浆灰或泼灰加短麻刀，再加水搅匀而成。配合比为 100∶3～4（质量比）

续表

种类	配　制
夹垄灰	用泼浆灰加煮浆灰(配合比为 3∶7),再以 100∶3 的比例加入麻刀,再加水调匀而成
裹垄灰	作为打底用时,用泼浆灰加麻刀。配合比为 100∶3(质量比),再加水调匀而成。作为抹面用时,用煮浆灰掺颜色再加麻刀,配合比为 100∶3～5(质量比),然后用水调匀而成
素灰	由各种不掺麻刀的煮浆灰(石灰膏)或泼灰加水调匀而成,用于筑瓦。在使用中凡勾瓦脸用的素灰称为“节子灰”;筒瓦用的素灰称为“熊头灰”
色灰	各种灰加需配的颜料搅拌均匀而成。常用的颜料有青浆、烟子、红土粉、霞土粉等,如掺少量的青浆即称为月白灰
花灰	比泼浆灰的水分少的素灰
油灰	面粉加细石灰粉(此灰要过绢罗),再加烟子(烟子要用熔化了的胶水搅成膏状),加桐油,其配合比为面粉∶细白灰∶烟子∶桐油＝1∶4∶0.5∶6(质量比),经搅拌均匀成油灰
麻刀油灰	用桐油去泼生石灰块,成粉状后过筛再加麻刀(质量比为 100∶5),掺入适量面粉然后加水用石臼在石槽内反复锤砸而成。麻刀油灰一般用于粘接石头
纸筋灰	把在水中闷烂的草纸(已成浆状)加入煮浆灰内搅拌均匀而成
砖药	用来修补破损很小的砖面的材料。它由 4 份砖粉(磨成的粉)加 1 份白灰膏加水调匀而成。也有用 7 份灰膏、3 份砖粉加少许青灰加水调和均匀而成
掺灰泥	多用于掺瓦。它由 7 份黄泥、3 份泼灰加水闷透再调制均匀而成
白灰浆	用泼灰或生石灰加水调出的浆状液
桃花浆	用花灰加好的黏土(质量比 6∶4)成为“胶泥”,然后加水调成浆状
烟子浆	把黑烟子用熔化了的胶水搅成膏状,再加水搅成浆状。用于需用染黑的地方
砖面水	把砖磨成细粉末,再加水调成的浆状物(此处的面是面粉的面之意,非面积、表面的面)
江米浆(江米即糯米)	用生石灰加江米(质量比为 6∶4),再加水煮烂,搅拌均匀而成

(2) 抹灰用的材料配合比及制作方法

抹灰用的材料配合比及制作方法见表 4-2。

表 4-2 抹灰用的材料配合比及制作方法

名称	主要用途	配合比及制作要点	说明
泼灰	制作灰浆的原材料	生石灰用水反复均匀泼洒成为粉状后过筛	15 天后才能使用，半年后不宜用于抹灰
泼浆灰	制作灰浆的原材料	泼灰过筛后分层用青浆泼洒，闷至 15 天以后即可使用。白灰：青灰＝100：13	超过半年后不宜使用
煮浆灰(灰膏)	制作灰浆的原材料室内抹白灰	生石灰加水搅成浆状，过细筛后发胀而成	超过 5 天后才能使用麻刀灰抹靠骨灰及泥底灰的面层
月白灰	室外抹青灰或月白灰	泼浆灰加水或青浆调匀，根据需要，掺入适量麻刀	月白灰分为浅月白灰和深月白灰
麻刀灰	抹靠骨灰及泥底灰的面层	各种灰浆调匀后掺入麻刀搅匀。用于靠骨灰时，灰：麻刀＝100：4。用于面层时，灰：麻刀＝100：3	是各种掺麻刀灰浆的统称
蒲棒灰	壁画抹灰的面层	灰膏内掺入蒲绒，调匀。灰：蒲绒＝10：3	厚度不宜超过 2mm
黄灰	抹饰黄灰	室外用泼灰，室内用灰膏，加水后加包金土色(深米黄色)，再加麻刀。白灰：包金土：麻刀＝100：5：4	如无包金土色，可改用土黄色，用量减半
纸筋灰	室内抹灰的面层	草纸用水闷成纸浆，放入灰膏中搅匀。灰：纸筋＝100：(6～5)	
葡萄灰	抹饰红灰	泼灰加水后加霞土(二红土)再加麻刀。白灰：霞土＝1：1，灰：麻刀＝100：(3～4)	现代多将霞土改为氧化铁红。白灰：氧化铁红＝100：3
三合灰	抹灰打底	月白灰加适量水泥。根据需要可掺麻刀	
棉花灰	壁画抹灰的面层。地方手法的抹灰作法	好灰膏掺入精加工的棉花绒，调匀。灰：棉花＝100：3	厚度不宜超过 2mm
毛灰	地方手法的外檐抹灰	泼灰掺入动物鬃毛或人的头发(长度约 5cm)灰：毛＝100：3	

续表

名称	主要用途	配合比及制作要点	说明
掺灰泥（插灰泥）	泥底灰打底	泼灰与黄土拌匀后加水，或生石灰加水，取浆与黄土拌和，闷 8h 后即可使用。灰：黄土＝3：7 或 4：6 或 5：5（体积比）	土质以亚黏性土较好
滑秸泥	抹饰墙面，泥底灰打底	与掺灰泥制作相同，但应掺入滑秸。滑秸应经石灰水烧软后再与泥拌匀。滑秸使用前宜剪短砸劈。灰：滑秸＝100：20（体积比）	
麻刀泥	壁画抹灰的面层	砂黄土过细筛，加水调匀后加入麻刀。 砂黄土：白灰＝6：4，白灰：麻刀＝100：(6～5)	
棉花泥	壁画抹饰的面层	好黏土过筛，掺入适量细砂，加水调匀后，掺入精加工后的棉花绒。土：棉花绒＝100：3	厚度不宜超过 2mm
生石灰浆	内墙白灰墙面刷浆	生石灰块加水搅成浆状，经细罗过淋后掺入胶类物质	
熟石灰浆	内墙白灰墙面刷浆	泼灰加水搅成稠浆状，过箩后掺入胶类物质	
青灰	青灰墙面刷浆	青灰加水搅成浆状后过细筛（网眼宽不超过 2cm）	使用中，补充水两次以上时，应补充青灰
红土浆（红浆）	抹饰红灰时的赶轧刷浆	红土兑水搅成浆状后，兑入江米汁和白矾水，过箩后使用。红土：江米：白矾＝100：7.5：5	现在常用氧化铁红兑水再加胶类物质
包金土浆（土黄浆）	抹饰黄灰时的赶轧刷浆	土黄兑水搅成浆状后兑入江米汁和白矾水，过箩后使用土黄：江米：白矾＝100：7.5：5	现在常用地板黄兑生石灰水（或大白溶液），再加胶类物质
烟子浆	抹灰镂缝或描缝作法时刷浆	黑烟子用胶水搅成膏状，再加水搅成浆状	可掺适量青浆

4.1.3 古建筑用砖

古式建筑用砖种类较多，不同的建筑等级、建筑形式，所选用的砖也不同。清代建筑中制砖的规格见表 4-3。

表 4-3 清代建筑中制砖的规格

砖名称		规格尺寸/mm	使用部位
城砖	停泥城砖	480×240×120	城墙、下碱(干摆墙、丝缝墙)
	大城砖	464×234×120	基础、下碱(干摆墙、混水墙)
停泥砖	小停泥	295×145×70	小式墙身的干摆墙、丝缝墙
	大停泥	410×210×90	大、小式墙身的干摆墙、丝缝墙
条砖	小开条	256×28×51	淌白墙、檐料
	大开条	288×145×64	淌白墙、檐料
望砖		210×100×20	铺屋面，在椽子上用
方砖		570×570×60	墁地

4.1.4 古建筑用彩绘材料

（1）黄胶

黄胶是用石黄、胶水和适量的水调制而成的，也可用光油、石黄、铅粉调制成“包油胶”。

（2）贴金材料

贴金材料所用为金箔，“其薄如纸”。苏州产的金箔，每帖十张，有三寸二分、三寸八分两种（1 寸=10 分=3.33cm）。从色度深浅上分“库金”（颜色发红，金的成色最好）、“苏大赤”（颜色正黄、成色较差）、“田赤金”（颜色浅而发白，实际上是“选金箔”）三种。赤金的成色约为 84%，其余为银，其色发白，每张金箔的面积为 84mm×84mm。库金的成色约为 93%，其余为铜，其色发红，每张大小为 93mm×93mm。每种金箔的边长基本代表其成色的含量。

此外还有两种假金做法：

①“选金箔”，即颜色如金而实际上是用银来熏成的。

② 用银箔或锡箔作为代用品，外用黄色而透明的光漆罩之（名曰“罩金”），也能有用金箔的效果。银箔日久银质氧化，易发黑；锡箔若加工成功，耐久性较长。

（3）着色颜料

在着色时，通常用的颜料有石青、石绿、赭石、朱砂、靛青、藤黄、铅粉等，石青、石绿、赭石、朱砂属于矿物质颜料，覆盖力强，色泽经久不衰；靛青、藤黄属于植物性颜料，透明性好，覆盖力差；铅粉是一种人工合成的白色颜料，覆盖力较强，但日久会变黑（称为“返铅”），常用的调料是胶和矾。

4.1.5 古建筑用油漆材料

4.1.5.1 油

（1）灰油

灰油采用几种物质经熬制而成，熬制灰油的材料比例为：生桐油 50kg，土籽灰 3.5kg，樟丹粉 2kg。若在夏季高温或初秋多雨的潮湿季节，樟丹粉应该增加至 2.5～3.5kg；若在冬天严寒的季节，土籽灰应该增加至 4～5kg。

（2）光油

光油主要是指用于饰面涂刷，用生桐油熬制而成，又称为熟桐油，市场虽有成品供应，但不适用于建筑的饰面涂刷，只适用于操底油、调腻子、加对厚漆等。

熬制光油的材料比例为：生桐油 40kg，白苏籽油 10kg，干净土籽粒 2.5kg（冬季熬油用 3～3.5kg），密陀僧粉 1kg（夏季和初秋多雨季节用 1.5kg），中国铅粉 0.75kg（粉碎后过细罗）。

（3）金胶油

金胶油是以油代胶、起黏结作用的涂料，在建筑饰面上制作贴金、扫金、扫青、扫绿都需要使用金胶油。

金胶油用不同物质经加兑而成。加兑金胶油的材料比例为：饰面光油 5kg，加入食用豆油 7 两（16 两制，1 两＝31.25g），在温度高时减至 4～5 两，温度低时增至 8～10 两。

4.1.5.2 打满与调灰材料

（1）打满

打满是指调制地杖灰用，由灰油、石灰水、面粉混合而成的胶结材料。打满的材料配比为：生石灰块 25kg，面粉 25kg，水 50kg，灰油 50kg。

（2）地杖灰

地杖是在建筑用木材表面涂刷油漆饰面以前所做的垫层。地杖灰就是做垫层用的塑性材料。地杖的做法多种多样，如有两道灰、三道灰、四道灰、一麻四灰、一麻五灰、一麻一布六灰、两麻六灰、两麻一布七灰等。

地杖灰选用羧甲基纤维素来代替面粉，其材料配比如下。

① 生石灰粉 25kg。考虑用成品袋装生石灰粉，运输、计量都方便，直接加水即可调成灰膏。无须过淋、沉淀等复杂工序，在容器内即可进行；不出渣，无需尾弃场所。

② 调生石灰粉用水 35kg。考虑淋灰出渣时要带出一定水分，补足石灰水比例为 1∶1.4。

③ 溶解纤维素用水 15kg。这是旧配合比中面粉吃水量，以此等量的水来确定纤维素的用量。

④ 纤维素 0.75kg。按纤维素溶成胶液所需水量为纤维素质量的 20 倍而定出。

⑤ 食用加工盐 0.25kg。考虑为加强石灰膏的附着性而附加的辅助料。

⑥ 聚醋酸乙烯乳液 0.375kg。考虑为促进纤维素的聚合性而附加的辅助料。

素胶子加入灰油即成为打满，调地杖灰时由于灰的用途不同，素胶子与灰油的比例也是有所变化的。

4.1.5.3 腻子

腻子的种类很多，其实古建地杖本身就属于腻子的范畴，因为地杖的工程量大，操作技术比较繁杂，所以成为古建油作的代表性工序，除地杖之外，在涂刷饰面前或在涂刷过程中，都需要做腻子，有地杖的是为了弥补地杖表面光滑度的不足，无地杖的是为了弥补木材表面的缺陷。由于用途不同，腻子有许多种，如在地杖表面做的有浆灰腻子、土粉子腻子，在木材表面上做清色饰面有水色粉、油色粉、漆片腻子、石膏腻子等。

（1）浆灰腻子

先将做地杖用的细砖灰放在容器内，加灰重五倍以上的清水，进行搅动、漂洗，趁灰粉在水中悬浮，较粗的颗粒已经沉淀之际，澄出灰水进行二次沉淀。至灰粉完全沉于水底将浮面清水澄出，这种细砖灰称为“澄浆灰”，加入适量的血料和少许生桐油，调成可塑状的腻子，即浆灰腻子。

（2）土粉子腻子

土粉子腻子又称为血料腻子，用土粉子或用大白粉加 20%滑石粉也可，加入适量血料调成可塑状腻子。

（3）水色粉、油色粉

水色粉和油色粉均以大白粉为主，根据色调要求，调入适量粉状颜料，水色粉用温水调制成流动性粉浆，油色粉用光油加稀释剂调制成流动性粉浆。

（4）漆片腻子

漆片腻子是用酒精化开的漆片液调成的可塑状腻子。漆片又称为紫胶漆或虫胶漆，干漆成片状，用酒精浸泡即成液态漆。

（5）石膏腻子

将生石膏粉放入容器内，先加入适量光油调成可塑状，然后加入少量清水，急速搅拌均匀成糊状，静置 2～3min 即凝聚成坨，然后再进行搅拌，使其恢复成可塑状态，用湿布苫盖。用时放在木平板上用开刀（即油灰刀）或铁板翻折、碾轧细腻后即可。若用于色油饰面，翻折时可加入少量相应颜色的饰面油或成品调合漆。

4.1.5.4 麻、麻布、玻璃丝布

（1）麻

古建油漆彩画基层（地杖）所用的麻为上等麻线，麻丝应柔软、洁净、无麻梗，纤维拉力强，其长度不小于10cm。

（2）麻布（夏布）

品质优良、柔软、清洁、无跳丝破洞、拉力强者为佳。每厘米长度内以10～18根丝为宜。

（3）玻璃丝布

经多年经验，利用玻璃丝布代替麻布，效果很好，既经济又耐用，用时将布边剪去，每厘米长度内以10根丝为宜。

4.2 园林现代建筑工程材料

4.2.1 现代亭工程材料

现代亭多指运用现代建筑和装饰材料来建造，造型与结构简化或为异域文化造型和结构的亭，如简易亭、欧式亭、泰式亭等。

（1）简易亭

其柱梁一般采用混凝土、木材、钢材构筑，屋面则多由耐候性强、坚实耐用的聚碳酸树脂板、玻璃纤维强化水泥搭建。

（2）欧式亭

欧式亭，其梁柱用柏木、美国黄松或其他仿木材料制作，屋顶一般采用彩板屋面或铜板屋面。单柱亭屋面边长为3m，四柱亭屋面边长一般为3.5～5m。

亭的建造材料应就地取材，符合地方习俗，具有民族风格。一般选用地方材料，如竹、木、茅草、砖、瓦等。现在更多的是采用仿竹、仿树皮、仿茅草塑亭，另外还可用轻钢、金属、铝合金、玻璃钢、安全玻璃、充气塑料等新材料组建而成。

亭具体由台基、亭柱、亭顶三部分组成，各部位所用材料如下所述。

① 台基是亭的最下端，是亭基础的覆盖与亭地坪的设置装饰体。台基的周边常用块体材料砌筑围合，中间填土石碎料，表面再作抹灰、铺贴面料。亭的基础常采用独立柱基或板式柱基的构造形式，多为混凝土材料。若地上部分负荷较重，则需加钢筋、地梁；若地上部分负荷较轻，如用竹柱、木柱盖以稻草的亭，则在亭柱部分掘穴以混凝土作为基础即可。

② 亭柱的构造材料有水泥、石块、砖、树干、木条、竹竿等，亭一般无墙壁，亭内空间空灵。柱的断面常为圆形或矩形。柱可以直接固定于台基中的柱

基，也可搁置在台基上的柱基石上。木质柱的表面需做油漆涂料；钢筋混凝土的柱可现浇或预制装配，表面应做抹灰涂料装饰，或进行贴面处理；石质柱应进行表面加工再安装。

③ 亭的屋顶一般由梁架、屋面两部分组成。亭的顶部梁架可用木材制成，也可用钢筋混凝土或金属铁架等。梁架由各种梁组合而成，一般由柱上搁梁成柱上梁，柱上梁上设置屋面坡度造型梁，造型梁上再设置屋面板或椽组成。屋面结构层由椽子、屋面板等构件组成，主要用来防雨、遮阳等，常由结构承重层和屋面防水层等层次组成。屋面防水层由平屋面中的刚性或柔性防水层组成，或由坡屋面的瓦片、坡瓦等构件组成。有时根据设计要求，以树皮、竹材、草秸、棕丝、石板等材料所组成的防水层，能形成独特的风格。

亭屋顶室内部位，一般不设吊顶，直接把梁架裸露出来，进行涂刷等工艺处理。亭柱间周边常设置相应的固定坐凳与靠背栏杆。有时中心设置可移动的木质或石质的凳和桌。

4.2.2 建筑膜材

膜结构一改传统建筑材料而使用膜材，其质量只是传统建筑的1/30。而且膜结构可以从根本上克服传统结构在大跨度（无支撑）建筑上实现时所遇到的困难，可创造巨大的无遮挡的可视空间。其造型自由轻巧、阻燃、制作简易、安装快捷、节能、使用安全等优点，因而使它在世界各地受到广泛应用。另外值得一提的是，在阳光的照射下，由膜覆盖的建筑物内部充满自然漫反射光，无强反差的着光面与阴影的区分，室内的空间视觉环境开阔和谐。夜晚，建筑物内的灯光透过屋盖的膜照亮夜空，建筑物的体型显现出梦幻般的效果。

(1) 膜材的正确选定用于建筑膜结构的膜材，依涂层材不同大致可分为PVC膜与PTFE膜，膜材的正确选定应考虑其建筑的规模大小、用途、形式、使用年限及预算等综合因素后决定。

① PVC　PVC膜材在材料及加工上都比PTFE膜便宜，且具有材质柔软、易施工的优点。但在强度、耐用年限、防火性等性能上较PTFE膜差。PVC膜材是由聚酯纤维织物加上PVC涂层（聚氯乙烯）而成，一般建筑用的膜材，是在PVC涂层材的表面处理上，涂以数微米厚的压克力树脂，以改善防污性。但是，经过数年之后就会变色、污损、劣化。一般PVC膜的耐用年限，依使用环境不同在5～8年。为了改善PVC膜材的耐候性，近年来已研发出以含氟树脂于PVC涂层材的表面处理上做涂层，以改善其耐候性及防污性的膜材。

② PVDF　PVDF是二氟化树脂的略称，在PVC膜表面处理上加以PVDF树脂涂层的材料称为PVDF膜。PVDF膜与一般的PVC膜比较，耐用年限改善至7～10年。

③ PVF　PVF是一氟化树脂的略称。PVF膜材是在PVC膜的表面处理上

以 PVF 树脂做薄膜状薄片加工，比 PVDF 膜的耐久性更佳，更具有防沾污的优点。但因为加工性、施工性与防火性都不佳，所以使用用途受到限制。

④ PTFE　PTFE（聚四氟乙烯）膜材是在超细玻璃纤维织物上，涂以聚四氟乙烯树脂而成的材料。PTFE 膜最大的特点就是耐久性、防火性与防污性高。但 PTFE 膜与 PVC 膜比较，材料费与加工费高，且柔软性低，在施工上为防止玻璃纤维被折断，须有专用工具与施工技术。涂层材的 PTFE 对酸、碱等化学物质及紫外线非常安定，不易发生变色或破裂。玻璃纤维在经长期使用后，不会引起强度劣化或张力减低。膜材颜色一般为白色、透光率高，耐久性在 25 年以上。

（2）膜材性能

① 防污性能　因涂层材为聚四氟乙烯树脂，表面摩擦系数低，所以不易污染，可以由雨水洗净。

② 防火性能　PTFE 膜符合所有国家的防火材料试验合格的特性，可替代其他的屋顶材料做同等的使用用途。

③ 光学性能　膜材料可滤除大部分紫外线，避免内部物品褪色，其对自然光的透射率可达 25%，透射光在结构内部产生均匀的漫反射光，无阴影，无眩光，具有良好的显色性，夜晚在周围环境光和内部照明的共同作用下，膜结构表面发出自然柔和的光辉，令人陶醉。

④ 声学性能　膜结构通常对低于 60Hz 的低频几乎是透明的，对于有特殊吸声要求的结构可以采用具有 Fabrasorb 装置的膜结构，这种组合比一般建筑具有更强的吸声效果，能大幅度降低共鸣噪声。

⑤ 保温性能　单层膜材料的保温性能与砖墙相似，优于玻璃。同其他材料的建筑一样，膜建筑内部也可以采用其他方式调节其内部温度，如内部加挂保温层，运用空调采暖设备等。

4.2.3 雕塑材料

4.2.3.1 传统材料

（1）泥性材料

泥土是地球表面的主要物质之一，是岩石侵蚀，河流、植被沉积的产物。它是雕塑家最基本的造型材料，也是历史最悠久至今仍被使用的基本材料。这里所说的泥性材料是一个广泛意义上的概念，不仅仅是指泥土，而是把具有泥性的材料统称泥性材料，如石膏、水泥、混凝土等。

泥性材料在实际应用中，天然泥料（普通黏土）以其便捷的获取途径、较强的可塑性、经济适用等优势，大量地用作习作用泥和大型雕塑的初稿阶段用泥。泥性材料经过烧制后也可以作为成品，它的泥质属性会给人一种质朴而大方的审美感受。很多民间的装饰雕塑大量地使用黏土。

石膏细腻的可塑性使它可以无所不塑，可作为模具，细致敏感的翻制雕塑作品的每个角落。它的材质细腻，具有亚光的乳白色光泽，利于表达细腻的形式。它的缺陷也正是因为其具有极强可塑性而牺牲了强度，使其易折易碎，不易保存。一般石膏材料的雕塑或利用其本质的洁白细腻的质感，或进行涂装，使其具有后期色彩效果。许多民间雕塑工艺品常见石膏着色。

水泥和混凝土材料的雕塑在 20 世纪 80 年代较常见，其造价低，制作简单，但是其色彩和质感平平，没有石膏的细腻也不具备泥料的粗犷。当下大型装饰雕塑的内部材料支撑大都还要用到混凝土，但其大多都是在后台工作。也有在混凝土的添加料上做文章的作品，增加其肌理和质感，比如添加有色石子、彩色贝壳之类的，使朴素的表面上增加几分亮点。同样的添加不同色彩的大理石粉还会使作品细滑，质感高档；添加金刚砂，作品超硬且闪耀光芒；添加砖屑，作品会多孔、色泽泛红、黄、黑。在泥性材料的色彩方面，使用频繁的是以白色硅酸盐水泥熟料和优质白色石膏，掺入颜料、外加剂共同磨细而成的彩色水泥。常用的彩色有红、黄、褐、黑、绿、蓝等。而黏土和石膏大都是进行表面涂色处理。在泥性材料的造型方式上，黏土材料大部分是塑造法，而石膏和水泥混凝土大部分是模制浇注法。

(2) 石质材料

石质材料雕塑的历史古老而悠久。石雕艺术从人类诞生开始一直就伴随着人类社会的成长与进步，同时也记录了人类社会以及文化艺术发展的历史，成为历史、文化传承的重要物质载体之一。直到今天，石材在雕塑艺术创作中是非常重要的物质媒介，无论是广场雕塑、园林雕塑，还是室内雕塑小品，随处可以见到石雕的身影。

大多数岩石由一种或数种物质构成，此类少数基本矿物赋予岩石主要特征，其成分含量的多少则是影响石材色泽的重要因素。在选择石材进行雕塑创作的时候，除了要考虑石材的内在质量、抗压强度、耐久性、抗冻性、耐磨性和硬度外，石材的颜色和表面光泽度通常是作为雕塑选材的首要因素。

目前，在装饰雕塑的艺术创作中，人们对石材的使用主要有大理石（汉白玉）、花岗石、砂岩以及彩石系列的青田石、寿山石等。

大理石是重要的传统雕塑材料之一，它颗粒细密、质地莹润、石纹美观细腻、硬度适中，适于雕琢、磨光，可以进行精细的刻画和塑造，具有很强的艺术表现性，是应用最为广泛的石雕材料，被人们广泛用于装饰雕塑的艺术创作中。

花岗石是雕刻室外大型雕塑的好材料，花岗岩结构致密，抗压强度高，吸水率低，表面硬度大，化学稳定性好，耐久性强，但耐火性差。质地粗而硬，结实牢固，放上千年不会风化。花岗石颜色有多种多样，有米黄色、淡咖啡色、青色、猪肝色、灰色、黑色、淡红色等。我国各地都有花岗石出产，其中山东、江苏、浙江、福建、江西等地所产的花岗石在颜色、质地等方面更好些。

砂岩色彩丰富，纹理变化万千，似木非木、古朴自然，是人类贴近自然、融入自然的绝佳装饰材料，且具有防潮性、可塑性强，环保、无放射性、无污染、防滑、吸声、吸光、不褪色、抗破损、户外不风化、水中不溶化等特点。

彩石系列是指各种不同色泽的系列石料，主要用于微型雕塑、传统工艺雕塑中。作品色彩自然、形象生动、造型新颖、刻画细致，具有独特的艺术风格和鲜明的地方特色。

（3）木质材料

由于木材是一种天然材料，在生长中会形成各种不同的自然形态和自然纹理，因此要求在创作中要“因材施艺”，把材料的限制性因素变为作品的个性因素，把被动变为主动，发掘材料的质感特性，并从材料的原始形态属性中寻找艺术灵感，充分体现木雕艺术的意趣美和材质美，将木材传达出的那种天然的、质朴的、温润的、可亲可近的情感属性合理地运用。

（4）金属材料

金属材料种类繁多，由于不同材料各自的化学结构和物理性能不同，一方面是其加工方法各不相同，从而形成各自不同的艺术风格；另一方面也会产生不同的色泽效果。金属熔于高温和具有优良的延展性能，以及具有恒久的品质和很强的成型性，因此，金属颇得人们的青睐，古往今来，金属材料一直是艺术家们施展才华最热衷于采用的材料之一。金属装饰雕塑的材料是多种多样的，目前应用最广泛的主要有铜、铁、钢、铝、金、银以及各类合金材料。

① 冰冷的钢和铝　各种钢材和铝材具有的冰冷感受来自于其表面材质的一致有序和亚光的灰色调，作为工业化生产的产物，批量的生产使它们具有相同的质感、肌理、色彩、光泽，与自然材料相比，其缺少了个性，缺少了大自然赋予的不同变化。但是高科技的发展使得它们具有了打破僵局的可能性，丰富的表面肌理加工和色彩处理又赋予它们丰富的语言。

以现在流行的不锈钢为例，若在钢合金中，镍加铬的比例大约占整个钢合金量的20％～40％，这样产出的钢是相对不生锈的“不锈钢”，它比平常的碳钢更坚韧，且具有很好的防腐蚀性，利于在室外长期放置。

不锈钢的颜色由于合金含量不同，而从灰色到亮银色。一种比较流行的不锈钢被称为18-8，因为它含有18％的镍和8％的铬。它被用于餐具、饭店和医院设备，以及其他一些外观十分重要的场所中。这些不锈钢有着强烈的光泽，细致密实而且坚硬的质感，深受雕塑家的喜爱。所要注意的是，钢所含的铬不足11％时，暴露在腐蚀的环境中就会生锈，在选材时要格外注意。

铝作为一种纯金属直到1825年才被认识，现在它与许多使它更为有用的成分结合，形成多种合金。当铝的纯度相对高的时候，合金就非常软，通常含有硅的合金坚硬，有弹性和抗腐蚀。颜色有灰色、蓝白色、明亮的银白色。铝有着丰富的成型技术，可以铸造、可以锻造、可以用焊接和铆钉造型。许多型号的铝都比青铜和钢软，所以它们非常容易切割、打磨和成型。然而，有许多热处理铝合金具有比软钢更高的张力。这种热处理合金非常难成型，而且焊接困难。铝材的表面处理工艺如腐蚀、氧化、抛光、旋光、喷砂、丝纹处理及高光、亚光、无光等，会让原本单调的工业化材料产生不同质感。

② 铜 雕塑最常用的是青铜。它含有85%的紫铜、5%的锌、5%的锡，加上少量的其他成分。青铜经过抛光后形成金色的光泽，经过氧化和风化后又会形成一种从绿色到棕色的不同层次的色彩。所以铜质雕塑因为其自身的色彩变化丰富，相对一成不变的钢和铝，更具有含蓄而多彩的灵性。与建筑青铜非常相似的是，它用在铸造雕塑的方面已经有许多年了。

4.2.3.2 新材料

(1) 塑料材料

塑料是指以树脂为主要成分，以增塑剂、填充剂、润滑剂、着色剂等添加剂为辅助成分，在加工过程中能流动成型的材料。

塑料作为雕塑材料，主要有以下特性：大多数塑料质轻，不会锈蚀；具有较好的透明性和耐磨耗性；一般成型性、着色性好，加工成本低；尺寸稳定性差，容易变形；塑料可以被制成坚硬的或柔软的、细密的或轻量的、多孔的或无孔的、坚固的或易碎的、透明的或半透明的或不透明的、易燃的或耐热的。它们可以被制成纤维、泡沫、薄膜、薄片等不同形式。塑料大约有50种大的门类，每个门类又有不同的种类，每天部会有新的品种被发现。

塑料有不同的成型方法，分为膜压、层压、注射、挤出、吹塑、浇注塑料和反应注射塑料等多种类型。

树脂可分为天然树脂和合成树脂两大类。松香、安息香等是天然树脂，酚醛树脂、聚氯乙烯树脂、环氧树脂等是合成树脂。合成树脂成型工艺比较简单，可塑性强、质地坚硬、强度高、质量轻，可用隔离剂分离，可以根据需要进行任何一种颜色的着色处理，而且价格便宜，所以，这种材料在当下雕塑的现实应用中十分广泛。

以人工合成树脂作为造型材料的装饰雕塑，最大的特点是成型工艺简单、硬度高、强度大、质量轻，并可以模仿任何自然材料的质感，甚至可以达到以假乱真的程度，同时合成树脂还具有极好的附着能力，可以附着各类颜料和油漆，是很适合现代彩色雕塑的材料，具有非常强的艺术表现力和艺术感染力。

(2) 有机玻璃

有机玻璃俗称亚克力，也是一种热塑性塑料，有极高的透明度，质量仅为普通玻璃的1/2，抗碎裂性能为普通硅玻璃的12～18倍，机械强度和韧性大于普通玻璃10倍以上，硬度相当于金属铝，具有突出的耐候性和耐老化性，在低温（50～60℃）和较高温度（100℃以下）下冲击强度不变，有良好的电绝缘性能，可耐电弧，有良好的热塑加工性质，易于加工成型，有良好的机械加工性能，可用锯、钻、铣、车、刨进行加工，化学性能稳定，能耐一般的化学腐蚀，不溶于水。

有机玻璃的成型相对来说，没有很自由的塑造空间，适合简单的几何化的造型。可以用黏合剂黏结成各种形状的器具，也能用吹塑、注射、挤出等塑料成型的方法加工一些相对简单的造型。

有机玻璃具有十分美丽的外观，经抛光后具有水晶般的晶莹光泽，别名“塑料水晶皇后”。

(3) 纤维材料

纤维材料被纳入雕塑材料的范畴，是在“泛雕塑”的诞生下延伸出的新材料。纤维艺术雕塑，又称软雕塑，是纤维艺术与雕塑艺术的结合产物。纤维艺术是以天然动、植物纤维（丝、毛、棉、麻）或人工合成纤维为材料，采用编织、环接、缠绕、缝缀等多种制作手段塑造形象的艺术形式。纤维艺术特定材质的运用和表现形式的多样化，使纤维艺术的造型语言具有更多的表现力和可能性。传统的纤维艺术往往是平面化的，表现形式常以壁挂、织毯为主，因此也被称为“墙上的艺术”或“地上的艺术”。但是，近年来纤维艺术向多元化发展，尤其是许多艺术家将立体造型的语言融入纤维艺术的创作，形成了当今社会广为流传的纤维立体织物、软雕塑，有力地扩充了纤维艺术的表现力，使传统的纤维艺术具有了现代艺术的意义。

(4) 陶瓷材料

陶瓷是一种既传统又现代的立体造型艺术材料，由于陶瓷具有丰富的艺术表现性和物理性能的恒久性，所以成为文化艺术重要的物质载体之一。

在现代社会中，陶瓷在装饰造型艺术中仍然被人们广泛应用。陶瓷是陶和瓷的总称。陶和瓷在质地上有所区别，陶的密度比瓷的要小，烧成温度也低于瓷，人们在烧制陶的过程中，技术不断提高，对于窑温的控制已经取得了一定的经验，自殷商早期，就已出现了以瓷土为原料的陶器和烧成温度高达1200℃的印纹硬陶，开始由陶向瓷的过渡。

在现代装饰雕塑艺术中，陶瓷也是重要的材料之一。由于陶瓷原料黏土的可塑性很强，成型工艺可以用捏、塑、挤、压等一系列手法，在色彩装饰上有素胎、单色釉、彩色釉、花釉、釉上彩、釉下彩等多种装饰方法，所以作品具有丰富多彩的艺术表现形式和恒久不变的品质，深受现代艺术家的喜爱，已成为当代装饰艺术重要的组成部分。

(5) 玻璃材料

一般玻璃原料燃烧熔解后都形成液体黏稠液，要使其冷却成形，大都采用型吹法，使用各种材质的模型，如木材、黏土、金属等预先制成所需要的型器，把熔化的玻璃液倒入模型内，待冷却后再将模型打开即成，一般用于吹玻璃无法制成的器具，大部分的工厂都采用此种方法，可以大量生产。另一种为吹气成型法，即吹玻璃，就是取出适量的玻璃溶液，放于铁吹管的一端，一面吹气，一面旋转，并以熟练的技法，使用剪刀或钳子，使其成型。玻璃的制作并不十分复杂，其实就是由液态到固态的变化过程，在制作中最重要的一个环节就是吹制玻璃。

现在的玻璃材料雕塑，很多是与光影技术结合，使玻璃的晶莹多彩效果更具魅力。

(6) 光、电媒介材料

光、电，之所以称其为媒介，因其与传统雕塑材料的客观物质特征相左，光与电构成的雕塑也许是摸不到的虚幻影像，但它从视觉上仍然给观众以雕塑般的审美感受。很多传统材料可以通过光电为媒介呈现出新面孔，比如将绚烂的影像投射到原本简单静止的雕塑之上，使其呈现出多面的面孔。

(7) 水、植物材料

每一种艺术形式的出现都是和审美文化密切相关的。水和植物作为人类最亲近的一种物质，是生命的象征。

以水为主材的雕塑作品同以往喷泉雕塑的不同，当下的装饰雕塑以水为主要审美语言，水是雕塑的主体，其他材质只是辅助部分。

植物也被用于造型中，体现出雕塑般的艺术表现力。西方传统的园林雕塑只是近乎平面意义的植物图案创作，而现代植物雕塑是真正雕塑意义上的造型。

园林水景工程材料

5.1 水池材料

5.1.1 结构材料

水池的结构主要由基础、防水层、池底、池壁、压顶、管网六部分组成。

(1) 基础材料

基础材料由灰土（3∶7 灰土）和 C10 素混凝土层组成，是水池的承重部分。

(2) 防水层材料

防水层材料可分为沥青类、塑料类、橡胶类、金属类、砂浆、混凝土及有机复合材料等。刚性结构水池和刚柔性结构水池通常在水池基础上做防水夹层，采用柔性不渗水材料。刚性结构水池常采用抹 5 层防水砂浆的做法来满足防水要求。

(3) 池底材料

池底材料多用于现浇钢筋混凝土，厚度大于 200mm，如果水池容积大，要配双层钢筋网。大型水池还应考虑设止水带，用柔性防漏材料填塞。

(4) 池壁材料

池壁材料通常分砖砌池壁、块石池壁和钢筋混凝土池壁三种，池壁厚依据水池大小而定。砖砌池壁采用标准砖，M7.5水泥砂浆砌筑，厚度不小于240mm。

(5) 压顶材料

压顶材料常用现浇钢筋混凝土或预制混凝土块及天然石材，整体性好。

(6) 管网材料

喷水池中的管网材料包括供水管、补给水管、泄水管和溢水管等。

5.1.2 衬砌材料

常见的衬砌材料有聚乙烯（PE）、聚氯乙烯（PVC）、丁基衬料（异丁烯橡胶）、三元乙丙橡胶（EPDM）薄膜等。

(1) 聚乙烯（PE）

聚乙烯无臭，无毒，手感似蜡，具有优良的耐低温性能（最低使用温度可达－70～－100℃）、电绝缘性能优良，化学稳定性好，能耐大多数酸碱的侵蚀（具有氧化性质的酸除外），常温下不溶于一般溶剂，吸水性小，但由于其为线形分子可缓慢溶于某些有机溶剂，不发生溶胀，但聚乙烯对于环境应力（化学与机械作用）是很敏感的，耐热老化性差。

(2) 聚氯乙烯（PVC）

力学性能、电性能优良，耐酸碱力极强，化学稳定性好，但软化点低，适用于制作薄板、电线电缆绝缘层、密封件等。

(3) 丁基衬料（异丁烯橡胶）

丁基衬料是一种人造橡胶，弹性和柔韧度极强，使用年限长。

铺衬水池的丁基衬料厚度一般为0.75mm。丁基衬料通常为黑色，也有彩色铺面的丁基衬料。这种材料主要是在冷水中不变硬，低温下弹性保持不变。所以，用它铺衬水池可以避免用聚乙烯或PVC时出现的皱褶。

(4) 三元乙丙橡胶（EPDM）

三元乙丙橡胶是乙烯、丙烯以及非共轭二烯烃的三元共聚物。EPDM最主要的特性就是具有良好的耐氧化、抗臭氧和抗侵蚀的能力。由于三元乙丙橡胶属于聚烯烃，具有很好的硫化特性。在所有橡胶当中，EPDM密度最低，能吸收大量的填料和油而不改变其特性。

5.1.3 预制模材料

预制模是现在国外较为常用的小型水池制造方法，通常用高强度塑料制成。预制模水池的材料有玻璃纤维、纤维混凝土、热塑性塑料胶、玻璃纤维强化水泥（GRC）等。

(1) 玻璃纤维

玻璃纤维可被浇铸成任意形状，用来建造规则或不规则水池。这种由几层玻璃纤维和聚酯树脂铸成的水池可以有各种不同的颜色，但应注意的是其造价较高。

(2) 纤维混凝土

纤维混凝土由有机纤维、水泥，有时候再加少量的石棉混合组成，它比水泥要轻，但比玻璃纤维重。纤维混凝土和玻璃纤维一样可以被浇铸成各种形状，但用这种材料建造的水池的样式并不多。

（3）热塑性塑料胶

热塑性塑料胶外壳是各种化学原料制成的，如聚氯乙烯、聚丙乙烯，应用较广，但寿命有限。

（4）玻璃纤维强化水泥（GRC）

GRC 为玻璃纤维与水泥的混合物，使其更为坚硬，它替代了以前用树脂与玻璃纤维或水泥与天然纤维混合来制造纤维玻璃外壳，是一种应用广泛的新型建材，不仅可用以建自然式水池、流水道、预制瀑布等，而且还可用于人造岩石。浇铸成板石后，可用于支撑乙烯基的里衬。

5.1.4 水池装饰材料

（1）池底装饰

池底通常采用干铺砂、砾石或卵石，或混凝土池底表面抹灰装饰处理，也可采用釉面砖、陶瓷锦砖等片材贴面处理等。

（2）池壁装饰

池壁装饰常见的是水泥砂浆抹光面处理、斩假石面处理、水磨石面处理、豆石干贴饰面、水刷石饰面、釉面砖饰面、花岗岩饰面等。

5.1.5 阀门井材料

给水管道上有时要设置给水阀门井，根据给水需要可随时开启或关闭，操作灵活。给水阀门井内安装截止阀，起控制作用。

（1）给水阀门井

给水阀门井为砖砌圆形结构，由井盖、井深和井底构成。井口直径为 600mm 或 700mm，井盖采用成品铸铁。井底常采用 C10 混凝土垫层，井底内径不小于 1.2m，井深采用 MU10 红砧和 M5 水泥砂浆砌筑，井深不小于 1.8m 井壁应逐渐向上收拢，一侧保持直壁便于设置爬梯。

（2）排水阀门井

排水阀门井专用于泄水管和溢水管的交接，通过排水阀门井排进下水管网。泄水管道要安装闸阀，溢水管接连阀后，排水顺畅。

5.2 喷泉材料

5.2.1 喷头材料

（1）单射流喷头

单射流喷头是喷泉中应用最广的一种喷头。它的垂直射程通常在 15m 以下，喷水线条清晰，可单独使用，也可组合造型。当单射流喷头的承托底部装有球状接头时，可作一定角度方向的调整，国内的产品一般有可调直流喷头、多分支直流喷头和可调式中心喷头等。

（2）喷雾喷头

喷雾喷头的内部装有一个螺旋状导流板，使水具有圆周运动，水喷出后，形成细细水流弥漫的雾状水滴。每当天空晴朗，阳光灿烂，在太阳对水珠表面与人眼之间连线的夹角为40°36′～42°18′时，明净清澈的喷水池水面上，就会伴随着蒙蒙的雾珠，呈现出色彩缤纷的虹。

（3）旋转喷头

旋转喷头是利用压力将水送至喷头后，借助驱动孔的喷水，靠水的反推力或其他动力带动回转器转动，使喷头不断地转动而形成欢乐愉快的水姿，并形成各种扭曲的线形，飘逸荡漾、婀娜多姿。现在国内厂家生产的有蟹爪喷头、旋转式礼花喷头、旋转舞蹈喷头及旋转凤凰喷头等。

（4）多孔喷头

多孔喷头可以由多个单射流喷嘴组成一个大喷头，也可以由平面、曲面或半球形的带有很多细小孔眼的壳体构成喷头，它们能喷射出造型各异的盛开的水花。

（5）环形喷头

环形喷头的出水口为环状断面，即外实中空，使水形成集中而不分散的环形水柱，以雄伟、粗犷的气势跃出，给人们带来一种向上激进的气氛。

（6）变形喷头

变形喷头的种类很多，它们的共同特点是在出水口的前面，有一个可以调节的、形状各异的反射器，使射流通过反射器，起到使水花造型的作用，从而形成各式各样的、均匀的水膜，如牵牛花形、半球形、扶桑花形等。

（7）吸力喷头

吸力喷头是利用压力水喷出时，在喷嘴的喷口附近形成负压区。因为压差的作用，它能把空气和水吸入喷嘴外的套筒内，与喷嘴内喷出的水混合后一并喷出，这时水柱的体积膨大，同时由于混入大量细小的空气泡，形成白色不透明的水柱。它能充分反射阳光，所以光彩艳丽，夜晚如有彩色灯光照明则更为光彩夺目。

吸力喷头又可分为吸水喷头、加气喷头和吸水加气喷头。目前国内吸水喷头的主要类型有水松柏喷头、涌泉喷头、加气水柱喷头及造浪喷头等。

（8）蒲公英喷头

蒲公英喷头通过一个圆球形外壳安装多个同心放射状短喷管，并在每个管端安置半球形喷头，喷水时，能形成球状水花，如同蒲公英一样，美丽动人。这种喷头可单独、对称或高低错落组合使用，在自控或大型喷泉中应用，效果较好。

喷水花样的连续程度可通过调节每个小喷盖而获得。蒲公英喷头对水质要求甚严，水源上应加装过滤网箱，主要适用于室外的各种喷水池中。

(9) 组合式喷头

组合式喷头也称为复合型喷头，是由两种或两种以上喷水型各异的喷嘴，按造型需要组合成一个大喷头，它能形成较为复杂、富于变化的花形。

(10) 扇形喷头

扇形喷头的外形很像扁扁的鸭嘴，它能喷出扇形的水膜或像孔雀开屏一样美丽的水花。

(11) 灯光喷头

灯光喷头是一种较新的产品，是将水景照明灯（如卤素灯）结合于喷头中，在夜间突显出喷泉的效果。

5.2.2 调节及控制设备、管材与净化装置

5.2.2.1 调节及控制设备

(1) 水泵

喷水景观工程中从水源到喷头射流过程中水的输送由水泵来完成（除小型喷泉外），因此水泵是喷水工程给水系统的重要组成部分。

喷水景观工程系统中使用较多的是卧式或立式离心泵和潜水泵。小型的移动式喷水的供水系统可用管道泵、微型泵等。

① 离心泵　离心泵可分为单级离心泵和多级离心泵。其特点是结构简单、体积小、效率高、运转平稳、送水高程可达百米等，在喷水工程供水系统中广泛应用。离心泵是通过利用叶片轮高速旋转时所产生的离心力作用，将轮中心水甩出而形成真空，使水在大气作用下自动进入水泵，并将水压向出水管。离心泵在使用时要先向泵体及吸水管内灌满水，排除空气，然后才可开泵抽水，在使用时也要防止漏气和堵塞。

② 潜水泵　潜水泵由三部分组成，即水泵、密封体和电动机。潜水泵分为立式和卧式两种。潜水泵的泵体和电动机在工作时都浸入水中，水泵叶轮可制成离心式或螺旋式，这种水泵的电动机必须有良好的密封防水装置。潜水泵的特点是体积小、质量轻、移动方便、安装简便等。开泵时不需灌水，成本低廉，节省大量管材，不装底阀和单向阀，也不需另设泵房，效率高，机泵合一，既减少了机械损失，又减少了水力损失，提高了水泵效率。卧式潜水泵是最理想的，因为它可使水池所需水深度降至最小值，节省成本。

③ 管道泵　管道泵可以用于移动式喷泉或小型喷泉，将泵体与循环水的管道直接相连。另外，还可以用自来水管路加压，以提高喷水的扬程。管道泵的特点是结构简单、质量轻、安装维修方便等。泵的入口和出口在一条直线上，能直接安装在管道之中，占地面积小，不需要安装基础。

（2）控制设备

① 手阀控制　手阀是最常见和最简单的控制方式，在喷泉的供水管上安装手控调节阀，用来调节各管段中水的压力和流量，形成固定的喷水姿。

② 时间继电器控制　通常利用时间继电器根据设计的时间程序控制水泵、电磁阀、彩色灯等的启闭，从而实现可以自动变换的喷水姿。

③ 音响控制　声控喷泉是用声音来控制喷泉喷水形变化的一种自控泉。

声控喷泉通常由以下几部分组成：

a. 声-电转换、放大装置，一般由电子线路或数字电路、计算机等组成。

b. 动力，即水泵。

c. 其他设备，主要有管路、过滤器、喷头等。

（3）控制附件

控制附件用来调节水量、水压、关断水流或改变水流方向。在喷水景观工程管路中常用的控制附件主要有闸阀、截止阀、单向阀、电磁阀、电动阀、气动阀等。

① 闸阀　闸阀作隔断水流，控制水流道路的启、闭。

② 截止阀　截止阀起调节和隔断管中的水流的作用。

③ 单向阀　单向阀用来限制水流方向，以防止水的倒流。

④ 电磁阀　电磁阀由电信号来控制管道通断的阀门，作为喷水工程的自控装置。此外，还可以选择电动阀、气动阀来控制管路的开闭。

5.2.2.2　管材与净化装置

对于室外喷水景观工程，我国常用的管材是镀锌钢管（白铁管）和非镀锌钢管（黑铁管）。通常埋地管道管径在 70mm 以上时用铸铁管。对于屋内工程和小型移动式水景，可采用塑料管（硬聚氯乙烯）。在采用非镀锌钢管时，一定要做防腐处理。防腐的方法，最简单的为刷油法，即先将管道表面除锈，刷防锈漆两遍（如红丹漆等），再刷银粉。

在喷泉的过滤系统中，通常在水泵底阀外设网式过滤器，并且在水泵进水口前装除污器。当水中混有泥沙时，用网式过滤器容易淤塞，此时采用砾料层式过滤器较为合适。

5.3 驳岸材料

5.3.1　常用结构材料

驳岸结构一般由基础、墙身和压顶三部分组成。

5.3.1.1　驳岸基础材料

（1）混凝土基础材料

采用块石混凝土基础，浇筑时将块石垒紧，不能放置在槽的边缘。浇筑

M15 或 M20 水泥砂浆，基础厚度为 400～500mm，高度一般为驳岸的 0.6～0.8 倍。灌浆必须渗满石间空隙。一般要求混凝土强度是 C15。

（2）块石基础材料

采用浆砌块石的规格一般是长度 300～400mm，厚度为 150mm，基础厚度为 300～400mm，需在河底自然倾斜线实土以下 500mm 处，否则容易坍塌。

（3）桩基材料

桩基材料主要有木桩、灰土桩、混凝土桩、石桩、板桩、竹桩等。

① 木桩要求耐磨、耐湿、坚固无蛀虫，一般常用柏木、松木、橡树、榆树、杉木等。根据驳岸的要求和地基的土质情况，桩木的规格一般为直径 100～150mm，长 1～2m，弯曲度小于 1%。

② 灰土桩应用先打孔后填灰土的桩基做法，适用于岸坡水淹频繁而木桩又容易腐蚀的地方。

③ 混凝土桩坚固耐久，工程造价高。

④ 竹桩主要用于竹篱驳岸，基础上部临水侧墙身有竹篱镶嵌而成，适用于临时性驳岸。其造价低，取材方便，毛竹、大头竹、簕竹都可采用。竹桩和竹篱在使用前需涂上一层柏油防腐，竹桩顶端在竹节处截断以防雨水积聚。

5.3.1.2 驳岸墙体材料

园林中常见的驳岸墙体材料有：钢筋混凝土；C10 块石混凝土；M2.5 水泥砂浆砌筑强度为 MU20、直径 300mm 以上的块石；MU7.5 标准砖和 M5 水泥砂浆砌筑，岸壁临水面用 1∶3 水泥砂浆抹面或用 1∶2 水泥砂浆加 3%防水粉做成的防水抹面层；直径 300mm 以上的块石；强度为 MU20 的毛石，M2.5 混合砂浆砌筑用 M2.5 的水泥砂浆勾缝；大城砖；整形花岗石；自然青石；黄石；毛竹等。

5.3.1.3 驳岸压顶材料

常见的压顶材料如下所述。

① 预制混凝土块及天然石材，宽度一般不小于 300mm。

② 规整形式的砌体驳岸压顶材料采用整块的预制混凝土块及天然石材。

③ 自然形式的驳岸可利用就地取材的山石材料，如黄石、风化石等自然过渡。

④ 也可以草皮直接覆盖。

5.3.1.4 倒滤层材料

为排除地面渗水或地面水在驳岸墙体后的滞留，要设置泄水孔，孔后宜设置倒滤层防止阻塞。倒滤层一般采用碎石或粗砂等。

5.3.2 各类驳岸材料的应用

（1）桩基整形条石驳岸和浆砌块石驳岸

基础桩的主要作用是增强驳岸的稳定性，防止驳岸的滑移或倒塌，同时可加强土基的承载力。其特点是：基岩或坚实土层位于松土层，桩尖打下去，通过桩尖将上部荷载传给下面的基础或坚实土层；若桩打不到基岩，则利用摩擦，借木桩表面与泥土间的摩擦力将荷载传到周围的土层中，以达到控制沉陷的目的。桩基整形条石驳岸坚固耐用，造价昂贵。

（2）浆砌块石驳岸

浆砌块石驳岸是园林工程中最主要的护岸形式。它主要依靠墙身自重来保证岸壁的稳定，抵抗墙后土壤的压力。要求基础坚固，埋入湖底深度不得小于50cm，基础宽度要求在驳岸高度的3/5～4/5范围内，如果土质轻松，必须作基础处理。

（3）竹桩驳岸

毛竹平直、坚实有韧性。以毛竹竿为桩柱，毛竹板为板墙，构成竹篱挡墙，可就地取材，经济实用，能使用一定年限，凡盛产竹子，如毛竹、大头竹、簕竹、撑篙竹的地区均可采用。

5.4 护坡材料

在园林中，自然山地的陡坡、土假山的边坡、园路的边坡和水池岸边的陡坡，有时为顺其自然不做驳岸，而是改用斜坡伸向水中，这就要求能就地取材，采用各种材料做成护坡。护坡主要是防止滑坡，减少水和风浪的冲刷，以保证岸坡的稳定。常用的护坡材料有块石、柳条、草皮等。

（1）块石护坡材料

在岸坡较陡、风浪较大的情况下，或因为造景的需要，在园林中常使用块石护坡。护坡石料要求密度要大于2000kg/m³，其中块径180～250mm、边长1∶2的长方形石料比较常见。最好选用石灰岩、砂岩、花岗岩等相对密度大、吸水率小的顽石。如火成岩吸水率超过1%或水成岩吸水率超过1.5%（以质量计）则应慎用，此外块石下面要设置碎石倒滤层，在寒冷的地区还要考虑石块的抗冻性。

（2）编柳抛石护坡材料

编柳抛石护坡采用新截取的柳条十字交叉编织。编柳空格内抛填厚200～400mm的块石，块石下设厚100～200mm的砾石层以利于排水和减少土壤流失。柳格平面尺寸为1000mm×1000mm或300mm×300mm。厚度为300～500mm。柳条发芽便成为较坚固的护坡设施。

（3）草皮护坡材料

草皮护坡是当岸壁坡角在自然安全角以内，地形变化在（1∶2）～（1∶5）间起伏，这时可以考虑用草皮护坡，即在坡面种植草皮或草丛，利用土中的草根来固土，使土坡能够保持较大的坡度而不滑坡。护坡用的草种要求满足耐湿、根系发达、生长快、生存能力强等特点。

5.5 落水材料

落水是指利用自然水或人工水聚集一处，使水流从高处跌落而形成垂直水带景观。在城市景观设计中，落水通常以人工模仿自然瀑布来营造。根据落水的形式与状态，可分为瀑布、叠水、滚水坝、溢流、管流等多种形式。

(1) 瀑布

瀑布可分为天然瀑布和人工瀑布。天然瀑布是由于河床突然陡降形成落水高差，水经陡坎跌落如布帛悬挂在空中，形成千姿百态的水景景观。人工瀑布是以天然瀑布为蓝本，通过工程手段而营造的水景景观。

① 人工瀑布材料

a. 水源。现代庭园中多用水泵（离心泵和潜水泵）加压供水，或直接采用自来水作水源。瀑布用水要求较高的水质，通常都应配置过滤设备。

b. 落水口（堰口）

ⅰ. 自然式瀑布落水口。可以用一块光滑的石板、混凝土板作落水口。落水口应与山石融为一体，天然而不造作，以树木及岩石加以隐蔽或装饰，使之在流瀑时好看，停流时也自然不突兀。

ⅱ. 规则式落水口。最好在落水口的抹灰面上包覆不锈钢板、杜邦板、铝合金板、复合钢板等新型材料，并在板的接缝处仔细打平、上胶至光滑无纹，使落水口呈现出一种现代的、平整的、新颖的造型感。

c. 瀑布面。瀑布面应以石材装饰其表面，内壁面可用 1∶3∶5 的混凝土，高度及宽度较大时，则应加钢筋。瀑身墙体通常不宜采用白色材料作饰面，如白色花岗岩。利用料石或花砖铺砌墙体时，必须密封勾缝，避免墙体“起霜”。

d. 瀑道和承水潭。瀑道和承水潭进行必要的点缀，如装饰卵石、水草，铺上净砂、散石，必要时安装上灯光系统。

e. 预制瀑布。在国外，可以自己动手安装风格自然的预制瀑布。预制瀑布造景成品数量多，选择面广，有些生产商还可以专门为业主设计制造。

ⅰ. 预制瀑布造景的材料。有玻璃纤维、水泥、塑料和人造石材等。而玻璃纤维预制模是最为普遍的，质地轻且强度高，而且表面可以上色以模仿自然岩石，还可以涂上一层砂砾或石子进行遮饰。

ⅱ. 塑料预制件。塑料预制件有许多规格可供选择，质地轻，容易安装，造价便宜，但其光滑的表面和单一的颜色很难进行遮饰，水下部分会很快覆盖上一层自然的暗绿色水苔，与露出水面的部分形成不自然的反差。如果塑料的颜色与周围石头的颜色不协调的话，可以在其表面铺上色泽自然的石头，或再粘涂一层颜色合适的砂砾。如能做得恰到好处也是件一举两得的事，因为这一层保护可能减轻阳光对预制模的直接照射所造成的损害，从而使它的寿命大大延长。

ⅲ. 水泥和人造石材。其预制模瀑布造景相对玻璃纤维和坝料材料等会重些，但强度好，结实耐用。由于自身重量的影响，能选的规格较为有限。人造石材预制模瀑布色泽自然，容易与周围环境协调统一。不过这些预制模材料的表面部有一些气孔，容易附着水中的沉淀物。如果出现这种情况，可以用处理石灰石的酸溶液清除。

② 柔性衬砌瀑布　有衬里的瀑布群在水池规格的大小以及瀑布的落差上有很大的选择自由，可以适用于所有风格的水池，包括非常正统、形状规则的水景。柔性衬砌的作用相当于防水衬垫。瀑布大部分的衬里上还要铺上一层装饰物，衬里就不会由于阳光直射而过早老化。可以选用较为经济的塑料材料。如果采用质量较好的橡胶衬里则更为理想，可以与复杂的瀑布和溪流造型相协调。若计划把岩石铺在衬里上，要避免岩石划破衬里，在衬里上还要再铺上一层保护层，但绝对不能用纤维类材料，因为虹吸作用会让水渗流到周围的土壤里。

(2) 叠水

叠水的外形就像一道楼梯，其构筑的方法和瀑布基本一样，只是它所使用的落水材料更加规则，如砖块、混凝土、厚石板、条形石板或辅路石板，目的是为了取得设计中所严格要求的几何形结构。

(3) 滚水坝

滚水坝其实就是低溢流堰，一种高度较低的拦水建筑物，其主要作用为抬高上游水位、拦蓄泥沙。主要原理是将水位抬高到一定位置，当涨水时，多余的水可以自由溢流向下游。因此，除了满足取水的高程要求外，还要满足冲砂的要求。具体根据其作用、地质、水文等因素来确定规模。

(4) 溢（泻）流

① 溢流　溢流是指池水满盈而外流。材料既有大理石等石制，也有铸铁等金属。

② 泻流　在园林水景中，泻流是指那种断断续续、细细小小的流水，材料与溢流相同。

(5) 管流

管流是指水从管状物中流出。日式水景中的管流主要有两类，即“蹲踞”与“逐鹿”，两者对东西方园林水景影响较大，并已成为一种较为普遍的庭园装饰水景。

① 蹲踞　蹲踞通常由一个中空的石钵和竹筒所制的水管组成，高度通常为20～30cm，其中的石钵一般都是天然石材凿空而成，当然也可以有不同的风格或材质，但大多以圆形为主。

② 逐鹿　逐鹿也是一种使用竹筒作水管的水景。逐鹿需要有隐藏的水池和鹅卵石表面，最关键的一点是，带活动转轴的接水竹筒安装的位置，要正好使水可以流入隐藏的水池或流到水池上面的鹅卵石上。

Chapter 6

园林给排水与喷灌工程材料

6.1 给排水工程材料

6.1.1 管材

6.1.1.1 给水管材

管材对水质有影响，管材的抗压强度影响管网的使用寿命。管网属于地下永久性隐蔽工程设施，要求很高的安全可靠性，目前常用的给水管材有下列几种。

（1）铸铁管

铸铁管分为灰铸铁管和球墨铸铁管，灰铸铁管具有经久耐用、耐腐蚀性强、使用寿命长的优点，但质地较脆，不耐振动和弯折，质量大，灰铸铁管是以往使用最广的管材，主要用在 $DN80 \sim DN1000$ 的地方，但运用中易发生爆管，不适应城市的发展，在国外已被球墨铸铁管代替。球墨铸铁管在抗压、抗震上有提高。

（2）钢管

钢管有焊接钢管和无缝钢管两种，焊接钢管又分为镀锌钢管（白铁管）和非镀锌钢管（黑铁管）。钢管有较好的机械强度，耐高压、振动，质量较轻，单管长度长，接口方便，有较强的适应性，但耐腐蚀性差，防腐造价高。镀锌钢管就是防腐处理后的钢管，它防腐、防锈、水质不易变坏，使用寿命长，是生活用水的室内主要给水管材。

（3）钢筋混凝土管

钢筋混凝土管防腐能力强，不需任何防腐处理，有较好的抗渗性和耐久性，但水管质量大，质地脆，装卸和搬运不便。其中，自应力钢筋混凝土管会后期膨胀，可使管疏松，不用于主要管道；预应力钢筋混凝土管能承受一定压力，在国内大口径输水管中应用较广，但是，由于接口问题，易爆管、漏水。为克服这个缺陷，现采用预应力钢筒混凝土管（PCCP 管），是利用钢筒和预应力钢筋混凝土管复合而成，具有抗震性好，使用寿命长，不易腐蚀、渗漏的特点，是较理想的大水量输水管材。

（4）塑料管

塑料管表面光滑，不易结垢，水头损失小，耐腐蚀，质量轻，加工连接方便，但管材强度低，质地脆，抗外压和冲击性差。多用于小口径，一般小于 *DN*200，不宜安装在车行道下。国外在新安装的管道中占 70%左右，国内许多城市已大量应用，特别是绿地、农田的喷灌系统中，应用广泛。

（5）其他管材

玻璃钢管价格高，正刚刚起步；石棉水泥管易破碎，已逐渐被淘汰。

6.1.1.2 排水管材

（1）排水管渠材料的要求

为保证正常的排水功能，排水管渠的材料必须满足下列几点要求。

① 具有足够的强度，承受外部的荷载和内部的水压。

② 必须不渗水，防止污水渗出或地下水渗入而污染或腐蚀其他管道、建筑物基础。

③ 具有抵抗污水中杂质的冲刷和磨损的作用，还应有抗腐蚀的性能。

④ 内壁要整齐光滑，使水流阻力尽量减小。

⑤ 尽量就地取材，减少成本及运输费用。

（2）排水管渠材料种类

常用管道多是圆形管，大多数为非金属管材，具有抗腐蚀的性能，且价格便宜。

① 混凝土管和钢筋混凝土管　混凝土管和钢筋混凝土管适用于排除雨水、污水，可在现场浇制，也可在专门的工厂预制。可以分为混凝土管、轻型钢筋混凝土管、重型钢筋混凝土管 3 种。混凝土管的管径一般小于 450mm，长度多为 1m，适用于管径较小的无压管。管口通常有承插式、企口式、平口式。当管道埋深较大或敷设在土质条件不良的地段或当管径大于 400mm 时，为抗外压，通常都采用钢筋混凝土管。钢筋混凝土管制作方便、价低、应用广泛，但抵抗酸碱侵蚀及抗渗性差、管节短、节口多、搬运不便。

② 塑料管　塑料管内壁光滑，抗腐蚀性能好，水流阻力小，节长且接头少，抗压力不高。很多应用在建筑排水系统中，多用于室外小管径排水管，主要有 PVC 波纹管、PE 波纹管等。

③ 金属管　常用的铸铁管和钢管强度高，抗渗性好，内壁光滑，水冲无噪声、防火性能好、抗压抗震性能强，节长且接头少，易于安装与维修，但价格较贵，耐酸碱腐蚀性差，常用在压力管上。

④ 陶土管　陶土管是用低质黏土及瘠性料经成形、烧成的多孔性陶器，可以排输污水、废水、雨水、灌溉用水或排输酸性、碱性废水等其他腐蚀性介质。其内壁光滑，水阻力小，不透水性能好，抗腐蚀；但易碎，抗弯、拉强度低，节短，施工不方便，不宜用在松土和埋深较大之处。

6.1.2 管网附属设备

（1）管件

管件是将管子连接成管路的零件，根据连接方法可分为四类，即承插式管件、螺纹管件、法兰管件和焊接管件等，多用与管子相同的材料制成。有弯头（肘管）、法兰、三通管、四通管（十字头）和异径管（大小头）等。弯头用于管道转弯的地方；法兰用于使管子与管子相互连接的零件，连接于管端；三通管用于三根管子汇集的地方；四通管用于四根管子汇集的地方；异径管用于不同管径的两根管子相连接的地方。

钢管部分管件如图 6-1 所示。

（2）地下龙头

地下龙头通常用于绿地浇灌，它由阀门、弯头及直管等组成，一般用 *DN*20 或 *DN*25。通常把部件放在井中，埋深 300～500mm，周边用砖砌成井，大小依据管件多少而定，一般内径（或边长）300mm 左右。地下龙头的服务半径为 50m 左右，在井旁应设出水口，以免附近积水。

（3）阀门井

阀门用来调节管线中的流量和水压。主管和支管交接处的阀门常设在支管上。通常把阀门放在阀门井内，其平面尺寸由水管直径及附件种类和数量决定，一般阀门井内径为 1000～2800mm（管径 *DN*75～*DN*1000 时），井口 *DN*600～*DN*800，井深由水管埋深决定。

（4）消火栓

消火栓分为地上式和地下式，地上式易于寻找，使用方便，但易被碰坏。地下式适于气温较低地区，通常安装在阀门井内。在城市，室外消火栓间距在 120m 以内，公园和风景区根据建筑情况确定。消火栓距建筑物应在 5m 以上，距离车行道应不大于 2m，以便于消防车的连接。

（5）排气阀井和排水阀井

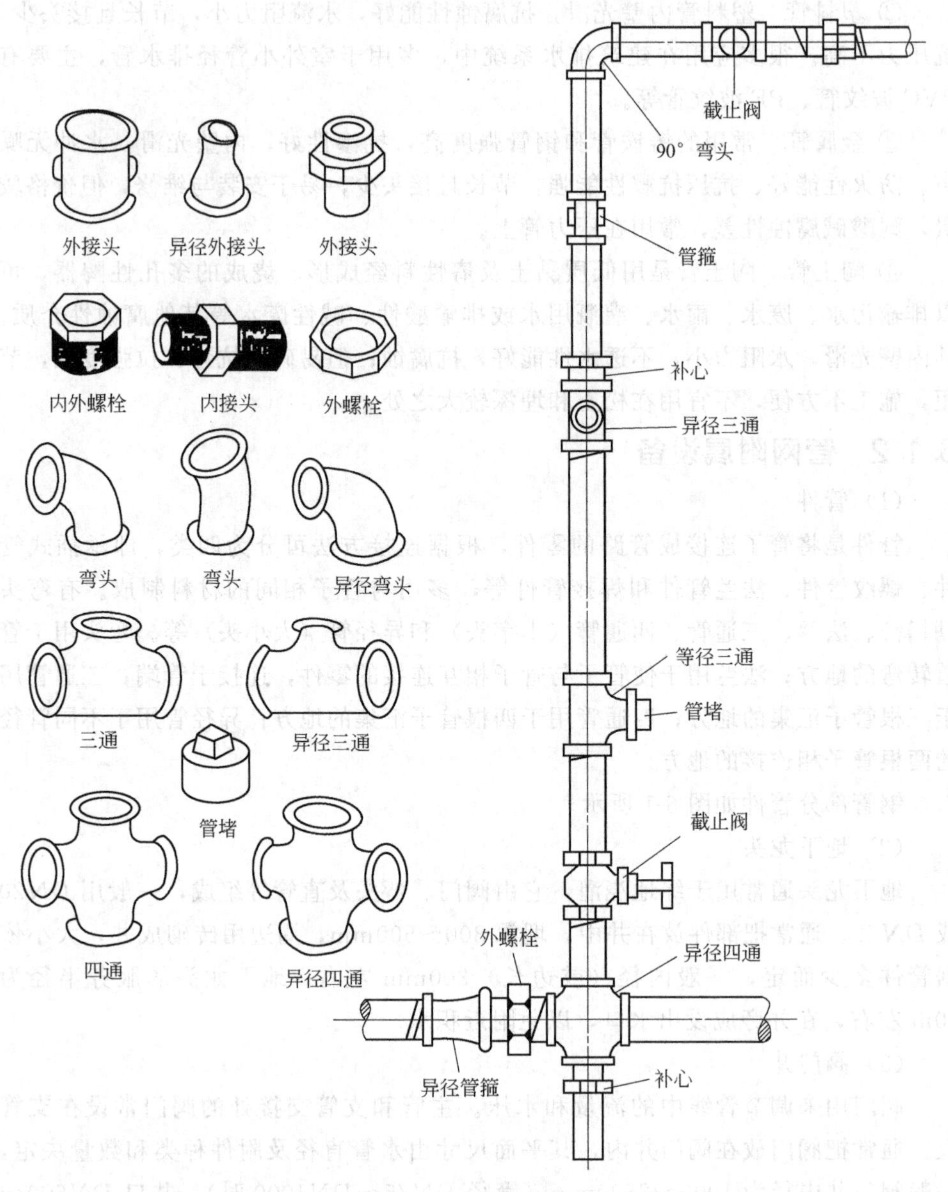

图 6-1 钢管部分管件

排气阀装在管线的高起部位，用以排出管内空气。排水阀设在管线最低处，用以排除管道中沉淀物和检修时放空存水。两种阀门都放在阀门井内，井的内径为 1200～2400mm，井深由管道埋深确定。

（6）检查井

检查井用来对管道进行检查和清理，同时也起连接管段的作用。检查井一般设在管渠转弯、交汇、管渠尺寸变化和坡度改变处，在直线管段相隔一定距离也需设检查井。相邻检查井之间管渠应成一直线。检查井分不下人的浅井和需下人的深井，常用井口为600～700mm。

（7）跌水井

跌水井是设有消能设施的检查井。常见跌水井有竖管式、阶梯式、溢流堰式等。如果遇到以下情况且跌差大于1m时需设跌水井。

① 管道流速过大，需加以调节处，管道垂直于陡峭地形的等高线布置，按原坡度将露出地面处。

② 接入较低的管道处。

③ 管道遇上地下障碍物，必须跌落通过处。

（8）出水口

出水口的位置和形式，应依据水位、水流方向、驳岸形式等设定，雨水管出水口最好不要淹没在水中，管底标高在水体常水位以上，防止水体倒灌。出水口与水体岸边连接处，通常做成护坡或挡土墙，以保护河岸及固定出水管渠与出水口。园林的雨水口、检查井、出水口，在满足构筑物本身的功能以外，其外观应作为园景来考虑，可以运用各种艺术造型及工程处理手法来加以美化，使之成为一景。

（9）雨水口

雨水口是雨水管渠上收集雨水的构筑物，间距一般为25～60m。地表径流通过雨水口和连接管道流入检查井或排水管渠。雨水口由进水管、井筒、连接管组成，雨水口按进水比在街道上设置位置可分为：边沟雨水口、侧石雨水口和联合式雨水口等。雨水口常设在道路边沟、汇水点和截水点上。

6.2 喷灌工程材料

6.2.1 控制设备

6.2.1.1 状态性控制设备

状态性控制设备是指给水系统和喷灌系统中能够满足设计和使用要求的各类阀门，其作用是控制给水网或喷灌网中水流的方向、速度和压力等状态参数。按照控制方式的不同，可将这些阀门分为手控阀、电磁阀和水力阀。

（1）手控阀

绿地喷灌系统常用的手控阀有闸阀、球阀和快速连接阀。

① 闸阀　闸阀是一种广泛使用的阀门，具有水流阻力小、操作省力的优点，还可有效地防止水锤发生。但是闸阀的结构复杂，密封面容易擦伤，影响止水效果，高度尺寸较大。

闸阀在绿地喷灌系统中多与供水设备和过滤设备配套使用，也用在管网主干管或相邻两个轮灌区的连接管上。根据闸阀规格的不同，与管道的连接方式有法兰、螺纹、焊接和胶接等。

② 球阀　球阀是绿地喷灌系统中使用最多的一种阀门。其优点是密封性好、结构简单、体积小、质量轻、对水流阻力小。但是难以做到流量的微调节，启闭速度不易控制，且容易在管道内产生较大的水锤压力。

塑料球阀在绿地喷灌系统中的普遍采用，主要是因为便于与同类材质的管道和管件连接。塑料球阀的规格直径一般为 15～100mm，启闭较大规格的球阀时一定要缓慢，以免引起水锤现象。塑料球阀与塑料管道的连接方式主要有两种，即螺纹和胶接。

③ 快速连接阀　快速连接阀的材质一般为塑料或黄铜，由阀体和阀钥匙组成。阀体与地下管道通过铰接杆连接，其顶部与草坪根部平齐。

快速连接阀作为绿地喷灌系统的配套设施被广泛使用。单纯的喷灌方式难以满足多样化种植的灌水要求，要保证在喷灌系统故障维修期间对植物有效灌水，应适当地使用快速连接阀，有利于降低工程总造价。快速连接阀作为一种方便的取水口，为绿地喷灌系统提供了有效的补充。

（2）电磁阀

电磁阀是自控型喷灌系统常用的状态性控制设备。它具有工作稳定、使用寿命长、对工作环境无苛刻要求等特点。

① 构造原理　电磁阀主要由阀体、阀盖、隔膜、电磁包、放水阀门和压力调节杆等部分构成。阀体上有一个被称为导入孔的细小通道，它连接着隔膜上、下室和电磁包底部的空间。电磁阀有常开型和常闭型两种，绿地喷灌系统使用的电磁阀多数属于常闭导入型，即电磁阀不工作时处于关闭状态，电磁阀工作时，安全电流通过电磁包，在电磁感应作用下电磁芯移动，从而开启导入孔；导入孔的开启意味着隔膜上、下室之间的压力平衡受到破坏，隔膜便在上游水压的作用下打开通道，阀门开启。

电磁阀的阀体一般由工程塑料、强化尼龙或黄铜制成，隔膜通常由具有良好韧性的橡胶材料制成，弹簧则由不锈钢制成。这些材料都具有较好的化学稳定性和力学性能。

② 类型　电磁阀从原理上分为三大类。

a. 直动式电磁阀　通电时，电磁线圈产生电磁力把关闭件从阀座上提起，阀门打开；断电时，电磁力消失，弹簧把关闭件压在阀座上，阀门关闭。在真空、负压、零压时能正常工作，但通径一般不超过 25mm。

b. 分步直动式电磁阀　它是一种直动和先导式相结合的原理，当入口与出口没有压差时，通电后，电磁力直接把先导小阀和主阀关闭件依次向上提起，阀门打开。当入口与出口达到启动压差时，通电后，电磁力先导小阀，主阀下腔压力上升，上腔压力下降，从而利用压差把主阀向上推开；断电时，先导阀利用弹簧力或介质压力推动关闭件，向下移动，使阀门关闭。

c. 先导式电磁阀　通电时，电磁力把先导孔打开，上腔室压力迅速下降，在关闭件周围形成上低下高的压差，流体压力推动关闭件向上移动，打开阀门；断电时，弹簧力把先导孔关闭，入口压力通过旁通孔迅速进入上腔室在关阀件周围形成下低上高的压差，流体压力推动关闭件向下移动，关闭阀门。流体压力范围上限较高，可任意安装（需定制）但必须满足流体压差条件。

③ 规格　绿地喷灌系统常用电磁阀的规格有20mm、25mm、32mm、40mm、50mm和75mm，与管道的连接有螺纹和承插方式。和手控阀不一样的是电磁阀的安装方向不可逆，安装时应加以注意。电磁阀的工作电压一般为24V/50Hz，启动电流为400mA左右，吸持电流为250mA左右。不同品牌产品的性能参数会有些差异，选用时应详细阅读产品说明书。

（3）水力阀

水力阀的作用与电磁阀基本相同，其启闭是依靠液压的作用，而不是靠电磁作用。水力阀也有常开型和常闭型、直阀和角阀之分，常见的规格为50～200mm，连接方式为螺纹和法兰方式。绿地喷灌系统使用较多的是常闭阀。

水力阀的特点是使用方便、准确、可靠、迅速（启闭只需几秒），并在泵的开启与关闭时可以防止断电、通电所产生的回流。采用自动控制时，不需外加动力源。控制阀可以是二位三通电磁阀，也可以是二位三通旋塞阀。可以直接安装在水力阀上，也可以通过控制管集中在一个地方控制。水力阀是实现自动化控制和半自动化控制的远程控制阀门，配备电磁阀可与计算机联通实现自动化控制，配备手控阀可实现集中远程控制。水力阀的工作原理是利用隔膜将截面放大，从而将控制器给予的压力信号放大，使控制杆升降，完成阀门的启闭。

6.2.1.2 安全性控制设备

安全性控制设备是指保证喷灌系统在设计条件下安全运行的各种控制设备，如减压阀、逆止阀、调压孔板、空气阀、水锤消除阀和自动泄水阀等。安全性控制设备的作用是保障喷灌系统的正常运行和管网安全。

（1）减压阀

减压阀的作用是在设备或管道内的水压超过其正常的工作压力时自动消除多余的压力。按其结构形式可分为薄膜式、弹簧薄膜式、活塞式和波纹管式。除活塞式减压阀外，其余三处均可用于喷灌系统。常用的减压阀与管道的连接方式为螺纹，规格有20mm、25mm、40mm和50mm。

（2）逆止阀

逆止阀也称为单向阀或止回阀，是根据阀前和阀后的水压差而自动启闭的阀门，其作用是防止管中的水倒流。根据结构的不同，逆止阀可分为升降式、摆板式和立式升降式三种。

（3）调压孔板

调压孔板的工作原理是：在管道中设置带有孔口的孔板，对水流产生较大的局部阻力，从而达到消除水流剩余水头的目的。使用调压孔板比减压阀更经济、方便。

在绿地喷灌系统中，调压孔板常用于离水源较近的轮灌区入口处，或地势起伏较大的场合。调压孔板的作用在于平衡管网压力，保证喷灌均匀度。

(4) 空气阀

空气阀是喷灌系统中的重要附件之一，其作用是自动进、排空气，满足喷灌系统的运行要求。空气阀主要由阀体、浮块、气孔和密封件等部分构成，阀体一般是耐腐蚀性较强的工程塑料或金属材料。空气阀一般通过外螺纹与管道连接。绿地喷灌系统常用空气阀的规格有20mm、25mm和50mm。

空气阀在绿地喷灌系统中主要有以下作用。

① 当局部管道中存有空气时，使管道的过水断面减小，压力增加。空气阀可以自动排泄空气，保证管道正常的过水断面和喷头的工作压力，避免管道破裂。

② 冬季泄水时，通过空气阀向喷灌管网管道补充空气，保证管道中足够的泄水压力。避免因管道中的负压现象造成泄水不畅，留下管道破裂的隐患。

(5) 水锤消除阀

水锤消除阀是一种当管道压力上升或下降到一定程度时自动开启的安全阀。根据水锤消除阀的启动压力与管道正常工作压力的关系，可将水锤消除阀分为上行式和下行式。

① 上行式水锤消除阀　上行式水锤消除阀当管道压力上升至一定程度时自动开启，用于减少管道超额的压力，防止水锤事故。上行式水锤消除阀分弹簧式和杠杆式。实际应用中，应根据喷灌系统管网的具体情况安装在管路的始端，或在几处同时安装。

上行式水锤消除阀最好和补气措施同时采用，这不仅可避免因水锤引起的压力突然上升，还可以减少阀门的过水量，降低成本。

② 下行式水锤消除阀　下行式水锤消除阀是当管道中的压力降至某一数值后自动启动的安全阀。用于减少突然停泵时因压力下降所产生的直接水锤压力，而对启动水泵或迅速关闭闸阀所产生的由升压引起的水锤压力则无效。

正常情况下，下行式水锤消除阀常和逆止阀配合使用。当事故停泵过程中初始阶段的最大压降值接近管道的正常工作水压时，不宜采用下行式水锤消除阀进行水锤防护。

(6) 自动泄水阀

自动泄水阀在绿地喷灌系统中的作用是自动排泄管道中的水，避免冰冻对管道的危害。自动泄水阀的底部有一个弹性底阀，当喷灌系统运行时，管道中的水压大于其开启压力，则底阀关闭；当喷灌系统停止工作时，管道中的水压小于其开启压力，则底阀打开，管道中的水泄出。

自动泄水阀通常由塑料制成，常用规格有 20mm、25mm 和 50mm 几种，不同规格的泄水速度不一样，使用时应根据产品的性能参数加以选择。

6.2.2　加压设备

6.2.2.1　离心泵

离心泵是叶片式水泵中利用叶轮旋转时产生的惯性离心力来抽水的。根据水流进水叶轮的方式不同，又可分为单进式（也称单吸式）和双进式（也称双吸式）。单吸式泵从叶轮的一侧进水，双吸式泵从叶轮的两侧进水。根据泵体内安装叶轮数目的多少，又可分为单级泵和多级泵。单级泵体内安装一个叶轮，多级泵的泵体内安装两个或两个以上叶轮。

(1) 单级单吸式离心泵

单级单吸式离心泵主要有四个系列，即 IB 型、IS 型、B 型和 BA 型，其中 IB 型、IS 型泵是 B 型、BA 型泵的更新换代产品。单级单吸式离心泵-IS型泵如图 6-2 所示，单级单吸式离心泵-BA 型泵如图 6-3 所示。它们共同的特点是扬程高、流量较小、结构简单、使用方便。其中 IS 型泵的结构更加合理，使用可靠，其流量约为 6.3～285m^3/h，扬程约为 9.5～91m。

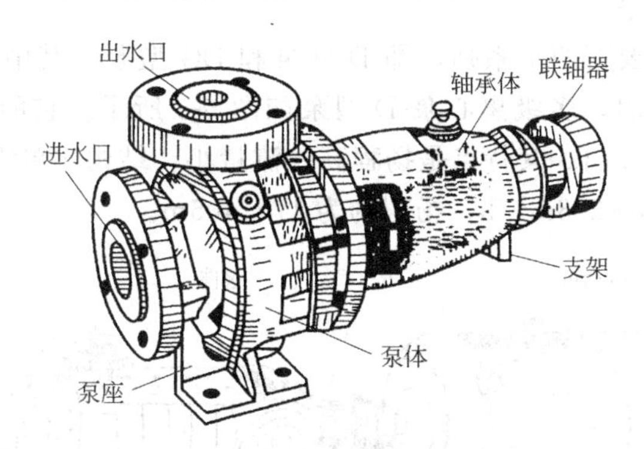

图 6-2　单级单吸式离心泵-IS 型

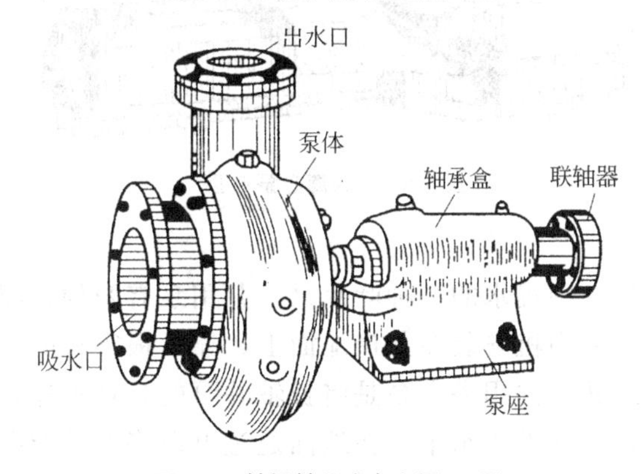

图 6-3　单级单吸式离心泵-BA 型

(2) 单级双吸式离心泵

单级双吸式离心泵主要有两个系列，即S型泵和Sh型泵，泵体均为水平中开式接缝，进水口与出水口均在泵轴线下方的泵座部分，成水平直线方向，与泵轴线垂直，检修起来特别方便，不需拆卸旁边的电机和管线。单级双吸式离心泵-S（Sh）型泵如图6-4所示，这类泵的特点是扬程较高，流量比同口径单吸泵大，其流量约为20～1100m^3/h，扬程约为10～125m；体积较大，比较笨重。

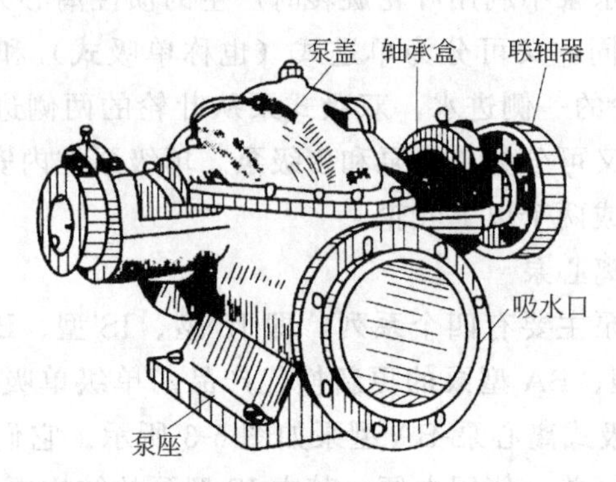

图6-4 单级双吸式离心泵-S（Sh）型

(3) 多级离心泵

多级离心泵主要有两个系列，即D型泵和DG型泵，其中D型泵系列更适合于大面积绿地喷灌，多级离心泵-D型泵如图6-5所示。它的进水口为水平方向，出水口为垂直方向。其特点是扬程高、流量小，结构比单级泵复杂。多级离心泵的流量约为18～288m^3/h，扬程约为17～405m。

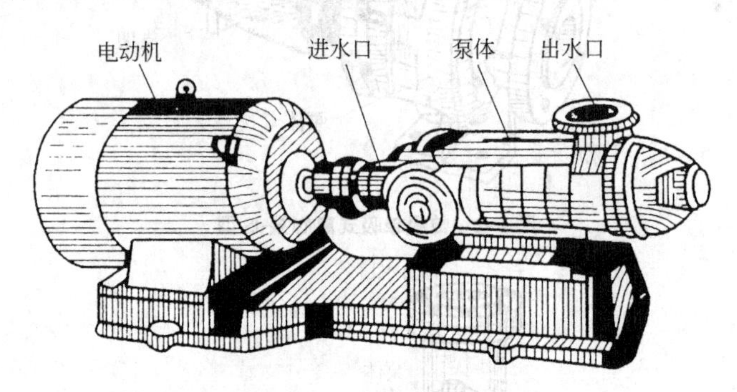

图6-5 多级离心泵-D型

6.2.2.2 井用泵

井用泵是专门从井中提水的一种叶片泵。井用泵有两种，即长轴井泵和井用潜水泵，长轴井泵的动力机安装在井口地面上，靠一根很长的分节传动轴带动淹没在井水中的叶轮旋转；井用潜水泵是将长轴井泵的长轴去掉，电动机与水泵连成一体，工作时机泵一起潜入水中，在地面通过电缆将电源与电机接通，驱动水泵叶轮旋转的一种井用泵。

6.2.2.3 小型潜水泵

小型潜水泵也是一种机泵合一的泵型，与井用潜水泵相比，它具有体积小，质量轻，使用、维修方便和运行可靠等优点。它的电机有使用三相电源和单相电源之分。根据电机内部可否充填油、水，也可分为干式、充油式和充水式 3 种。小型潜水泵广泛用于无管网水源或管网水源压力不足的绿地喷灌系统。

6.2.3 过滤设备

（1）离心过滤器

绿地喷灌系统常用离心过滤器，其主要部分有罐体、接砂罐、进出水口、排砂口和冲洗口。离心过滤器的工作原理是：有压水流由进水口沿切向进入锥形罐体，水流在罐内顺罐壁运动形成旋流；在离心力和重力的作用下，水流中的泥沙和其他密度大于水的固定颗粒向管壁靠近，逐渐沉积，最后进入底部的接砂罐；清水则从过滤器顶部的出水口排出，水砂分离完成。

离心过滤器主要用于含砂水的初级过滤，可分离水中的砂粒和碎石。在稳定流状态下，对 60～150 目的砂石有较好的分离效果。由于启、停泵阶段的水流属于非稳定流态，砂石在罐内得不到很好的分离，建议将离心过滤器与网式过滤器同时使用。

离心过滤器的规格一般用进水口口径表示。绿地喷灌系统常用离心过滤器的规格和建议工作水量见表 6-1。离心过滤器既可单台使用，也可多台组合使用。多台组合的方法有并联和串联，串联组合使用可以提高出水质量，并联组合使用可以增加出水量。

表 6-1 离心过滤器的规格和建议工作水量

规格（*DN*）/mm	20	25	50	60	100
工作水量/（m^3/h）	1.0～3.0	1.5～7.0	5.0～20	10～40	30～70

为获得较好的过滤效果，进水管应有足够的直段长度，以保证水流以稳定流状态进入罐内。一般要求进水直管的长度大于进水口径的 10 倍。

（2）砂石过滤器

砂石过滤是给水工程中常见的净化水的方法。常采用砂石过滤器去除水中的藻类和漂浮物等较轻的杂物。砂石过滤器一般呈圆柱状，主要由滤罐和砂石组成。滤罐内的砂石是按照一定的粒径级配方式分层填充。水从过滤器上部的进水口流入，通过砂石过滤器上部的进水口，经砂石层中的孔隙向下渗漏，在这个过程中，杂质被滞留在砂石表层，经过滤后洁净水由底部的排水口排出。

绿地喷灌系统常用砂石过滤器的规格及建议工作水量见表 6-2。

表 6-2 砂石过滤器的规格和建议工作水量

规格(*DN*)/mm	50	80	100
工作水量/(m^3/h)	5.0～18	10～35	20～70

使用砂石过滤器应注意下列几点。

① 严格控制过滤器的工作流量，使其保持在设计流量的范围内。过滤器的工作流量过大，会造成“砂床流产”，导致过滤效果下降。

② 砂石过滤器可作为单级过滤，也可与网式过滤器或叠片过滤器组合使用。

③ 在过滤器进、出水口分别安装压力表。根据进、出水口之间压差的大小，定期进行反冲洗，以保证出水水质。

④ 对于沉积在砂滤层表面的污染物，应定期用干净颗粒代替。视出水水质情况，一年应处理 1～4 次。

（3）网式过滤器

网式过滤器主要用于水源水质较好的场合，也可与其他类型的过滤器组合使用，作为末级过滤设备。网式过滤器主要由罐体和过滤网组成。水由进水口流入罐内，经过滤网水流向出水口，大于滤网孔径的杂质被截留在滤网的外表面，这样就达到了净化水质的目的。网式过滤器结构简单，价格低廉，使用方便。

绿地喷灌系统常用网式过滤器的规格和建议工作水量见表 6-3。

表 6-3 网式过滤器的规格和建议工作水量

规格(*DN*)/mm	50	80	100
工作水量/(m^3/h)	5.0～20	10～35	30～70

使用网式过滤器应注意下列几点。

① 在过滤器进、出水口分别安装压力表。当过滤网上积聚了污物后，过滤器进、出水口之间的压差会急剧增加，根据压差大小定期将滤网拆下清洗，保证出水水质能够满足喷灌系统的用水要求。

② 网式过滤器的水流方向一般是从滤网的外表面指向内表面。应按照设备上标明的水流方向安装使用，不可逆转。如发现滤网、密封圈损坏，必须及时更换，否则将失去过滤作用。

（4）叠片过滤器

叠片过滤器主要由罐壳、叠片、进出水口和排污口构成。叠片的一面是一条连续的径向肋，另一面是一组同心环向肋。同样规格叠片按照相同的方式紧压组装，构成一个具有巨大过滤表面积的圆柱体。过滤器工作时，水流从进水口进入罐体，由叠片的外环经肋间隙流向内环，水中杂质被截留在叠片间的杂物滞留区，净化水通过叠片内环汇流至出水口。

使用叠片过滤器时，应该在进、出水口分别安装压力表，以便通过进、出水口的压差来判断叠片间隙的堵塞程度和出水水质情况。如果进、出水口的压差超过规定的数值，应反复冲洗。叠片过滤器反冲洗的步骤为：打开排污阀；关闭出水阀；往复转动罐壳，直至排污阀排出的水变清；打开出水阀，关闭排污阀。

叠片过滤器具有以下特点。

① 在同样体积的过滤器设备中，叠片过滤器具有较大的过滤表面积。

② 水流阻力小，因而运行费用较低。

③ 杂物滞留空间大，这意味着反冲洗频率低。

④ 反冲洗时只需要轻轻转动几下罐体，无须拆卸，几十秒即可完成。

叠片过滤器对水中杂质的过滤程度取决于环向肋的高度，生产厂家通常利用叠片的颜色来区别其过滤精度，规划设计时应根据水质条件和喷灌系统的要求合理选用。

6.2.4 喷头

6.2.4.1 喷头的分类

(1) 按非工作状态分类

① 外露式喷头　外露式喷头是指非工作状态下暴露在地面以上的喷头。这类喷头的材质一般为工程塑料、铝锌合金、锌铜合金或全铜，喷洒方式有单向出水和双向出水两种。早期的绿地喷灌系统多采用这类喷头，其原因是其构造简单、使用方便、价格便宜。这类喷头对喷灌系统的供水压力要求不高，这也给实际应用带来一定的方便。

外露式喷头在非工作状态下暴露在地面以上，不便于绿地的养护和管理，且有碍园林景观。这种喷头的使用在体育运动场草坪场地，更是受到限制。另外，这类喷头的射程、射角及覆盖角度不便于调节，很难实现专业化喷灌。

外露式喷头一般用在资金不足或喷灌技术要求不高的场合。

② 地埋式喷头　地埋式喷头是指非工作状态下埋藏在地面以下的喷头。工作时，这类喷头的轴芯（简称“喷芯”）部分在水压的作用下伸出地面，然后按照一定的方式喷洒。关闭水源，水压消失后，喷芯在弹簧的作用下缩回地面。地埋式喷头的结构复杂、工作压力较高，对喷灌系统规划设计和绿地管理水平要求较高。

地埋式喷头的最大优点是不影响园林景观效果，不妨碍人们的活动，便于绿地养护管理。这类喷头的射程、射角和覆盖角度等喷洒性能易于调节，雾化效果好，适合于不规则区域的喷灌，能够更好地满足园林绿地和运动场地草坪的专业化喷灌要求。

(2) 按射程分类

① 近射程喷头　近射程喷头是指射程小于 8m 的喷头。固定式喷头大多属

于近射程喷头，其工作压力低，只要设计合理，市政管网压力即能满足其工作要求。近射程喷头适用于市政、庭院等小规模绿地的喷灌。

② 中射程喷头　中射程喷头是指射程为 8～20m 的喷头。这类喷头适合于较大面积园林绿地的喷灌。

③ 远射程喷头　远射程喷头是指射程大于 20m 的喷头。这类喷头的工作压力较高，一般需要配置加压设备，以保证正常的工作压力和雾化效果。远射程喷头多用于大面积观赏绿地和运动场草坪的喷灌。

（3）按工作状态分类

① 固定式喷头　固定式喷头是指工作时喷芯处于静止状态的喷头，也称为散射式喷头，工作时有压水流从预设的线状孔口喷出，同时覆盖整个喷洒区域。

固定式喷头的结构简单、工作可靠、使用方便；另外，其具有工作压力低、喷洒半径小和雾化程度高等特点，它是庭院和小规模绿化喷灌系统的首选产品。这类喷头在喷洒时还能产生美妙的景观效果，给园林喷灌系统增添了新的功能。

② 旋转式喷头　旋转式喷头是指工作时边喷洒边旋转的喷头。这类喷头在喷洒时，水流从一个或两个方向成 180°夹角的孔口喷出，由于紊动混合重力作用，水流在空中分裂成细小的水滴洒落在绿地上。旋转式喷头一般汇集多项专利技术，具有较高的技术含量。这类喷头对工作压力的要求较高、喷洒半径较大。采用旋转式喷头的喷灌系统有时需要配置加压设备。这类喷头的射程、射角和覆盖角度在多数情况下可以调节，是大面积园林绿地和运动场地草坪喷灌的理想产品。

6.2.4.2　喷头的构造

喷头一般由喷体、喷芯、喷嘴、弹簧、滤网和止溢阀等部分组成，旋转式喷头还多了传动装置。

（1）喷体

喷体是喷头的外壳部分，它是支撑喷头的部件结构。喷体一般由工程塑料制成，底部有标准内螺纹，用于和管道连接。螺纹规格与喷头的射程有关，常见的有 20mm、25mm 和 40mm 等。喷体总高度随喷芯的伸缩高度改变，当喷体总高度较大时，喷体自带侧向进口，这样既便于施工，又能满足冬季泄水的安装要求。侧向进口的内螺纹规格通常与底部相同。

（2）喷芯

喷芯是喷头的伸缩部分，为喷嘴、滤网、止溢阀、弹簧和传动装置（在旋转喷头的场合）提供结构支撑。水流从喷芯内部经过，自下而上流向喷嘴。喷芯的材质一般为工程塑料或不锈钢。喷芯的伸缩高度通常为 5cm、10cm、15cm 和 30cm，可根据植物的种植高度合理选择。

（3）喷嘴

喷嘴是喷头的重要部件之一，是水流完成压力流动进入大气的最后部分。在一定工作压力下，喷嘴的形状和内径决定喷头的水量分布及雾化效果。

① 固定式喷头 固定式喷头多为线状喷嘴，喷嘴与喷芯以螺纹相连接，便于施工人员根据设计要求现场调换；只有个别情况喷嘴与喷芯是连为一体的，不可调换，设计选型和材料准备时要加以注意。

固定式喷头的喷洒覆盖区域一般呈扇形或矩形。呈扇形时，可使用专用工具从喷头顶部调节扇形的角度。扇形角度的调节方式有单区调节方式和多区调节方式两种。单区调节喷嘴的覆盖区域在0°～360°范围内连续变化，当圆心角为0°时，喷嘴完全关闭；当圆心角为360°，喷洒覆盖区域呈圆形，称为全圆喷洒。多区调节喷嘴将全圆分成几个区域，每个区域的喷洒范围可根据需要单独调节。工作时它的喷洒水形主要取决于绿地形状，可以是连续的，也可以是间断的。多区调节喷嘴能够更好地满足不规则地形的喷灌要求，有利于降低工程造价。固定式喷嘴顶部的螺钉通常具有调节射程的作用，一般可将正常射程缩短25％左右。

为了便于使用，喷头的生产厂家通常为一个型号的喷头提供几个不同规格的喷嘴与其配套，以满足不同射程的要求。每种喷嘴由不同颜色区别，便于调用。

② 旋转式喷头 旋转式喷头一般采用单孔或多孔的置换喷嘴。置换式喷嘴是一组由喷头的生产厂家提供的不同仰角和孔径的孔口喷嘴，它们与喷头配套，以满足不同的水源、气象和地形条件对喷灌的要求。不同孔径的喷嘴通常用颜色来加以区别。由于喷嘴孔口局部阻力的作用，水流的出口压力会有所降低。喷嘴孔口越小，对水流的局部阻力越大，水流的出口压力则越小。在喷头的喷洒效果方面，这种影响还会表现为喷头的射程减小、出水量减小及喷灌强度减小。

规划设计时必须根据当地在喷灌季节的平均风速和水源、地形条件，合理选择喷嘴的射角和规格，从喷头选型上首先满足设计要求。

置换式喷嘴安装后应旋下顶部螺钉，对喷嘴加以固定。置换式喷嘴的安装不太方便，有时也不能满足射程和射角方面的要求。作为对此缺憾的弥补，非置换式喷嘴起到了一定的作用。非置换式喷嘴是一种与喷头固定在一起的喷嘴。使用时根据现场距离和风力情况，通过调节喷头顶部的螺钉，改变射程或射角。使用这种喷嘴既节省了置换喷嘴的琐碎工作，又能实现射程和射角的连续变化，能更好地满足不规则地形喷灌要求。

(4) 弹簧

弹簧由不锈钢制成，作用是当喷灌系统关闭后使喷芯复位。弹簧的承压能力决定着启动喷头工作的最小水压。

(5) 滤网

滤网的作用是截留水中的杂质，以免堵塞喷嘴。按照安装位置的不同，滤网可分为上置式和下置式。上置式滤网安装在喷嘴的底部，多用于固定式喷头中的喷嘴和喷芯为分体结构的场合，便于拆装清洗。下置式滤网安装在喷芯底部，多见于喷嘴和喷芯为连体结构的固定式喷头和各种旋转式喷头；下置式滤网的过水面积比上置式滤网大，在同样的水质条件下，清洗次数要少一些。滤网一般由抗老化性能较好的尼龙材料制成。

(6) 止溢阀

止溢阀一般属于选择部件，位于喷芯的底部。其作用是防止喷灌系统关闭后，管道中的水从地势较低处的喷头顶部外溢，造成地表径流、局部积水或土壤侵蚀。

(7) 传动装置

传动装置的作用是驱使喷芯在喷洒过程中沿喷头轴线旋转。地埋式喷头最普遍的传动方式是齿轮传动。它的工作原理是：安装在传动装置底部的叶片受到水流的轴向冲击后绕喷头轴线旋转，然后借助一组齿轮将这种旋转向上传递，带动喷芯顶部的喷嘴部分，使其按照一定的方式匀速旋转。喷头工作时的旋转角度可以预先设置。设置方法有从喷头顶部通过工具调节，也有借助侧向调节环徒手调节。喷头的旋转动力传动除了齿轮传动方式外，还有其他传动方式，如球传动方式等。无论采用什么方式，都有一个基本的要求，那就是在喷洒过程中喷嘴应该匀速转动。

6.2.4.3 喷头的性能

喷头的性能参数包括工作压力、射程、射角、出水量和喷灌强度等。它们是规划设计中喷头选型和布置的依据，直接影响着喷灌系统的质量。

(1) 工作压力

工作压力是指保证喷头的设计远程和雾化强度时喷头进口处的水压。工作压力是喷头的重要性能参数，直接影响到喷头的射程和喷灌均匀度。在正常的工作压力下，喷头的水量分布近似呈三角形。对于水量分布呈三角形的喷头，如果喷头的布置间距正好等于它在设计工作压力下的射程，就可以获得最佳的喷灌均匀度。实际情况往往有所不同，主要原因除来自喷头的性能和风力的影响外，还有喷头实际工作压力的因素。喷头的工作压力过大或过小，单喷头喷洒水量沿径向的分布形式都会发生变化，压力过大或过小的分布形式都不利于得到较好的组合喷灌均匀度。因此，在喷灌系统的规划设计中应保证管网的压力均衡，使系统中所有的喷头都在额定的压力范围内工作，以求得到最高的组合喷洒均匀度。

工作压力是喷头和加压设备选型的重要依据。低压喷头多用于自然型喷灌系统。在加压喷灌系统中，有利于降低系统中的运行费用。

(2) 射程

喷头的射程是指雨量筒中收集的水量为0.3mm/h（喷头流量小于0.25m³/h时为0.15mm/h）的那一点到喷头中心的距离。

喷头的射程受工作压力的影响，在相同的工作压力下，射程往往成为喷头布置间距的依据。喷头的射程影响工程造价。虽然近射程喷头的单价较低，但由于喷头的密度较大，管材数量增加，一般情况会增加工程造价。如果规划设计时需要，应根据喷头射程制定不同的设计方案，分析比较后加以确定。

（3）射角

喷头的射角是指喷嘴处水流轴线与水平线的夹角。理想情况下45°射角的喷洒距离最大。受到空气阻力和风力的影响，实际的喷头射角往往比理想的值多。常见的喷头射角如下。

① 低射角　低射角小于20°，具有良好的抗风能力，但以损失射程为代价，多用于多风地区的喷灌系统。

② 标准射角　标准射角为20°～30°，多用于一般气象条件和地形条件下的绿地喷灌系统。

③ 高射角　高射角大于30°，抗风能力较差，多用于陡坡地形和其他特殊要求的喷灌系统。同样压力下，高射角喷嘴的射程较大。

（4）出水量

喷头出水量是指单位时间喷头的喷洒水量。在同样的射程下，出水量大表示喷灌强度大，出水量小表示喷灌强度小。出水量间接地反映了水滴打击强度的大小，在其他条件不变的情况下，出水量大表明水滴打击强度大；反之，表明水滴打击强度小。

喷头的出水量对工程造价的影响较明显，这种影响主要表现在管径与工程造价的关系上。

（5）喷灌强度

喷灌强度是指单位时间喷洒在单位面积上的水量，或单位时间喷洒在灌溉区域上的水深。一般情况下，当涉及喷头的喷灌强度时，总是有些附加条件，在喷头选型时应加以注意。

6.2.4.4　喷头的规格

喷头的规格是指喷头的静态高度、伸缩高度、接口规格、暴露直径和喷洒范围等，这些参数与设备安装有直接的关系。所以，在喷灌系统的规划设计时，必须对各种喷头的规格有足够的了解，以便合理选择。

（1）静态高度

喷头的静态高度是指喷头在非工作状态下的高度。一般取决于喷头的伸缩高度，它决定了喷灌系统末端管网的最小埋深。

（2）伸缩高度

喷头的伸缩高度是指工作状态下喷芯升起的高度。绿地喷灌常用喷头的伸缩高度有0cm、5.0cm、7.5cm、10.0cm、15cm和30cm，规划设计时可根据植物的高度进行选择。在灌木丛中设置喷头，可利用立管来抬高喷头，满足使用要求。

（3）接口规格

接口规格是指喷头与管道接口的规格。喷头与管道一般采用螺纹连接，常见的规格有1/2″、3/4″、1″和1.5″（1″=25.4mm）等几种。

（4）暴露直径

喷头的暴露直径是指喷头顶部的投影直径。喷头的暴露直径决定了它是否能被用于激烈运动草坪的喷灌系统。

（5）喷洒范围

喷洒范围是指无风状态下，喷头喷洒在绿地上形成的湿润范围。喷洒范围通常有扇形和矩形两种，全圆是扇形的特例。扇形的角度是否可以调节，取决于喷头的性能。有些喷头的喷洒范围可以调节，根据需要设置；有些喷头的覆盖角度是固定的特殊值，如45°、90°、180°、270°和360°等。在喷洒范围为矩形的场合，分为单向喷洒和双向喷洒。

6.2.4.5 喷头的主要特点

① 在非工作状态下，无任何部分暴露在地面以上，既不妨碍园林绿地的养护工作，也不影响整体的景观效果，在一定程度上还可以免遭人为损坏。

② 具有较稳定的"压力-射程-流量"关系，便于控制喷灌强度和喷洒均匀度等喷灌技术要素。

③ 射程、射角和覆盖角度的调节性好，能更好地满足不规则地形、不同的种植条件对喷灌的要求，便于实现专业化喷灌。

④ 产品的规格齐全，选择范围广，能满足不同类型绿地对喷灌的专业化要求。

⑤ 自带过滤装置，对喷灌水源的水质无苛刻要求，使推广应用更为容易。

⑥ 使用工程塑料和不锈钢材质，不但降低了对应用环境的要求，也大大延长了其使用寿命。

⑦ 止溢阀结构可以有效地防止系统停止运行后，管道中的水从地势较低处的喷头溢出，避免形成地表径流或积水。

⑧ 运动场草坪专用喷头顶部的柔性护盖或防护草坪，能有效地保护运动员免受伤害。

固定式喷头和旋转式喷头的比较见表6-4。

表6-4 固定式喷头和旋转式喷头的比较

喷头类型	射程	工作压力	雾化效果	适用场合
固定式	近	小	好	庭院、温室，其他小规模绿地、景观需要
旋转式	远	大	较好	市政、园林、运动场地、大面积绿地及观赏草坪

6.2.4.6 喷头的选择

选择喷头时具体要注意以下几个方面。

（1）声音

喷头的作用是把具有一定压力的水，经过喷嘴的造型，喷出理想的水流形态。外形要美观、耗能小、噪声低。有的喷头喷水噪声很大，如吸水喷头；而有的却是有造型而无声，很安静，如喇叭喷头。要根据周围环境的要求选择，办公、住宅等室内环境的喷水都应选用安静的喷头类型。

（2）风力的干扰

有的喷头受外界风力影响很大，如膜状喷头，此类喷头形成的水膜很薄，强风下几乎不能成型；有的则没什么影响，如冰塔喷头几乎不受风的影响。所以选择喷水的形式时要考虑所处位置的环境。

（3）水质的影响

有的喷头喷孔较细小，受水质的影响很大，如果水质不佳或硬度过高，容易发生堵塞，如蒲公英喷头，一旦堵塞局部，就会破坏整体造型。但有的影响很小，如涌泉喷头。

（4）高度和压力

各种喷头都有其合理、效果较佳的喷射高度。要营建出较高的喷水，用环形喷头比用直流喷头好，因为环形水流的中部空气稀薄，四周空气裹紧水柱使之不易分散。而儿童戏水池等场合为安全起见，要选用低压喷头，以免孩子的眼睛被水的压力损伤。射流的高度与喷头的出水口（喷嘴）大小相关，射流越高，喷头出水口口径相应越大。出水口口径是指喷射的水流出口的直径，与喷头直径概念不同。喷头的直径（*DN*）是指喷头进水口的直径，单位以 mm 表示。在选择喷头的直径时，必须与连接管的内径相配合，喷嘴前应有不少于 20 倍喷嘴口直径的直线管道长度或设整流装置，管径相接不能有急剧变化，以保证喷水的设计水姿造型。

（5）水姿的动态

多数喷头是安装或调整后按固定方向喷射的，如直流喷头。还有一些喷头是动态的，如摇摆和旋转喷头，这类喷头在机械和水力的作用下，喷射时喷头是移动的，经过特殊设计的喷头还可按预定的轨迹前进。即使同一种喷头，通过不同的设计，也可喷射出不同高度，形成此起彼伏的效果。有的设计可使喷射轨迹呈曲线形状，甚至时断时续，使射流呈现出点、滴、串的不同水姿，如间歇喷头。多数喷头是安装在水面之上的，但是鼓泡（吸气）喷头是安装在水面之下的，随着水面的波动，喷射的水姿会呈现出起伏动荡的变化。使用此类喷头，还要注意水面会有较大的波浪出现，所以水池的池沿设计要注意防溢，向水面应有一定的悬挑。

（6）射流和水色

多数喷头喷射时水色是透明无色的，但鼓泡（吸气）喷头、吸水喷头则由于空气和水混合，射流呈现不透明的白色；雾状喷头在阳光照射下会产生瑰丽的彩虹。

(7) 喷头的材质

喷头材质要坚硬，便于精加工，并能长期使用。在可能的情况下，喷头优先采用铜和不锈钢材料，其表面应光洁、平滑，形状精准，以保证喷头的造型效果。喷头还可采用铝合金材料，低压喷头也可采用工程塑料等材料。

园林供电工程材料

7.1 照明材料

7.1.1 照明光源

7.1.1.1 白炽灯

普通白炽灯的特点是构造简单、使用方便、能瞬间点亮、无频闪现象、价格便宜等，可以用在超低电压的电源上；可即开即关，为动感照明效果提供了可能性；可以调光，所发出的光以长波辐射为主，呈红色，与天然光有些差别；其发光效率比较低，仅6.5～19lm/W，只有2%～3%的电能转化为光，灯泡的平均寿命为1000h左右。白炽灯的品种如图7-1所示。

(1) 普通型

普通型透明玻璃壳灯泡，功率有10W、15W、20W、25W、40～1000W等多种规格。40W以下是真空灯泡，40W以上则充以惰性气体，如氩、氮气体或氩氮的混合气体。

(2) 漫射型

通常采用乳白玻璃壳或在玻璃壳内表面涂以扩散性良好的白色无机粉末，使灯光具有柔和的漫射特性，常见的规格有25～250W等多种。

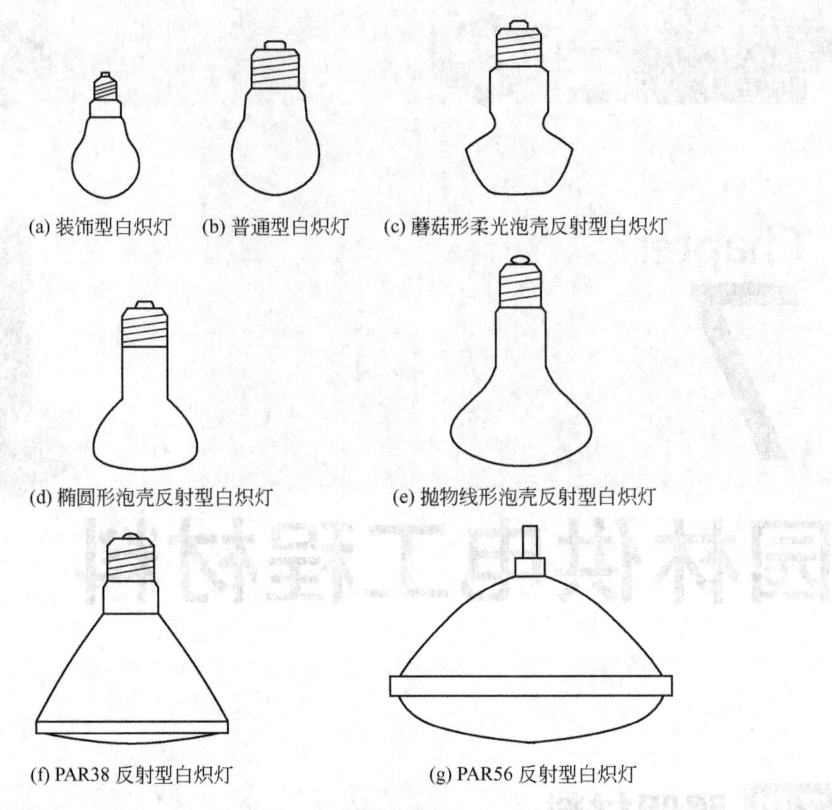

图 7-1　白炽灯品种

（3）反射型

在灯泡玻璃壳内的上部涂以反射膜，使光线向一定方向投射，光线的方向性较强；功率常见有 40～500W。最常使用的几种灯是 MR 灯（低电压型卤钨灯的代表）、PAR 灯（压制泡壳反射型白炽灯）、R 灯，都是通过内置反射器提供不同的光输出。

（4）水下型

水下灯泡通常用特殊的彩色玻璃壳制成，在水下能承受 0.25MPa 压力，功率为 1000W 和 1500W。这种灯泡主要用在涌泉、喷泉、瀑布水池中作水下灯光造景。

（5）装饰型

用彩色玻璃壳或在玻璃壳上涂以各种颜色，使灯光成为不同颜色的色光，其功率一般为 15～40W。

7.1.1.2　微型白炽灯

此类光源虽属于白炽灯系列，但因为它功率小、所用电压低，所以照明效果不好，在园林中主要是作为图案、文字等艺术装饰使用，如可塑霓虹灯、美耐灯、满天星灯等。微型灯泡的寿命一般在5000～10000h以上，其常见的规格有6.5V/0.46W、13V/0.48W、28V/0.84W等几种，体积最小的直径只有3mm，高度只有7mm。

（1）一般微型灯泡

一般微型灯泡主要是体积小、功耗小，只起普通发光装饰作用。

（2）断丝自动通路微型灯泡

断丝自动通路微型灯泡可以在多灯串联电路中某一个灯泡的灯丝烧断后，自动接通灯泡两端电路，从而使串联电路上的其他灯泡能够继续发光。

（3）定时亮灭微型灯泡

定时亮灭微型灯泡能够在一定时间中自动发光，又能在一定时间中自动熄灭。其通常不单独使用，而是在多灯泡串联的电路中，使用一个定时亮灭微型灯泡来控制整个灯泡组的定时亮灭。

7.1.1.3 卤钨灯

卤钨灯是白炽灯的改进产品，光色发白，较白炽灯有所改良，其发光效率约为221lm/W，平均寿命约1500h，其规格有四种，即500W、1000W、1500W、2000W。管形卤钨灯需水平安装，倾角不得大于4°，在点亮时灯管温度达600℃左右，所以不能与易燃物接近。卤钨灯有两种形状，即管形和泡形，其特点是体积小、功率大、可调光、显色性好、能瞬间点燃、无频闪效应、发光效率高等，多用于较大空间和要求高照度的场所。卤钨灯品种如图7-2所示。

7.1.1.4 荧光灯

荧光灯俗称日光灯，其灯管内壁涂有能在紫外线刺激下发光的荧光物质，依靠高速电子，使灯管内蒸气状的汞原子电离而产生紫外线并进而发光。其发光效率通常可达45lm/W，有的可达70lm/W以上。灯管表面温度很低，光色柔和，眩光少，光质接近天然光，有助于颜色的辨别，同时光色还可以控制。灯管的寿命长，通常在2000～3000h，国外也有达到10000h以上的。荧光灯的常见规格有8W、20W、30W、40W等，其灯管形状有直管形、环形、U形和反射形等，近年来还发展有用较细玻璃管制成的H形灯、双D形灯、双曲灯等，被称为高效节能日光灯；其中还有些将镇流器、启辉器与灯管组装成一体的，可以直接代替白炽灯使用。普通日光灯的直径为16mm和38mm、长度为302.4～1213.6mm。彩色日光灯，管尺寸与普通日光灯相似，颜色有蓝、绿、白、黄、淡红等，是很好的装饰兼照明用的光源。荧光灯品种如图7-3所示。

7.1.1.5 冷阴极管（包括霓虹灯）

冷阴极管发光原理类似于荧光灯，但它通常在9000～15000V之间的电压下运行，光效更低。主要用于标识牌、光雕塑、建筑物轮廓照明等，其优点是能够任意塑形，在尺寸和形状上具有灵活性，还能产生各种强烈鲜艳的色彩，取决于管中使用的气体、管壁内侧的磷涂层以及管壁玻璃的颜色。

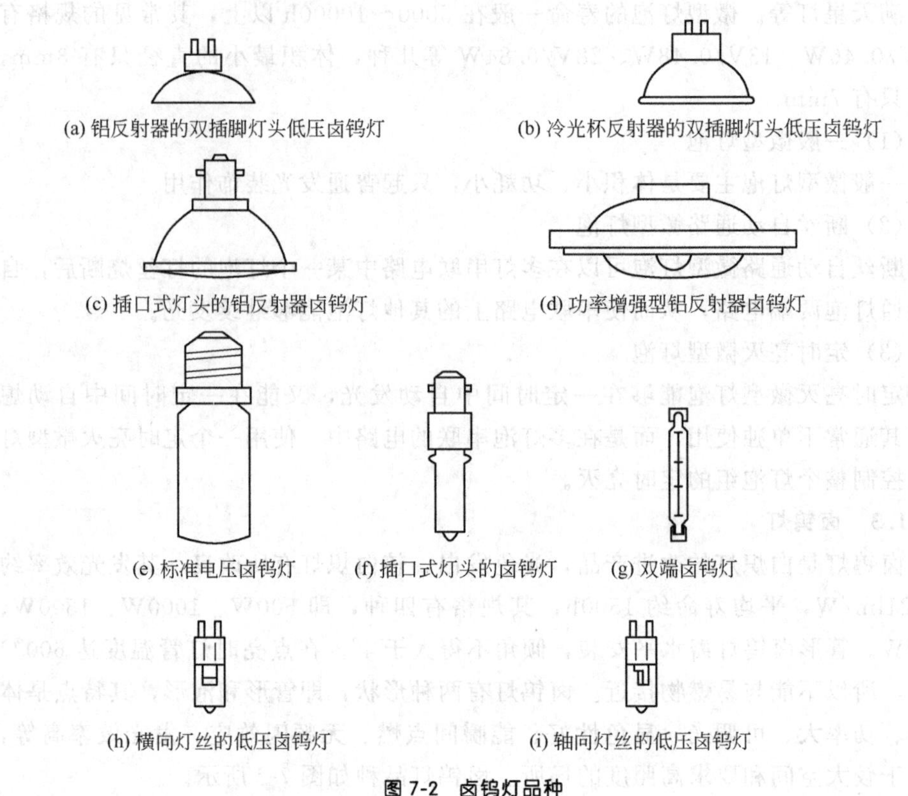

(a) 铝反射器的双插脚灯头低压卤钨灯　(b) 冷光杯反射器的双插脚灯头低压卤钨灯

(c) 插口式灯头的铝反射器卤钨灯　(d) 功率增强型铝反射器卤钨灯

(e) 标准电压卤钨灯　(f) 插口式灯头的卤钨灯　(g) 双端卤钨灯

(h) 横向灯丝的低压卤钨灯　(i) 轴向灯丝的低压卤钨灯

图 7-2　卤钨灯品种

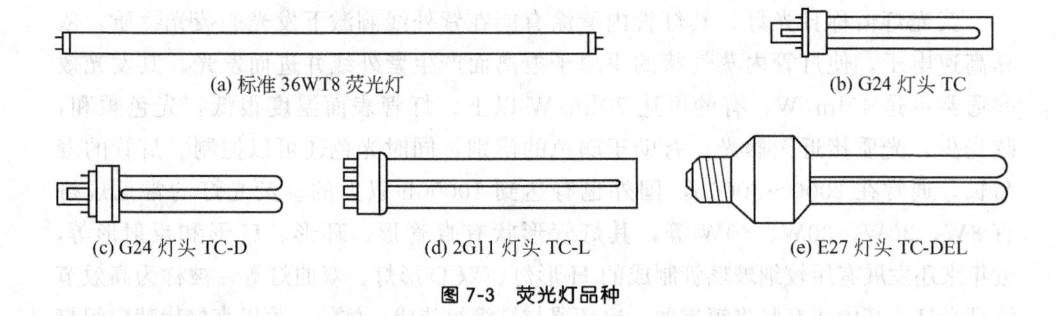

(a) 标准 36WT8 荧光灯　(b) G24 灯头 TC

(c) G24 灯头 TC-D　(d) 2G11 灯头 TC-L　(e) E27 灯头 TC-DEL

图 7-3　荧光灯品种

7.1.1.6　高压汞灯

高压汞灯发光原理与荧光灯相同，可分为两种基本形式，即外镇流荧光高压汞灯和自镇流荧光高压汞灯。自镇流荧光高压汞灯利用自身的钨丝代作镇流器，可以直接接入 220V、50Hz 的交流电路，不用镇流器。荧光灯高压汞灯的发光效率通常可达 50lm/W，灯泡的寿命可达 5000h，其特点是耐震、耐热。普通荧光高压汞灯的功率为 50～1000W，自镇流荧光高压汞灯的功率常见有三种，即 160W、250W 和 450W。高压汞灯的再启动时间长达 5～10s，不能瞬间点亮，所以不能用于事故照明和要求迅速点亮的场所。此种光源的光色差，呈蓝紫色，在光下不能正确分辨被照射物体的颜色，所以一般只用作园林广场、停车场、通车主园路等不需要仔细辨别颜色的大面积照明场所。高压汞灯品种如图 7-4 所示。

图 7-4 高压汞灯品种

7.1.1.7 钠灯

钠灯是利用在高压或低压钠蒸气中，放电时发出可见光的特性制成。其发光效率高，通常在 110lm/W 以上；寿命长，通常在 3000h 左右；其规格从 70～400W 的都有。低压钠灯的显色性差，但透雾性强，很少用在室内，主要用于园路照明。高压钠灯的光色有所改善，呈金白色，透雾性能良好，所以适合于一般的园路、出入口、广场、停车场等要求照度较大的广阔空间照明。钠灯品种如图 7-5 所示。

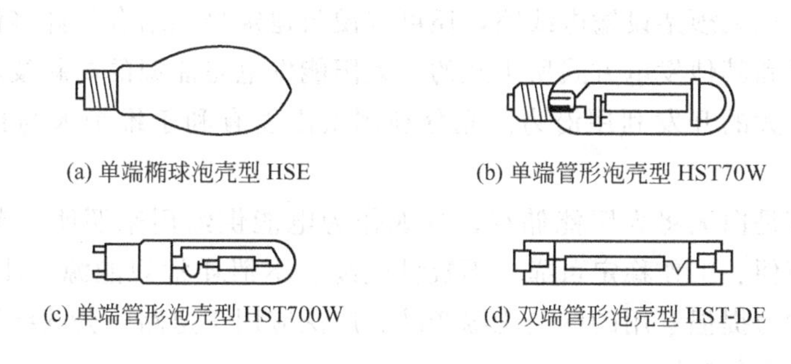

图 7-5 钠灯品种

7.1.1.8 金属卤化物灯

金属卤化物灯是在荧光高压汞灯基础上，为改善光色而发展起来的第三代光源，灯管内充有碘、溴与锡、钠、镝、钪、铟、铊等金属的卤化物，紫外线辐射较弱，显色性良好，可发出与天然光相近似的可见光，发光效率可达到 70～100lm/W；其规格有 250W、400W、1000W 和 3500W 等。金属卤化物灯尺寸小、功率大、光效高、光色好，启动所需电流低、抗电压波动的稳定性比较高，所以是一种比较理想的公共场所照明光源；它的缺点是寿命较短，通常在 1000h 左右，3500W 的金属卤化物灯则只有 500h 左右。金属卤化物灯品种如图 7-6 所示。

7.1.1.9 氙灯

氙灯的特点是耐高温、耐低温、耐震、工作稳定、功率大等，并且其发光光谱与太阳光极其近似，所以被称为“人造小太阳”，可广泛应用于城市中心广场、立交桥广场、车站、公园出入口、公园游乐场等面积广大的照明场所。氙灯的显

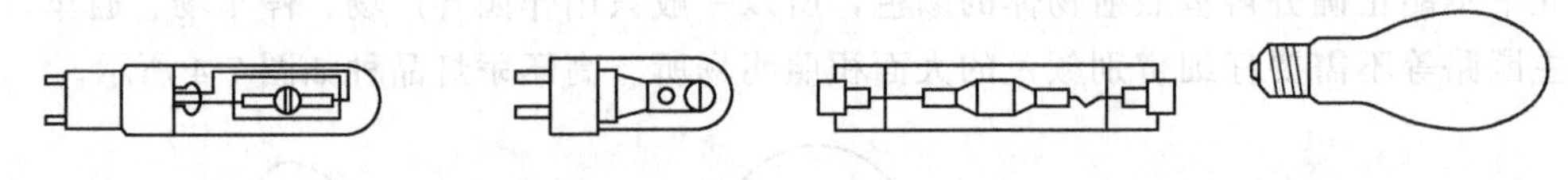

(a) 单端 HIT-TC-CE (b) 单端 HIT-CE (c) 双端 HIT-DE (d) 椭球泡壳型 HIE

图 7-6 金属卤化物灯品种

色性良好，平均显色指数达 90～94；其光照中紫外线强烈，所以安装高度不得小于 20m。氙灯的寿命较短，通常在 500～1000h 之间。

7.1.1.10 发光二极管（LED）

LED 是一种固态的半导体器件，发光原理属于场致发光。LED 为一块小型晶片封装在环氧树脂里，因此体积小、质量轻。它的典型用途是显示屏及指示灯，现已大量用于景观装饰中，如标志牌、光雕塑、LED 美耐灯等。

7.1.1.11 太阳能灯

太阳能发电具有安全可靠，无噪声，无污染；能量随处可得，无须消耗燃料；无机械转动部件，维护简便，使用寿命长；建设周期短，规模大小随意；可以无人值守，也无须架设输电线路，还可方便与建筑物相结合等许多优点。这些都是常规发电和其他发电方式所不及的。太阳能发电是能源的高新技术，具有明显的优势和巨大的开发利用潜力。充分利用太阳能有利于维护人与自然的和谐平衡。

太阳能灯是白天将太阳能储存，夜晚作为电能供给用来照明的节能照明设施。其安装简便、工作稳定可靠、不敷设电缆、不消耗常规能源、使用寿命长，是当今社会大力提倡利用的绿色能源产品。广泛应用于道路、公共绿地、广场等场所的照明及亮化装饰。

目前大多数太阳能灯选用 LED 作为光源，LED 寿命长，工作电压低，非常适合应用在太阳能灯上。

太阳能灯设置建议：城镇公园，别墅小区内，路宽 2～5m 处，适用太阳能庭院灯照明，灯高 4m，光源用超亮 LED 灯，灯功率 15W，路灯间距为单边 25m；道路中，宽 8～10m 双向车道，适用太阳能路灯照明，灯高 6m，灯光源用超高亮 LED 灯，灯功率 30W，路灯间距为单边 30m。

(1) 太阳能灯的优势

太阳能灯具与传统照明灯具相比，具有以下几点优势。

① 太阳能灯属于绿色环保照明灯具，环保节能，无污染，是真正的绿色照明。太阳能灯的能量来源于取之不尽、用之不竭的太阳能，是资源最丰富的可再生资源。太阳能发电不会给空气带来污染，也不破坏生态环境，是一种清洁安全环保的能源。在自然界可不断生成，又是可再生的绿色能源。

传统照明灯具多使用煤电，煤是不可再生的资源，并且燃烧发电的过程中会生成二氧化碳等温室气体，影响环境。

② 节电效果明显，一次投资，长期受益。无须支付电费，节约成本。

太阳能灯使用太阳能供电，无须再消耗其他电能，成本低廉。而传统照明电器需要使用电网供电，除了自身照明使用，还有电缆损耗，耗电大，浪费多，价格昂贵。

③ 安装方便，无须挖沟埋线，避免损坏道路，节省施工费用。特别适用于附近无电源和难于敷设电缆的路段，安装好的太阳能灯具还可以随时调整布局而不用花费太多的工程量。

太阳能照明灯安装简便，无须复杂的土方和线路工程，只要做一个水泥基座，然后用螺钉、螺母将灯具固定即可。

传统照明灯具安装复杂，首先要铺设电缆，这就需要破开路面、开挖电缆沟、铺设套管、管内穿线、回填土方等大量程序，还需要安装变压器和配电柜，对安装环境和线路要求高，而且人工和辅助材料成本费用大，在其安装、调试和使用过程中，只要任何一条线路出现问题，就要大面积返工，费时费力。

④ 不受市政供电系统的影响，不管停电与否都一样可以照明。因为太阳能灯具在设计时就留有余量，即使在阴天也同样开灯工作，而传统照明工具在停电时便不能起到照明作用。

⑤ 太阳能灯具采用控制器进行控制管理。天黑自动放电开灯，天亮自动关灯充电，工作过程中无须人工管理，省事省钱。

⑥ 使用低电压 36V 以下供电，安全可靠，特别适用于油田等特殊场所。

传统照明灯具存在着施工质量、器材质量、线路自然老化、供电不正常、水电气管道冲突等多方面用电安全隐患，容易对人群造成生命、财产威胁。而太阳能照明没有安全隐患。太阳能灯是低电压产品（36V 以下），运行安全可靠。

⑦ 维护简单，没有电缆被盗的麻烦。

（2）太阳能灯的缺陷

与传统照明灯具相比，太阳能灯也有缺陷，其缺点如下。

① 造价较高　太阳能产品与传统的煤、油、电、气等能源相比，虽然从一定的时间跨度上来计算，还是非常省钱的，但一次性投入要高一点。

② 电池板大小受环境和景观效果制约　太阳能电池板必须保证足够的日照时间才能有足够的电能供给灯具照明使用。所以对太阳能电池板安装位置要求高，对其安装角度也有严格要求。

电池板转换效率不高，暂时很难满足防风和不影响景观效果的要求。根据道路照明设计规范，100W 节能灯只能满足支路照度的要求，所以目前太阳能照明仅能立足于小功率产品。

③ 配套灯泡技术问题　与太阳能低压直流电源配套的直流灯泡选择余地很小，价格较高，光色、照度也不令人满意。

7.1.1.12 新型照明光源

（1）模拟阳光的灯

一种与阳光一样的人工照明光源——分子弧光灯。它靠电弧通过氯化锡分子雾化而发光，可相当均匀地让所有颜色发出的连续光谱成为可见光。这种灯的寿命约 5000h，可用于井下作业，以改善矿工的工作条件。

（2）节电冷光灯

节电冷光灯的表面玻璃镀有一层银膜，银膜上又镀一层二氧化钛膜。这两层膜结合在一起，可把红外线反射回去加热灯丝，而让可见光透过，从而大大减少热损耗。一只 100W 的灯泡的耗电量，只相当于 40W 普通白炽灯。

（3）塑料荧光灯

在透明塑料中加入荧光化合物制成塑料管，在管的内侧涂上荧光涂料，同时在管的外侧使之发生等离子体聚合反应，形成一层特殊的薄膜，然后制成塑料荧光灯。与传统的玻璃管荧光灯相比，塑料荧光灯具有重量轻、不易碎、节电等优点。

（4）无极灯

一种不用灯丝或电极的新型灯。该灯与传统的自炽灯或荧光灯需要灯丝和电极截然不同，是在灯泡玻璃内表涂上荧光粉，用一个高频的感应系统来激发其内部的水银蒸气放电，产生出大量紫外线后，再照射到荧光粉上，从而使灯泡发光。由于灯内没有易损部件，因而使用寿命长达 6 万小时，而且比普通白炽灯节电 3/4，适用于更换灯泡困难的地方，如高空、水下等。

（5）磁性灯

这种灯的构造简单，底座是一块金属盘。在与之配套的电源灯上有两个嵌在塑料包里的磁体，当磁体将灯座吸定后，电流便通过这两个磁体间灯的两极送电，从而使灯发光。使用这种灯方便、安全，只要用一只手就可以毫不费力地把它安装到电源上去，而且绝无触电的危险。

（6）微波灯

一种直径仅几厘米的小型灯泡。没有灯丝、电极，外面也没有电路相连，利用微波使灯泡的硫黄蒸气加热而发出亮光，具有很高的照明度，约为普通白炽灯的 150 倍。

（7）光纤照明

光纤照明是近年来新发展起来的一门新照明技术，一是装饰性强，通过光纤输出的光，不仅明暗可调，而且颜色可变，是动态夜景照明相当理想的方法；二是安全，光纤本身只导光不导电，不怕水、不易破损，而且体积小、柔软可弯曲，是一种十分安全的变色发光塑料条，可以安全地用在高温、低温、高湿度、水下、露天等场所。在博物馆照明中，可以免除光线中的红外线和紫外线对展品的损伤，在具有火险、爆炸性气体和蒸气的场所，它是一种安全的照明方式。

7.1.2 园林照明灯具分类

7.1.2.1 庭院灯

庭院照明可显著改善居住、生活环境，提高人民生活质量。白天庭院灯点缀城市风景；夜晚庭院灯具既能提供必要的照明及至生活便利，增加居民安全感，又能突显城市亮点，演绎亮丽风格。所以，现代庭院照明灯具提出了更高的要求，不但提供良好的照明，而且还要用照明展现建筑物自身的特点和独特风格，并与环境协调一致。

庭院灯的设置不可过亮、过多，否则会失去景观重点，甚至造成光污染。

为保证均匀的照度，除了要均匀布置灯具的位置，设置合理距离外，灯柱的高度也需要选择恰当。园灯设置的高度与用途、设置位置有关，一般的园灯高度为3m左右；大量人流活动的空间里，园灯高度通常为4～6m；而用于配景的灯，其高度应随情况而定。此外，灯柱的高度与灯柱间的水平距离比值要恰当，才能形成均匀的照度。一般情况下，市政园林工程中灯柱高度与灯柱间水平距离的比值在1/12～1/10之间。

7.1.2.2 道路灯

道路灯是在道路上设置为在夜间给车辆和行人提供必要能见度的照明设施。

道路灯可以改善交通条件，减轻驾驶员的疲劳感，并有利于提高道路通行能力和保证交通安全。

目前，道路灯常见的有白炽灯、高压汞灯、高压钠灯、低压钠灯、荧光灯等。

道路灯要合理使用光能，避免眩光。其所发出的光线要沿要求的角度照射，落到路面上呈指定的图形，光线分布均匀，路面亮度大且眩光小。为减少眩光，可在最大光强上方予以配光控制。按照道路断面形式、宽度、车辆和行人的情况，道路灯可采用在道路两侧对称布置、两侧交错布置、一侧布置和路中央悬挂布置等形式。通常，宽度超过20m的道路、迎宾道路，可考虑两侧对称布置；道路宽度超过15m的，可考虑两侧交错布置；较窄的道路可用一侧布置。

在道路交叉口、弯道、坡道、铁路道口、人行横道等特殊地点，通常都要设置道路灯，以利于驾驶员和行人识别道路情况。在隧道内外路段和从城区街道到郊区公路的过渡路段的照明，则要考虑驾驶员的眼睛对光线变化的适应性。道路灯的功率、安装高度、纵向间距是配光设计的重要参数。

7.1.2.3 草坪灯

草坪灯是用于草坪周边的照明设施，也是重要的景观设施。它以其独特的设计、柔和的灯光为城市绿地景观增添了安全与美丽，且安装方便、装饰性强，可用于公园、花园别墅等的草坪周边及步行街、停车场、广场等场所。使用36W或70W金属卤化物灯，间距适合为6～10m。

7.1.2.4 景观灯

景观艺术灯是现代景观中不可缺少的部分，它不仅自身具有较高的观赏性，还强调艺术灯的景观与景区历史文化、周围环境的协调统一。

景观艺术灯利用不同的造型、相异的光色与亮度来造景。景观灯适用于广场、居住区、公共绿地等景观场所。

7.1.2.5 墙头灯

墙头灯是设置在墙头上的照明设施，需要与墙的形态颜色等相协调，还需要与墙内外的景观和谐统一，特别是非实体的栅栏墙体，由于内外景致通透，墙头灯的造型与亮度更是不可马虎。

墙头灯适用于广场、公园、花园、别墅、私人小院等的实体或栅栏墙头上。

7.1.2.6 地灯

地灯又称地埋灯或藏地灯，是镶嵌在地面上的照明设施。

地灯对地面、地上植被等进行照明，能使景观更美丽，行人通过更安全。现多用 LED 节能光源，表面为不锈钢抛光或铝合金面板，优质的防水接头，硅胶密封圈，钢化玻璃，可防水、防尘、防漏电且耐腐蚀。为了确保排水通畅，建议地灯灯具安装时下部垫上碎石。

7.1.2.7 壁灯

壁灯是指安装在墙壁上，对附近景观进行照明，并以优美的造型装饰墙体的照明设施。壁灯分为两种，即嵌入式的和非嵌入式，其中，嵌入式壁灯特别适用于走道、台阶的照明。

7.1.2.8 其他景观灯

(1) 彩虹灯

彩虹灯主要构造材料是PVC材料、铜线、灯泡。

彩虹灯可塑性高，可以随意弯曲制造各种字体、图案，安全耐用，可承受日晒雨淋。适合于建筑楼宇外墙轮廓装饰，户外广告图案构成等。

(2) 强力空中探照灯

强力空中探照灯由大功率模块、大功率氙灯光源、铝合金灯体、强排风风机等构件组成，即开即亮，光束直入云层，数公里可见。可用于城市建筑、旅游景点等营造灯光夜景。

(3) 护栏灯

护栏灯是广泛应用于桥梁、广场、地铁、旅游区、装饰建筑物的轮廓、照明装饰的照明设施，多采用优质超高亮 LED 发光二极管光源，具有耗电小、无热量、寿命长、耐冲击、可靠性高等特点。颜色纯正、超长寿命，内置微电脑程序或外接控制器可实现流水、渐变、跳变、追逐等数种变化效果。安装简便，易于维护。在使用中既起到了警示的作用，又是一道靓丽的城市景观。PC材质外罩，防紫外线、抗老化、防潮、防水，色彩艳丽。

（4）射灯

射灯是以束状光线来进行局部重点照明的照明设施，一般适用于照亮突出特殊的小品或者广告牌等。

射灯光源的选择应考虑光色、演色性、效率、寿命等因素。光色与建筑物之外墙材料颜色须协调。一般来说，砖、黄褐色的石材较适合使用暖色光来照射，使用光源为高压钠灯或卤素灯。白色或浅色的大理石则可以使用色温较高的冷白色光（复金属灯）来照射，也可使用高压钠灯，花叶混合或叶色不同的绿化带适合选用显色性好的金属卤化物灯；而所需照度主要取决于周边环境的明暗以及建筑物外墙材料颜色的深浅。次立面照度常为主立面的一半，以借两个面的明暗不同来表现出建筑物的立体感。灯具的形状来看，方形投光灯的光线分布角度较大，圆形灯具的角度较小。广角型灯具效果较均匀，但不适合做远距投射，窄角型灯具适合做较远距离的投射，但近距离使用时则均匀度较差。另外，灯具的选择除配比特性，外形、材质、防尘、防水等级（IP 等级）等也都是必须考虑的因素。

（5）泛光灯

泛光灯是一种可以发向四面八方均匀照射的点光源，可投射任何方向（一般其照射范围可以任意调整）并具有防水防风雨结构，用于照射照明对象物，使其亮度和色调区别于周围环境的照明设施。一些体形较大、轮廓不突出的建筑物，或是颜色形态各异的植物景观，可用灯光将某些突出部分均匀照亮，以亮度、阴影的变化，在黑暗中获得动人效果。另外，在运动场所，泛光照明特别重要。没有清晰的视觉效果，运动员、裁判和安保人员很难对场上所发生的事情迅速做出最适当的反应。泛光照明所需的照度取决于照明对象在周围景观中的重要性、其所处环境（明或暗的程度）和表面的反光特性。泛光照明灯具可放在下列几个位置。

① 照明对象本身内，如阳台、雨棚上。利用阳台的栏杆使灯具隐蔽，这时注意墙面的亮度应有一定的变化，防止大面积相同亮度所引起的呆板感觉。

② 灯具放在照明对象附近的地面上。此时因为灯具位于观众附近，尤其要防止灯具直接暴露在观众视野范围内，更不能看到灯具的发光面，形成眩光。通常可采用绿植等物体加以遮挡。还应注意不应将灯具离墙太近，防止在墙面上形成贝壳状的亮斑。

③ 放在路边的灯杆上。这特别适用于街道狭窄、建筑物不高的条件，如旧城区中的古建筑，可以在路灯灯杆上安设专门的投光灯照射建筑立面，既照亮了旧城的狭窄街道，也照亮了低矮的古建筑立面。

④ 放在邻近或对面建筑物上。以前泛光照明经常安置在距离被照物比较远的位置上，而现在的趋势是将泛光照明系统尽量地靠近。

（6）星星灯

星星灯以其璀璨的亮光，给人如同被无数星星环绕的感觉。配装功能控制器，可以更好地感受星星闪烁的生活效果。其可用作背景光衬托其他中心事物，也可散置在树或者小品上使其更具观赏性。

(7) 网灯

网灯是具有任意折叠和弯曲的装饰性照明设施，是制作造型和照明图案的最理想灯饰品种，其覆盖物体表面而形成的灯墙效果，是其他许多灯饰无法达到的。可设置在墙壁上，也可置于绿化小品等景观构筑物上，形成独具魅力的照明景观。

7.2 供电电线电缆材料

7.2.1 电缆的分类及构造

(1) 电缆的分类

① 根据绝缘材料分　可分为塑料绝缘电缆和橡胶绝缘电缆。其中塑料绝缘电缆又可分为聚氯乙烯绝缘电缆、聚乙烯绝缘电缆和交联聚乙烯绝缘电缆。橡胶绝缘电缆则可分为橡胶绝缘型电缆和合成橡胶绝缘型电缆。

② 根据护套分　可分为铠装电缆、塑料护套电缆和橡胶护套电缆。

③ 根据铠装形式分　铠装电缆又可分为两类，即钢带铠装和钢丝铠装。

(2) 电缆的构造

室外配电线路应选用铜芯电缆或导线。电缆主要由缆芯、绝缘层和保护层构成。

① 缆芯　缆芯是导电的主芯材，用以导通电流传递电信号，多采用高电导率的铜材料制成，来减小电能损耗和发热量。电缆的缆芯形状大多为圆形，分为单股和多股。

② 绝缘层　为了保证电缆在长期工作条件下不降低原有的信号强度，用绝缘层来防止缆芯与缆芯之间以及缆芯与大地之间的导电。绝缘层一般采用橡胶或聚氯乙烯等材料制成，常分为分相绝缘层和统包绝缘层两种。分相绝缘层是指包绕在裸体线芯上的绝缘层，为了便于区别相位，用不同颜色的缆芯绞合后在外面包上绝缘层就是统包绝缘层。

③ 保护层　保护层又称为护套，保护缆芯及绝缘，防止受机械拉力和外界机械损伤，由塑料或橡胶制成。保护层分为两部分，即内护层和外护层。内护层是避免电缆的内部受潮以及轻度的机械损伤，而外护层是保护内护层的，用以防止内护层受到机械损伤或强烈的化学腐蚀。

7.2.2 电缆的选型

在选择控制电缆时，应主要考虑以下因素。

① 电缆的绝缘结构要根据使用要求和技术经济指标来选择。

② 电缆的芯数根据电磁阀的数量选择控制。

③ 电缆的保护层结构要根据敷设方式和敷设环境选择。

④ 前三项完成后，电缆的规格要根据电缆敷设长度选择导体截面。

（1）绝缘材料、护套及电缆防护结构的选择

① 交联聚乙烯绝缘电缆是结构简单、允许温度高、载流量大、质量轻的新产品，适合优先选用。

② 聚氯乙烯绝缘电缆具有制造工艺简单、价格便宜、质量轻、耐酸碱、不延燃等优点，应用广泛。

③ 室内电缆沟、电缆桥架、隧道、穿管敷设等，适合选用带外护套不带铠装的电缆。

④ 直埋电缆适合选用能承受机械张力的钢丝或钢带铠装电缆。

⑤ 铠装电缆常用于空气中敷设时电缆有防鼠害、蚁害要求的场所。

（2）选择电缆的线芯截面方法

① 按持续工作电流选择电缆

$$I_{xu} \geqslant I_{js} \tag{7-1}$$

式中 I_{xu}——电缆按发热条件允许的长期工作电流，电缆允许的长期工作电流按其允许电流量，乘以敷设条件所确定的校正系数求得，A；

I_{js}——通过电缆的半小时最大计算电流，A。

② 按经济电流密度选择电缆

$$S_n = I_{js}/I_n \tag{7-2}$$

式中 S_n——电缆的经济截面，mm^2；

I_{js}——通过电缆的半小时最大计算电流，A；

I_n——经济电流密度，A/mm^2，见表 7-1。

表 7-1 经济电流密度 单位：A/mm^2

年利用时间/h		3000 以下	3000～5000	5000 以下
导体材料	铜芯电缆	2.5	2.25	2.0
	铝芯电缆	1.92	1.73	1.54

根据式(7-2) 计算所得的经济截面 S_n，选择最接近的标准截面。一般情况下应选择较大的标准截面。

③ 按敷设长度选择电缆

$$S = 0.0175L/R \tag{7-3}$$

式中 S——电缆线芯的截面，mm^2；

L——电缆的敷设长度，m；

R——电缆的最大允许电阻，Ω。

7.2.3 电缆装卸、运输

在电缆装卸、运输过程中，要使电缆不受损伤，应注意以下问题。

① 除大长度海底电缆采用筒装或圈装外，电缆应绕在盘上运输。长距离运输的电缆盘应有牢固的封板。在运输车、船上，电缆盘必须采取可靠的固定措施，以防止其移位、滚动、倾翻或相互碰撞。

不得将电缆盘平放运输，因为将电缆盘平放时，底层电缆可能受到过大的侧向压力而变形，而且运输途中由于震动可能使电缆缠绕松开。长度在 30m 以下的短段电缆，可以按电缆允许弯曲半径绕成圈子，至少在 4 处捆紧后搬运。

② 装卸电缆盘应使用吊车，装卸时电缆盘孔中应有盘轴，起吊钢丝绳套在轴的两端，不应将钢丝绳直接穿在盘孔中起吊。严禁将电缆盘直接由车上推下。

在施工工地，允许将电缆盘在短距离内滚动，为避免在滚动时盘上电缆松散，应按照盘上的箭头指示方向，即顺着电缆绕紧的方向滚动。

③ 充油电缆运输途中，应有专人随车监护。要将电缆端头固定好，检查油管路和压力表，保压压力箱阀门必须始终处于开启状态，在运输途中发现油渗漏等异常情况应及时处理。

7.3 控制设备

7.3.1 园林照明控制方式

良好的控制系统，不仅能增强供电工程的艺术表现力，还可以提高管理水平、降低管理人员劳动强度、有效节约能源。控制方式应灵活，并具有手动、自动控制方式，大型照明工程还应具有智能控制方式，满足平日、节日、重大节日或活动灯光组合变化的要求。

供电工程中常用的控制方式主要有如下三种。

(1) 手动控制方式

靠配电回路的开关元件来实现，主要应用在小型非重要的供电工程。其特点是投资少、线路简单，开关灯均需人工操作，灯光变化单调，不利节电。

(2) 自动控制方式

主要应用在大中型供电工程及要求有灯光变化的供电工程。其特点是开关灯无须人工操作，一次可完成自动控制程序所设定的灯光场景。可实现灯光定时开启控制、灯光变化控制、节能控制，通常采用照度控制、时间控制、简单程序控制等方式。

(3) 智能控制方式

应用计算机技术和通信网络技术，一次投资较大，主要应用在大中型和重要的照明工程。

目前，产品和控制方式的组合较多，传输方式有无线、有线和有线无线混合三种基本形式，设计时应根据工程的实际情况选择。

7.3.2 自动控制设备

智能控制系统在照明节能中发挥着很大的作用。在园林景观照明中，传统的自动照明控制方式是通过使用时间控制器来实现配电回路接触器的自动控制，目前应用最广泛的是经纬度控制与GPRS无线景观灯远程监控两种智能照明控制模式，它们各有各的优点。在设计中，要根据具体工程的大小和工程造价的高低来选择适合的照明控制系统，以便达到节能的最佳效果。下面介绍这三种自动控制设备。

（1）时间控制器

传统的园林景观照明控制都是通过使用时间控制器来实现配电回路接触器的自动控制，其缺点是时间控制器自身不能支持不同季节、地域、节假日和工作日的灵活设置，仍需依赖人工手动调节，此外还存在对设备启停时间的控制误差较大、检修时要通过转换开关等问题。出于对这些问题以及节能因素的考虑，时间控制器在现在的电气设计中已经逐渐被淘汰。

（2）经纬度控制仪

经纬度控制仪是近年来新出现的一种智能时间控制器，与传统的时间控制器相比，有着独特的优势。它以微电脑（单片机）构成智能控制单元，由时钟芯片提供控制基准；根据所在地经纬度自动计算出当地每一天的天黑、天亮时间，并能够随季节变化逐日自动调整；可用于庭院灯、广告灯、户外装饰灯等户外照明电器的全自动开关控制；计时误差小于5min/年。除了由软件精确计算出当日的开灯时间和第二天的关灯时间外，经纬度控制系统也支持用户不按照经纬度计算的结果，自行设定开关灯时间。系统可支持自动开灯、自动关灯，自动开灯、手动关灯，手动开灯、自动关灯，以及手动开灯、手动关灯四种控制模式。与GPRS无线景观灯远程监控系统相比，经纬度控制仪体积小、价格便宜，但不具备网络控制功能，不利于实现对各种灯具和设备的集中控制，适用于面积小、工程造价低的公园。

经纬度控制系统的主要优点是：

① 开关灯时间可根据每日不同的天黑、天亮时间，随季节逐日自动调整。

② 技术含量较高、可靠性高、功能强大，一般有多种模式供用户选择，可实现优化控制，大量节约电能。

（3）GPRS无线景观灯远程监控系统

GPRS无线景观灯远程监控系统是由先进的GPRS无线通信网络、计算机信息管理系统及智能照明控制设备等组成的分布式无线“三遥”（遥测、遥控、遥信）系统。该系统可以对大范围内的景观照明设备遥控开、关，遥信设备状态，遥测电流、电压、用电功率，还可以根据对所测数据的分析来判断照明配电设备运行有无故障，对线路缺相、回路接地、白天亮灯、夜晚熄灯等异常情况进行报警处理，并能通过短信及时通知相关管理人员。适合于面积大、工程造价高的公园，有利于管理人员对公园内的景观和功能性照明、远距离水泵（启停）及公园内建筑物立面照明的集中控制与日常维护。

GPRS 无线景观灯远程监控系统的主要优点如下。

① 采用时控法控制方式进行照明控制时，可实现预约控制和分时控制；可设置多套时间方案以实现对每一个回路灵活控制；可预设多种时间控制模式，包括平日模式、节假日模式和重大节假日模式。

② 具有设备分组功能，可按区域对设备进行分组，从而实现分组控制。

③ 具有健全的报警处理机制，报警内容包括白天亮灯、晚上熄灯、配电箱异常开门、线路缺相、电路断路、线路停电和电压越限、电流越限等；当报警发生时，系统可及时向指定手机用户发送报警信息。

④ 控制途径方便。支持手机用户通过短信对照明设备进行开关操作；支持智能手机用户通过无线互联网接入系统进行开关灯操作和设备状态查询；支持多种组网及通信方案选择。

参 考 文 献

[1] 中华人民共和国国家质量监督检验检疫总局，中国国家标准化管理委员会. 烧结多孔砖和多孔砌块 GB 13544—2011 [S]. 北京：中国标准出版社，2012.

[2] 周维权. 中国古典园林史 [M]. 北京：清华大学出版社，2008.

[3] 周景斌. 园林工程建设材料与施工 [M]. 北京：化学工业出版社，2005.

[4] 武佩牛. 园林建筑材料与构造 [M]. 北京：中国建筑工业出版社，2007.

[5] 骁毅文化. 园林园路铺装专辑 [M]. 北京：化学工业出版社，2009.

[6] [英] 阿伦·布兰克. 园林景观构造及细部设计 [M]. 罗福午，等译. 北京：中国建筑工业出版社，2002.

[7] 赵春仙，周涛. 园林设计基础 [M]. 北京：中国林业出版社，2006.

[8] 田建林. 园林假山与水体景观小品施工细节 [M]. 北京：机械工业出版社，2009.

[9] 韩玉林. 园林工程 [M]. 重庆：重庆大学出版社，2006.

[10] 李成，李林，王彦军. 景观绿化工程组织与管理 [M]. 北京：化学工业出版社，2009.

[11] 田建林. 园林景观铺地与园桥工程施工细节 [M]. 北京：机械工业出版社，2009.

[12] 中华人民共和国国家质量监督检验检疫总局，中国国家标准化管理委员会. 天然大理石建筑板材 GB/T 19766—2016 [S]. 北京：中国标准出版社，2017.

[13] 中华人民共和国国家质量监督检验检疫总局，中国国家标准化管理委员会. 白色硅酸盐水泥 GB/T 2015—2017 [S]. 北京：中国标准出版社，2017.

[14] 中华人民共和国国家质量监督检验检疫总局，中国国家标准化管理委员会. 烧结普通砖 GB/T 5101—2017 [S]. 北京：中国标准出版社，2017.

[15] 中华人民共和国国家质量监督检验检疫总局，中国国家标准化管理委员会. 烧结空心砖和空心砌块 GB/T 13545—2014 [S]. 北京：中国标准出版社，2015.

[16] 中华人民共和国国家质量监督检验检疫总局，中国国家标准化管理委员会. 普通混凝土小型砌块 GB/T 8239—2014 [S]. 北京：中国标准出版社，2014.